榆林学院应用型人才培养系列教材

土壤环境指标测定方法与分析指导

王小林　徐伟洲　卜耀军　主编

中国农业出版社

北　京

图书在版编目（CIP）数据

土壤环境指标测定方法与分析指导 / 王小林，徐伟洲，卜耀军主编 . —北京：中国农业出版社，2022.10
ISBN 978 - 7 - 109 - 29829 - 3

Ⅰ.①土… Ⅱ.①王… ②徐… ③卜… Ⅲ.①土壤环境－指标－测定 Ⅳ.①X21

中国版本图书馆 CIP 数据核字（2022）第 146846 号

中国农业出版社出版

地址：北京市朝阳区麦子店街 18 号楼
邮编：100125
责任编辑：魏兆猛　　文字编辑：郝小青
版式设计：杨　婧　　责任校对：刘丽香
印刷：北京印刷一厂
版次：2022 年 10 月第 1 版
印次：2022 年 10 月北京第 1 次印刷
发行：新华书店北京发行所
开本：880mm×1230mm　1/32
印张：8.25
字数：230 千字
定价：50.00 元

编　委　会

主　编　王小林　徐伟洲　卜耀军

参编人员　马亚军　张　雄　毕台飞

　　　　　　张盼盼　严加坤

　　理论教学与实践应用的紧密衔接是现代本科应用型人才培养的关键环节，也是地方性本科院校提升人才培养质量和保证院校快速稳定发展的关键。榆林学院地处国家级能源化工基地、陕西省最大煤炭化工产业园区、陕西第二粮仓榆林市，有得天独厚的区位优势，是工业、农业应用型人才的聚集地，人才需求空间巨大、潜力充足。应用型人才培养的质量是学院教学能力的体现，是学院快速发展、实现美好大学梦的基础。因此，利用课堂引导和理论知识的初步应用渗透进行教学过程的尝试和改革，充分体现基础知识理论体系向实践应用型培养目标的逐步转变，加强传统课堂教学模式向知识的实效性和实践性应用的平稳过渡，是实现教学过程和应用型人才培养质量双重提升、增强地方本科院校的生命力和发展动力的一剂良药。

　　民以食为天，食以土为本。《土壤学》作为农学类学科的基础课程之一，是连接自然环境与植物生产的关键理论基础，理论教学与实验实践是本课程教学质量提升的关键环节。随着我国农业现代化的发展，土壤研究方法及技术设备不断完善更新，新的土壤认知角度多样而复杂，更加快速、准确、真实地获取土壤资源在时间和空间尺度上的变化规律，在现代精细化和精良化农业管理背景下显得尤为重要和关键。《土壤环境指标测定方法与分析指导》是《土壤学》的辅助教材，本教材注重学生实践应用能力的培养，锻炼学生对土壤环境因子的量化分析能力和对土壤资源与植物生长发育逻辑关系的分析能力，以培养学生具体问题具体分析的唯物思维能力，使其形成区域环境发展与策略性环境管理的基本思维方式。

第一章至第九章为基础知识和化学养分分析，编者卜耀军、王小林从黄土高原土壤主要类型出发，结合农牧业发展中土壤必需元素的变化进行了方法修订；第十章至第十二章为土壤物理性质分析，编者徐伟洲、王小林从黄土高原土壤物理变化规律和影响因素出发，重点针对农作物和牧草形态、功能与土壤物理特性的关联性进行方法优化；第十三章至第十四章为土壤微生物生存状态分析，编者王小林结合目前土壤生态环境失衡、土壤水肥有效性波动和可持续生产力下降等问题，重点对土壤微生物基础指标体系建立、土壤主要酶活性测定分析进行介绍和改进。本教材充分体现了土壤物理、化学、微生物相互作用的根本规律，将土壤相关指标的测定进行统一和融合，形成了较完善的方法系统。本教材的编写和出版受到陕西省低变质煤洁净利用重点实验室、陕西省陕北旱区作物节水工程技术研究中心、2020 年教育部新农科研究与改革实践项目"陕北农牧交错带'两对接、四合作、全贯穿'现代农业人才培养模式改革与创新"等单位和项目的资助，特此表示感谢。因编者在学识上造诣尚浅，不足之处敬请读者、同行批评指正。

编　者

2022 年 1 月

MULU 目录

绪　　论

一、概述

土壤环境指标测定也称土壤环境分析，它包括土壤物理性质测定、化学性质测定和土壤微生物测定 3 个方面。

1. 土壤物理性质测定　包括土壤三相性质的测定，如颗粒组成、孔隙性质、比重、容重、水分特性等。

2. 土壤化学性质测定　可分为两个部分。

（1）与土壤发生学有关的方面。多研究土壤中的化学元素的组成、迁移、积累等特点，常测定的项目有黏粒的矿物组成、养分全量分析、碳酸钙含量、盐分等。

（2）与土壤肥力有关的方面。多研究植物生长发育的各种土壤化学性质，如：各种养分的形态和含量、土壤交换性能等。

3. 土壤微生物测定　主要包括土壤微生物生物量分析、土壤微生物种类及其多样性分析、土壤酶种类及其活性分析 3 个方面。

土壤物理、化学、微生物分析是研究土壤物理、化学、生物性质和环境互作机制的重要技术手段，作为农林学科的学生，学习本门课程将会大大提升科研动手能力、科学问题分析能力、科学方向选择和深入研究能力。

土壤物理、化学、微生物分析由基本理论、基本知识和基本操作技术 3 个主要环节组成，就某一项目的全部分析过程来讲，有以下几个环节：①样品的采集。②样品的处理及保存。③分析项目及测定方法的选择。④测定过程。⑤数据处理。⑥测定结果的分析与评价。

二、土壤环境分析课程介绍

土壤环境分析课程是一门强调技术操作的课程，从某种意义上讲是一门实验课，在教学上采用理论讲授和实际操作相结合的方式。

1. 学时分配　讲课 16 学时，实验操作 44 学时，共计 60 学时。

2. 课程进度安排

第 10 周：讲授［绪论，第一章　土壤环境分析的基本知识，第二章　土壤样品的采集与制备；实验（领取仪器、洗涤器皿，纯水检验，样品处理，吸湿水测定）］。

第 11 周：土壤有机质的测定。

第 12 周：土壤氮的测定。

第 13 周：土壤磷的测定。

第 14 周：土壤钾的测定。

第 15 周：土壤颗粒组成的测定。

第 16 周：土壤比重、容重、含水量、水势等的测定。

第 17 周：土壤阳离子交换性能和微量元素的测定。

第 18 周：土壤微生物环境状态测定分析。

三、课堂要求

（1）预习并写出分析流程卡片，回答课堂提问。

（2）独立并严格按照操作规程操作。

（3）建立原始数据记录本。

（4）完成实验报告内容如下：①实验测定项目、方法。②实验原理。③原始数据、计算方法、标准曲线、最终结果。④实验结果讨论（方法评述、出现问题、注意事项、数据评价等）。

■ 第一章 土壤环境分析的基本知识

学习土壤环境分析和学习其他课程一样，必须掌握有关的基本理论、基本知识和基本操作技术。基本知识包括与土壤环境分析有关的数理化知识、分析实验室知识、林业生产知识。这些基本知识必须在有关课程的学习中以及在生产实践和科学研究工作中不断学习和积累。本章只对土壤环境分析用的纯水、试剂、器皿等基本知识做简要说明，定量分析教材中的内容一般不再重复。

一、土壤环境分析用纯水

（一）纯水的制备

分析工作中纯水的用量很大，必须注意节约用水、水质检查和正确保存，勿使其受器皿和空气等的污染，必要时装苏打-石灰管防止 CO_2 的溶解。

纯水的制备常采用蒸馏法和离子交换法。蒸馏法利用水与杂质的沸点不同，经过外加热使产生的水蒸气冷凝后制得蒸馏水。蒸馏法制得的蒸馏水，由于经过高温处理，不易长霉，但蒸馏器皿多为铜制或锡制，因此蒸馏水中会有痕量的金属离子存在。实验室自制时可用电热蒸馏水器，出水量有 $5\ L\cdot h^{-1}$、$10\ L\cdot h^{-1}$、$20\ L\cdot h^{-1}$ 和 $50\ L\cdot h^{-1}$ 等，使用方便，但耗电较多，出水速度较小。工厂和浴室废蒸汽的副产蒸馏水，质量较差，必须先检查才能使用。

使用离子交换法可制得纯度较高的去离子水，去离子水一般是通过离子纯水器由自来水制得的，因未经高温灭菌而容易长霉。离子交换纯水器可以自制，也可购买，各地均有商品纯水器供应。

通过离子交换树脂获得的纯水称离子交换水或去离子水。离子交换树脂是一种不溶性的高分子化合物。树脂的骨架部分具有网状结构，遇酸、碱及一般溶剂相当稳定，而骨架上又有能与溶液中阳离子或阴离子进行交换的活性基团。在树脂庞大的结构中，磺酸基（—SO$_3$H）或季铵基 [—CH$_2$N（CH$_3$）$_3$OH，简作＝NOH] 等是活性基团，其余的网状结构是树脂的骨架，可以用 R 表示。上述两种树脂的结构可简写为 R—SO$_3$H 和 R＝NOH。当水流通过装有离子交换树脂的交换器时，水中的杂质离子被离子交换树脂截留，这是因为离子交换器中的 H$^+$ 或 OH$^-$ 与水中的杂质离子（如 Na$^+$、Ca^{2+}、Cl$^-$、SO$_4^{2-}$）交换，交换下来的 H$^+$ 和 OH$^-$ 结合为 H$_2$O，而杂质离子则被吸附在树脂上，以阳离子 Na$^+$ 和阴离子 Cl$^-$ 为例，其化学反应式为

$$R—SO_3H + Na^+ \longrightarrow R—SO_3Na + H^+$$
$$R—NOH + Cl^- \longrightarrow R—NCl + H^+$$
$$OH^- + H^+ \longrightarrow H_2O$$

上述离子反应是可逆的，当 H$^+$ 与 OH$^-$ 的浓度增加到一定程度时，反应向相反方向进行，这就是离子交换树脂再生的原理。在纯水制造中，通常采用强酸性阳离子交换树脂（国产 732 树脂）和强碱性阴离子交换树脂（国产 717 树脂）。新的商品树脂一般是中性盐树脂（R—SO$_3$Na 树脂和 R＝NCl 树脂等），性质较稳定，便于储存。在使用之前必须进行净化和转型处理，使之转化为所需的 H$^+$ 树脂与 OH$^-$ 树脂。

离子交换树脂的性能与活性基团和网状骨架、树脂的粒度和温度、pH 等有关。①活性基团越多，离子交换量越大。一般树脂的交换容量为 3～6 mol·kg^{-1}（干树脂，离子树脂）。活性基团和种类不同，能交换的离子基团也不同。②网状骨架的网眼是由交联剂形成的。例如上述苯乙烯系离子交换树脂结构中的长碳链，是由若干个苯乙烯聚合而成的。长链之间则用二乙烯苯交联起来，二乙烯苯是交联剂。树脂骨架中所含交联剂的质量百分数就是交联度。交联度小时，树脂的水溶性强，泡水后的膨胀性大，网状结构的网眼

大，交换速度快，大小离子都容易进入网眼，交换的选择性低。交联度大时，水溶性弱，网眼小，交换慢，大的离子不易进入，具有一定的选择性。制备纯水的树脂，要求能除去多种离子，所以交联度要适当小一些，但同时要求树脂难溶于水，以免污染纯水，所以交联度要适当地大一些。实际选用时，交联度以 7%～12% 为宜。③树脂的粒度越小（颗粒越小），工作离子交换量（实际上能交换离子的最大量）越大，但在交换柱中填充越紧密，流速就越慢。制备纯水用的树脂粒度以 0.3～1.2 mm 为宜。④温度过高或过低对树脂的强度和交换容量都有很大的影响。温度降低时，树脂的交换容量和机械强度都随之降低；≤0 ℃时，树脂即冻结，内部水分的膨胀使树脂破裂，从而影响树脂寿命。温度过高，则容易使树脂的活性基团分解，从而影响树脂的交换容量和使用寿命。一般阳离子树脂的耐热性高于阴离子树脂；盐树脂以 Na 树脂为最好。水的 pH 对树脂活性基团的离解也有影响。因为 H^+ 与 OH^- 是活性基团的解离产物。显然 pH 下降将抑制阳离子树脂活性基团的离解；pH 上升，则抑制阴离子树脂活性基团的离解。这种抑制作用对酸、碱性较强的树脂的影响较小，对酸、碱性较弱的树脂的影响较大。

中性盐树脂性质较稳定，便于储存，所以商品树脂常制成 R—SO_3Na 树脂和 R═NCl 树脂等形式。新树脂使用时要先经净化和"转型"处理：用水和酒精洗去低聚物、色素、灰沙等杂质，分别装入交换柱，用稀 HCl 溶液和 NaOH 溶液分别浸洗阴、阳离子交换树脂，使之转化为 H^+ 树脂与 OH^- 树脂，再用纯水洗去过量的酸、碱和生成的盐。"转型"后将各交换柱按照：阳→阴→阳→阴的顺序串联起来。洁净的天然水通过各交换柱，即得去离子水。树脂老化后，就要分别用 HCl 和 NaOH 使其再生为 H^+ 树脂与 OH^- 树脂。再生的反应和"转型"的反应相似，上述交换方法称为复柱法，它的设备和树脂再生处理都很简单，便于推广；串联柱数越多，所得去离子水的纯度越高，它的缺点是柱中的交换产物多时会引起逆反应，所得水的纯度会发现不同程度的变化。

制取纯度很高的水，可采用混合柱法：将阴、阳离子按1∶1.5或1∶2或1∶3的比例（视两种树脂交换能力的相对大小而定）混合装在交换柱中，它相当于阳、阴离子交换柱的无限次串联。一种树脂的交换产物［如 HCl 或 Ca（OH）₂ 等］可立即被另一种树脂交换除去，整个系统的交换产物就是中性的水，因此交换作用更完全，所得去离子水的纯度也更高。但混合柱中两种树脂再生时，需要先用较浓的 NaOH 或 HCl 溶液逆流冲洗，使比重较小的阴离子交换树脂浮升到阳离子交换树脂上面，用水洗涤后，再在柱的上下两层分别进行阳、阴离子交换树脂的再生。也可以采用联合法，即在复柱后面安装一个混合柱，按照阳→阴→混的顺序串联各柱，则可制得优质纯水，可以减少混合柱中树脂分离和再生的次数。

关于新树脂的预处理、纯水器的安装、树脂的再生、纯水的制备等操作细节，可查阅商品的说明书。

（二）实验室用水的检验

实验室用水应为无色透明的液体。它分为 3 个等级：一级水，基本上不含溶解或胶态离子杂质及有机质，可用二级水经过石英装置重蒸馏、离子交换混合床和 0.2 μm 的过滤膜制取。二级水，允许含有微量的无机、有机或胶态杂质，可用蒸馏、反渗透或去离子后再蒸馏等方法制取。三级水，可采用蒸馏、反渗透或去离子等方法制取。

按照我国国家标准《分析实验室用水规格和试验方法》（GB/T 6682—2008）的规定，实验室用水要经过 pH、电导率、可氧化物限度、吸光度及二氧化硅 5 个项目的测定和实验，并应符合相应的规定和要求（表 1-1）。

表 1-1　实验室用水标准

项目	一级水	二级水	三级水
pH	难以测定，不规定	难以测定，不规定	5.0～7.5（pH 计测定）

（续）

项目	一级水	二级水	三级水
电导率/ $(\mu S \cdot cm^{-1})$	<0.1	<1.0	<5.0
可氧化物限度	无此测定项目	1 L 水＋10 mL 98 g·L^{-1} H$_2$SO$_4$＋1.0 mL 0.002 mol·L^{-1} KMnO$_4$ 煮沸 5 min，淡红色不褪尽	100 mL 水＋10 mL 98 g·mL^{-1} 硫酸＋1.0 mL 0.002mol·L^{-1} 高锰酸钾煮沸 5 min，淡红色不褪尽
吸光度/ $(\lambda = 254$ nm$)$	<0.001（石英比色杯，1 cm 为参比，测 2 cm 比色杯中水的吸光度）	<0.01（石英比色杯，1 cm 为参比，测 2 cm 比色杯中水的吸光度）	无此测定项目
SiO$_2$/（mg·L^{-1}）	<0.02	<0.05	无此测定项目

资料来源：楼书聪，1995，化学试剂配制手册。

　　土壤环境分析实验室一般使用三级水，有些特殊的分析项目要求用纯度更高的水。水的纯度可用电导仪测定电阻率、电导率或用化学方法检查。电导率在 2 $\mu S \cdot cm^{-1}$ 左右的普通纯水即可用于常量分析，微量元素分析和离子电极法、原子吸收光谱法等有时需用 1 $\mu S \cdot cm^{-1}$ 以下的优质纯水，特纯水可在 0.06 $\mu S \cdot cm^{-1}$ 以上，但水中尚有 0.01 mg·L^{-1} 杂质离子。几种水的电阻率和电导率如图 1-1 所示。

　　一般土壤环境分析实验室用水还可以用以下化学检查方法检查。

　　1. 金属离子　水样 10 mL，加铬黑 T-氨缓冲溶液（0.5 g 铬黑 T 溶于 10 mL 氨缓冲溶液，加酒精至 100 mL）2 滴，应呈蓝色。

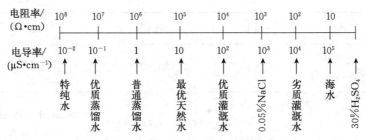

图 1-1　几种水的电阻率和电导率

如为紫红色，表明含有钙、镁、铁、铝、铜等金属的离子，此时可加入 1 滴 0.01 mol·L^{-1} EDTA 二钠盐溶液，如能变为蓝色表示纯度尚可，否则为不合格（严格要求时须用 50 mL 水样检查，加 1 滴 EDTA 不能变蓝即不合格）。

2. 氯离子　水样 10 mL，加浓 HNO$_3$ 1 滴和 0.1 mol·L^{-1} AgNO$_3$ 溶液 5 滴，几分钟后在黑色背景上观察，应完全澄清、无乳白色浑浊生成，否则表示 Cl$^-$ 较多。

3. pH　应在 6.5～7.5 范围以内。水样加 1 g·L^{-1} 甲基红指示剂应呈黄色；加 1 g·L^{-1} 溴百里酚蓝指示剂应呈草绿色或黄色，不能呈蓝色；加 1 g·L^{-1} 酚酞指示剂应完全无色。pH 也可用广泛试纸检测。纯水由于溶有微量 CO$_2$，pH 常小于 7；pH 太低则表明溶解的 CO$_2$ 太多，或者离子交换器有 H$^+$ 泄漏；pH 太大则表明含 HCO$_3^-$ 太多或者离子交换器有 OH$^-$ 泄漏。

单项分析用的纯水有时须做单项检验。例如测定氮时须检查有无氮或有无酸碱，测定磷时须检查有无磷等（普通纯水用于钼蓝比色法测磷和硅时，可能有不明原因的蓝色物质生成，应特别注意检验）。

某些微量元素分析和精密分析需用纯度很高的水，可在普通纯水中用硬质玻璃蒸馏器加少量的 KMnO$_4$（氧化有机质），并视需要加少量 H$_2$SO$_4$（防止氨等馏出）或少量 NaOH（防止 CO$_2$、SO$_2$、H$_2$S 等馏出）重新蒸馏，制成重蒸馏水，也可用离子交换法制取优质去离子水。

二、试剂的标准、规格、选用和保藏

（一）试剂的标准

试剂是指市售包装的"化学试剂"或"化学药品"。用试剂配成的各种溶液应称为某某溶液或"试液"。但这种称呼并不严格，常常是混用的。

试剂标准化源于19世纪中叶，德国伊默克公司的创始人伊马纽尔·默克（Emanuel Merck）1851年声明要供应保证质量的试剂。在1888年出版了伊默克公司化学家克劳赫（Krauch）编著的《化学试剂纯度检验》，后历经多次修订，该公司1971出版的《默克标准》（德文）在讲德语的国家起到了试剂标准的作用。

在伊默克公司的影响下，世界上其他国家的试剂生产厂家很快也出版了这类标准。除了《默克标准》之外，其中比较著名的、对我国化学试剂工业影响较大的国外试剂标准有：由美国化学家约瑟夫·罗津1937年首编，历经多次修订而成的《罗津标准》，全称为《具有试验和测定方法的化学试剂及其标准》（*Reagent Chemicals Standards with Methods of Testing and Assaying*），它是世界上最著名的一部试剂标准；美国化学学会分析试剂委员会编纂的《化学试剂——美国化学学会规格》（*Reagent Chemicals——American Society Specification*），其早期文本出现于1917年，至1986年已经修订出版了7版，是当前美国最有权威的一部试剂标准。

我国化学试剂标准分国家标准、行业标准和企业标准3种，化学试剂国家标准由国药试剂与北京化学试剂研究所共同编制完成，由国家标准管理委员会审批和发布，国家标准代号分为"GB"和"GB/T"。国家标准的编号由国家标准的代号、国家标准发布的顺序号和国家标准发布的年号（发布年份）构成。"GB"代号国家标准含有强制性条文及推荐性条文，当全文强制时不含有推荐性条文，"GB/T"代号国家标准为全文推荐性。国家标准的发布确定了化学试剂的架构定位、产品门类管理以区分试剂等级与应用特点。为行业内管理口径、交叉领域技术与应用技术交流及其管理规范提供了依据。

行业标准是国务院有关主管部门对没有国家标准而又需要在全国某个行业范围内统一的技术要求所制定的技术规范，其代号是"HG"（化工），由所属行业名称首字母大写组合；还有一种是化学工业部发布的暂时执行标准，代号为"HGB"（化工部），其编号形式与国家标准相同。

企业标准是在企业范围内需要协调、统一的技术要求、管理要求和工作要求，是企业组织生产、经营活动的依据。国家鼓励企业自行制定严于国家标准或者行业标准的企业标准。企业标准由企业制定，由企业法人代表或法人代表授权的主管领导批准、发布。企业标准一般以"Q"开头，由省、市级标准委员会审批、发布，在发布该标准的企业内部执行。企业标准代号采用"Q/HG"（即"企/化工"的汉语拼音缩写）的形式，其编号形式与国家标准相同。

在这3种标准中，行业标准不得与国家标准相抵触，企业标准不得与国家标准和行业标准相抵触。

（二）试剂规格

试剂规格又叫试剂级别或试剂类别。一般按试剂的用途或纯度、杂质的含量来划分规格标准，国外试剂厂生产的化学试剂的规格倾向于按用途划分，其优点是简单明了，从规格可知此试剂的用途，用户不必在使用哪一种纯度的试剂上反复考虑。

我国试剂的规格基本上按纯度划分，共有优级纯、分析纯、化学纯、实验纯和电子纯5种。国家和主管部门颁布质量指标的主要是优级纯、分析纯和化学纯3种。①优级纯，属一级试剂，标签颜色为绿色。这类试剂的杂质含量很低，主要用于精密的科学研究和分析工作，相当于进口试剂"GR"（保证试剂）。②分析纯，属于二级试剂，标签颜色为红色，这类试剂的杂质含量低，主要用于一般的科学研究和分析工作，相当于进口试剂的"AR"（分析试剂）。③化学纯，属于三级试剂，标签颜色为蓝色，这类试剂的质量略低于分析纯试剂，用于一般的分析工作，相当于进口试剂的"CP"（化学纯）。

除上述试剂外，还有许多特殊规格的试剂，如指示剂、生化试剂、生物染色剂、色谱用试剂及高纯工艺用试剂等。

（三）试剂的选用

土壤环境分析中一般都用化学纯试剂配制溶液。标准溶液和标定剂通常都用分析纯或优级纯试剂。微量元素分析一般用分析纯试剂配制溶液，用优级纯试剂或纯度更高的试剂配制标准溶液。精密分析用的标定剂等有时需选用更纯的基准试剂（绿色标志）。光谱分析用的标准物质有时需用光谱纯试剂（spectroscopic pure，SP），其中几乎不含能干扰待测元素光谱的杂质。不含杂质的试剂是没有的，即使是极纯的试剂，对某些特定的分析或痕量分析来说也不一定符合要求。选用试剂时应当加以注意。如果所用试剂虽然含有某些杂质，但对所进行的实验事实上没有妨碍，若没有特别的约定，那就可以放心使用。这就要求分析工作者具备试剂原料和制造工艺等方面的知识，在选用试剂时把试剂的规格和操作过程结合起来考虑。不同级别的试剂价格有时相差很大，因此，不需要用高一级的试剂时就不用。相反，有时经过检验，则可用较低级别的试剂，例如检查（空白实验）不含氮的化学试剂（LR，四级、蓝色标志）甚至工业用（不属试剂级别）的浓硫酸和氢氧化钠，也可用于全氮的测定。但必须指出的是，一些定量或痕量分析，必须按其要求选用相应规格的试剂。

（四）试剂的保存

试剂的种类繁多，储藏时应按照酸、碱、盐、单质、指示剂、溶剂、有毒试剂等分别存放。盐类试剂很多，可先按阳离子顺序排列，同一阳离子的盐类再按阴离子顺序排列。强酸、强碱、强氧化剂、易燃品、剧毒品、异臭和易挥发试剂应单独存放于阴凉、干燥、通风之处，特别是易燃品和剧毒品应放在危险品库或单独存放，试剂橱中更不得放置氨水和盐酸等挥发性药品，否则会使全橱试剂都遭受污染。测定氮用的浓硫酸和测定钾用的各种试剂溶液必须严防 NH_3 的污染，否则会引起分析结果的严重错误。氨水和氢氧化钠吸收空气中的 CO_2 后，对钙、镁、氮的测定也能产生干扰。开启氨水、乙醚等易挥发性试剂时须先充分冷却、瓶口不要对着人，慎防试剂喷出发生事故。过氧化氢溶液能溶解玻璃的碱质而加速过氧化氢的分解，所以须用塑料瓶或内壁涂蜡的玻璃瓶储藏；波长为 320~380 nm 的光线也会加速过氧化氢的分解，最好储于棕色瓶中，并藏于阴凉处。高氯酸的浓度在 700 g·kg^{-1} 以上时，与有机物如木屑、橡皮、活塞油等接触容易发生爆炸，500~600 g·kg^{-1} 的高氯酸则比较安全。HF 有很强的腐蚀性和毒性，除能腐蚀玻璃以外，滴在皮肤上即可产生难以痊愈的烧伤，特别是在指甲上，因此，使用 HF 时应戴上橡皮手套，并在通风橱中进行操作。氯化亚铁等易被空气氧化或吸湿的试剂，必须注意密封保存。

（五）试剂的配制

试剂的配制，按具体的情况和实际需要的不同，有粗配和精配两种方法。

一般实验用试剂，没有必要使用精确浓度的溶液，使用近似浓度的溶液就可以得到预期的结果，如盐酸、氢氧化钠和硫酸亚铁等溶液，这些物质都不稳定，或易挥发吸潮，或易吸收空气中的 CO_2，或易被氧化而使其物质的组成与化学式不相符，用这些物质就只能得到近似浓度的溶液。在配制近似浓度的溶液时，用一般的仪器就可以，例如用粗天平来称量物质，用量筒来量取液体，通常只要保留一位或两位有效数字，这种配制方法叫粗配，近似浓度的溶液要用其他标准物质进行标定，才可间接得到其精确的浓度，如酸、碱标准液，必须用无水碳酸钠、苯二甲酸氢钾来标定才可得到其精确的浓度。

有时候则必须使用精确浓度的溶液，例如在制备定量分析用的试剂溶液（即标准溶液）时，就必须用精密的仪器如分析天平、容量瓶、移液管和滴定管等，并遵照实验要求的准确度和试剂特点精心配制。通常要求浓度精确到万分之一。这种配制方法叫精配。如重铬酸盐、碱金属氧化物、草酸、草酸钠、碳酸钠等能够得到高纯度的物质，它们都具有较大的分子量，储藏时稳定，烘干时不分解，物质的组成精确地与化学式相符合，可以直接得到标准溶液。

试剂配制的注意事项和安全常识，定量分析中都有详细的论述，可参考有关的书籍。

三、常用器皿的性能、选用和洗涤

（一）玻璃器皿

1. 软质玻璃 又称普通玻璃，含有二氧化硅（SiO_2）、氧化钙（CaO）、氧化钾（K_2O）、氧化铝（Al_2O_3）、氧化硼（B_2O_3）、氧化钠（Na_2O）等。有一定的化学稳定性、热稳定性，机械强度高，透明性较好，易于灯焰加工焊接，但热膨胀系数大，易炸裂、破碎，因此，多被制成不需要加热的仪器，如试剂瓶、漏斗、量筒、玻璃管等。

2. 硬质玻璃 又称硬料，主要成分是二氧化硅（SiO_2）、碳酸钾（K_2CO_3）、碳酸钠（Na_2CO_3）、碳酸镁（$MgCO_3$）、硼砂（$Na_2BO_7 \cdot 10H_2O$）、氧化锌（ZnO）、氧化铝（Al_2O_3）等，也称为硼硅玻璃，如我国的"95 料"、GG - 17 耐高温玻璃和美国的 Pyrex 玻璃等。硬质玻璃的耐温、耐腐蚀及抗击性能好，热膨胀系数小，可耐较大的温差（一般在 300 ℃左右），可制成能加热的玻璃器皿，如各种烧瓶、试管、蒸馏器等，但不能用于硼、锌元素的测定。此外，根据某些分析工作的要求，还有石英玻璃、无硼玻璃、高硅玻璃等。

容量器皿的容积并非都十分准确地和它标示的大小相符，如量筒、烧杯等，但定量器皿如滴定管、移液管或吸量管等，它们的刻度是否精确常常需要校正。关于校准方法，可参考有关书籍。玻璃器皿的允许误差见表1-2。

表1-2　玻璃器皿的允许误差

容积/mL	误差限度/mL			
	滴定管	吸量管	移液管	容量瓶
2		0.01	0.006	
5	0.01	0.02	0.01	
10	0.02	0.03	0.02	0.02
25	0.03		0.03	0.03
50	0.05		0.05	0.05
100	0.10		0.08	0.08
200				0.10
250				0.11
500				0.15
1 000				0.30

　　玻璃器皿洗涤的要则是"用毕，立即洗刷"。如待污物干结后再洗，必将事倍功半。烧杯、三角瓶等玻璃器皿，一般用自来水洗刷，并用少量纯水淋洗2～3次即可。每次淋洗必须充分沥干后洗第二次，否则洗涤效率不高。洗涤的器皿内壁应能均匀地被水湿润，不沾水滴。一般污痕可用洗衣粉（合成洗涤剂）刷洗或用铬酸洗液浸泡后再刷洗。含沙粒的洗衣粉不宜来擦洗玻璃器皿的内壁，特别是不要用它来刷洗量器（量筒、容量瓶、滴定管等）的内壁以免擦伤玻璃。用以上方法不能洗去的特殊污垢，须将水沥干后根据污垢的化学性质和洗涤剂的性能，选用适当的洗涤液浸泡刷洗。例如，多数难溶于水的无机物（铁锈、水垢等）用废弃的稀 HCl 或稀 HNO_3 刷洗；油脂用铬酸洗涤液（温度视玻璃的质量和洗涤的难易而定）或碱性酒精洗涤液或碱性 $KMnO_4$ 洗液刷洗；盛 $KMnO_4$ 后留下的 MnO_2 氧化性还原物用 $SnCl_2$ 的 HCl 溶液或草酸的 H_2SO_4 溶液刷洗；难溶的银盐（$AgCl$、Ag_2O 等）用 $Na_2S_2O_3$

溶液或氨水刷洗；铜蓝痕迹和钼磷喹啉、钼酸（白色 MoO_3 等）用稀 NaOH 溶液刷洗；四苯硼钾用丙酮刷洗。用过的各种洗液都不能倒回原瓶。器皿用清水充分刷洗并用纯水淋洗几次，再次使用。

（二）瓷、石英、玛瑙、铂、银、镍、铁、塑料和石墨等器皿

1. 瓷器皿　实验室所用的瓷器皿实际上是上釉的陶器。因此，瓷器的许多性质主要由釉的性质决定，它的熔点较高（1 410 ℃），可高温灼烧，如瓷坩埚可以加热至 1 200 ℃，灼烧后重量变化小，故常常用来灼烧沉淀和称重。它的热膨胀系数为（3～4）×10⁻⁶，在蒸发和灼烧的过程中，应避免温度的骤然变化和加热不均匀现象，以防破裂。瓷器皿对酸碱等化学试剂的稳定性较玻璃器皿好，但同样不能和 HF 接触，过氧化钠和其他碱性溶剂也不能在瓷器皿或瓷坩埚中熔融。

2. 石英器皿　石英器皿的主要化学成分是 SiO_2，除 HF 外，不与其他的酸作用。在高温时，能与磷酸形成磷酸硅，易与苛性碱及碱金属碳酸盐作用，尤其是在高温条件下，侵蚀更快，然而可以进行焦磷酸钾熔融。石英器皿的热稳定性好，在 1 700 ℃以下不变软，不挥发，但在 1 100～1 200 ℃时开始失去玻璃光泽。由于其热膨胀系数较小，只有玻璃的 1/15，故热冲击性好。石英器皿价格较贵，脆而易破裂，使用时须特别小心，其洗涤方法大体与玻璃器皿相同。

3. 玛瑙器皿　玛瑙器皿是二氧化硅胶溶体分期沿岩石空隙向内逐渐沉积成的同心层或平层块体制成的器皿，包括研钵和研杵等，用于土壤全量分析时研磨土样和研磨某些固体试剂。

玛瑙质坚而脆，使用时可以研磨，但切莫用研杵击撞研钵，更要注意不要摔落。它的导热性能不良，加热时容易破裂，所以，在任何情况下都不得烘烤或加热。玛瑙是层状多孔体，液体能渗入层间内部，所以玛瑙研钵不能用水浸洗，而只能用酒精擦洗。

4. 铂质器皿　铂的熔点很高（1 774 ℃），导热性好，吸湿性小，质软，能很好地承受机械加工，常用铂铱合金（质较硬）制作

坩埚和蒸发器皿等分析用器皿。铂的价格很高，约为黄金的 9 倍，故使用铂质器皿时要特别注意其性能和使用规则。

铂对化学试剂比较稳定，特别是对氧很稳定，也不溶于 HCl、HNO_3、H_2SO_4、HF，但易溶于易放出游离的 Cl^- 的王水，生成褐红色稳定的络合物 H_2PtCl_6。

其反应式：

$$3HCl + HNO_3 \Longrightarrow NOCl + Cl_2 + 2H_2O$$
$$Pt + 2Cl_2 \Longrightarrow PtCl_4$$
$$PtCl_4 + 2HCl \Longrightarrow H_2PtCl_4$$

铂在高温条件下对一系列的化学作用非常敏感。例如，高温时能与游离态卤素（Cl_2、Br_2、F_2）生成卤化物，与强碱 NaOH、KOH、LiOH、$Ba(OH)_2$ 等共熔也能变成可溶性化合物，但遇 Na_2CO_3、K_2CO_3 和助溶剂 $K_2S_2O_7$、$KHSO_4$、$Na_2B_4O_7$、$CaCO_3$ 等仅稍有侵蚀，灼热时会与金属 Ag、Zn、Hg、Sn、Pb、Sb、Bi、Fe 等生成比较易熔的合金，与 B、C、Si、P、As 等形成变脆的合金。

根据铂的这些性质，使用铂器皿时应注意以下几点：

（1）铂器易变形，勿用力捏或与坚硬物件碰撞。变形后可用木制模具整形。

（2）勿与王水接触，也不得使用 HCl 处理硝酸盐或用 HNO_3 处理氯化物，但可与单独的强酸共热。

（3）不得熔化金属和一切高温条件下能析出金属的物质、金属的过氧化物、氰化物、硫化物、亚硫酸盐、硫代硫酸盐、苛性碱等，熔融磷酸盐、砷酸盐、锑酸盐也只能在电炉中（无碳等还原性物质）熔融，赤热的铂器皿不得用铁钳夹取（须用镶有铂头的坩埚钳）并放在干净的泥三角上，勿接触铁丝，石棉垫也须灼尽有机质后才能应用。

（4）铂器应在电炉上或喷灯上加热，不允许用还原焰（特别是有烟的火焰）加热，灰化有机样品时也须先在通风条件下低温灰化，然后再移入高温电炉灼烧。

（5）铂器皿长久灼烧后有重结晶现象而失去光泽，容易裂损，可用滑石粉的水浆擦拭，恢复光泽后洗净备用。

（6）铂器皿洗涤可用单独的 HCl 或 HNO_3 煮沸溶解一般的难溶的碳酸盐和氧化物，而酸的氧化物可用 $K_2S_2O_7$ 或 $KHSO_4$ 熔融，硅酸盐可用碳酸钠、硼砂熔融，或用 HF 加热洗涤。熔融物须倒入干净的容器，切勿倒入水盆或湿缸，以防爆溅。

5. 银、镍、铁器皿 铁、镍的熔点高（分别为 1 535 ℃ 和 1 452 ℃），银的熔点较低（961 ℃），三者对强碱的抗蚀力较强（Ag＞Ni＞Fe），价格较低廉，这 3 种金属器皿的表面易氧化而改变重量，故不能用于沉淀物的灼烧和称重。它们最大的优点是可用于一些不能在瓷或铂坩埚中进行熔融的样品，例如 Na_2O_2 和 NaOH 熔融等，一般只需 700 ℃ 左右，约 10 min 即可完成。熔融时可用坩埚钳夹好坩埚和内容物，在喷灯上或电炉内转动，勿使底部局部太热而易致穿孔。铁坩埚一般可熔融 15 次以上，虽较易损坏，但因价廉还是可取的。

6. 塑料器皿 普通塑料器皿一般是用聚乙烯或聚丙烯等热塑而成的聚合物。低密度的聚乙烯塑料，熔点为 108 ℃，加热不能超过 70 ℃；高密度的聚乙烯塑料，熔点为 135 ℃，加热不能超过 100 ℃。聚乙烯塑料的硬度较大，化学稳定性和机械性能好，可代替某些玻璃、金属制品。在室温条件下，不受浓 HCl、HF、H_3PO_4 或强碱溶液的影响，只会被浓 H_2SO_4（大于 600 g·kg^{-1}）、浓 HNO_3、溴水或其他强氧化剂慢慢侵蚀。有机溶剂会侵蚀塑料，故不能用塑料瓶储存。而用塑料器皿储存水、标准溶液和某些试剂溶液比玻璃容器有优势，尤其适用于微量物质的分析。

聚四氟乙烯的化学稳定性和热稳定性好，是耐热性能较好的有机材料，使用温度可达 250 ℃。温度超过 415 ℃ 时急剧分解。它的耐腐蚀性好，遇浓酸（包括 HF）、浓碱或强氧化剂均不发生反应。可用于制造烧杯、蒸发皿、表面皿等。聚四氟乙烯制的坩埚能耐热至 250 ℃（勿超过 300 ℃），可以代替铂坩埚进行 HF 处理，塑料器皿对微量元素和钾、钠的分析工作尤为有利。

7. 石墨器皿 石墨是一种耐高温材料，即使达到 2 500 ℃ 左右也不熔化，只在 3 700 ℃（常压）时升华。石墨有很好的耐腐蚀性，有机和无机溶剂都不能溶解它。在常温条件下不与各种酸、碱发生化学反应，只有在 500 ℃ 以上才与 HNO_3 等强氧化剂反应。此外，石墨的热膨胀系数小，耐急冷热性也好，其缺点是耐氧化性能差，随着温度的升高，氧化速度逐渐加剧。常用的石墨器皿有石墨坩埚和石墨电极。

四、滤纸的性能与选用

滤纸分为定性滤纸和定量滤纸两种。定性滤纸灰分较多，供一般的定性分析用，不能用于定量分析。定量滤纸经 HCl、HF 和蒸馏水处理，灰分较少，适用于精密的定量分析。此外，还有用于色谱分析的层析滤纸。

选择滤纸要根据分析工作对过滤沉淀的要求和沉淀性质及其量的多少来决定。定量滤纸的类型、规格、适用范围见表 1-3 和表 1-4。

表 1-3　国产定量滤纸的类型和适用范围

类型	色带标志	性能和适用范围
快速	白	纸张组织松软，过滤速度最快，适用于保留粗度沉淀物，如氢氧化铁等
中速	蓝	纸张组织较密，过滤速度适中，适用于保留中等细度沉淀物，如碳酸锌等
慢速	红	纸张组织最密，过滤速度最慢，适用于保留微细度沉淀物，如硫酸钡等

表 1-4　国产定量滤纸规格

圆形直径/cm	7.0	9.0	11.0	12.5	15.0	18.0
每张灰分含量/g	3.5×10^{-5}	5.5×10^{-5}	8.5×10^{-5}	1.0×10^{-4}	1.5×10^{-4}	2.2×10^{-4}

定性滤纸的类型与定量滤纸相同（无色带标志）。灰分含量<2 g·kg^{-1}。国外某些定量滤纸的类型有 Whatman 41 S. S589/1（黑带）粗孔、Whatman 40 S. S589/2（白带）中孔、Whatman 42 S. S589/3（蓝带）细孔。

■ 第二章 土壤样品的采集与制备

一、土壤样品的采集

(一) 概述

土壤是一个不均一体，影响它的因素是错综复杂的。自然因素包括地形（高度、坡度）、母质等；人为因素有耕作、施肥等，特别是耕作、施肥导致土壤养分分布的不均匀，例如条施和穴施、起垄种植、深耕等措施，均能造成局部差异。这些都说明了土壤异质性普遍存在，因而给土壤样品的采集带来了很大困难。采集 1 kg样品，再在其中取出几克或几百毫克，而足以代表一定面积的土壤，似乎比正确地进行化学分析还难以做到。实验室工作者只能对送来样品的分析结果负责，如果送来的样品不符合要求，那么任何精密仪器和熟练的分析技术都将毫无意义。因此，分析结果能否说明问题，关键在于采样。

分析测定的只能是样品，但要通过对样品的分析而达到以样品论"总体"的目的。因此，采集的样品对所研究的对象（总体）必须具有最大的代表性。

总体是指一个有特定来源的、具有相同性质的大量个体事物或现象的全体。样品是由总体中随机抽取出来的一些个体组成的。个体之间是有差异的，因此，样品也必然存在着差异。由此看来，样品与总体之间，既存在着同质的"亲缘"联系，因而样品可作为总体的代表，但同时也存在着一定程度非异性的差异，差异愈小，样品的代表性愈大；反之亦然。为了实现所采集样品的代表性，采样时要贯彻随机化原则，即样品应当随机地取自所代表的总体，而不是由主观因素决定的。此外，一组需要相互之间进行比较的样品

（即样品 1、样品 2……样品 n），应当由同样的个体数组成。

（二）混合土样的采集

1. 采样误差　土壤样品的代表性与采样误差的控制直接相关。例如，在一块不到 0.67 hm² 的同一土类的土壤上取 9 个样点，分别采 9 个土样，分析其有效磷的含量，每个土样称取两个分析样品作为重复，土壤中的有效磷利用浸提液提取，吸取两份滤液作为重复进行磷的比色分析，将测定结果和统计分析结果列于表 2-1 和表 2-2。

表 2-1　土壤有效磷的分析结果（P_2O_5，mg·kg^{-1}）

采样点代号	称样 1		称样 2		样品总和
	溶液 1	溶液 2	溶液 1	溶液 2	
1	30	30	28	28	116
2	25	25	26	27	103
3	38	38	39	39	154
4	24	23	26	26	99
5	26	26	27	28	106
6	30	28	30	27	115
7	36	36	34	32	138
8	27	26	29	28	110
9	25	25	24	26	100
求和	261	256	263	261	1 041
均值	29.0	28.4	29.2	29.0	
平均	28.7		29.1		

表 2-2　土壤有效磷分析结果方差分析

变异原因	平方和	自由度	均方	F	$F_{0.05}$	$F_{0.01}$
样品间	694.72	8	86.84	58.28 **	2.38	3.41
称样间	2.25	1	2.25	1.51	4.28 *	7.88 **
分析间	3.64	3	1.21	0.81	3.03	4.76
误差	34.36	23	1.49			
总和	734.97	35				

注：* 表示达到 5% 显著水平，** 表示达到 1% 显著水平。

表2-2的方差分析结果说明采样（即样品间）的误差非常显著（达到1‰显著水平），这是由土壤异质性造成的。因此，采样误差比较难克服。一般在田间任意取若干个点，组成混合样品，组成混合样品的点越多，其代表性越大。但实际上因工作量太大，有时不易做到，因此，采样时必须兼顾样品的可靠性和工作量，这充分说明代表性样品采集的重要性和艰巨性。

称样误差主要取决于样品的混合均匀程度和样品的粗细。一个混合均匀的土样，在称取过程中大小不同的土粒有分离现象。因为大小不同的土粒化学成分不同，造成分析结果出现差异，称样量越少，这种影响越大，常根据样品测定成分的物理、化学特点确定样品的细度。分析误差是由分析方法、试剂、仪器以及分析工作者的判断产生的。一个经过严格训练的熟练的分析人员可以使分析误差降至最低限度。表2-2的方差结果也证明称样和分析误差很小（都没达到显著差异）。

2. 采样时间 土壤中有效养分的含量随季节的改变而有很大的变化，以有效磷、速效钾为例，最大差异可达1～2倍。

土壤中有效养分的含量随季节而变化的原因是比较复杂的，土壤温度和水分是重要的影响因素，表土比底土更为明显，因为表土冷热变化和干湿变化较大。温度和水分还有它们的间接影响，例如冬季土壤中有效磷、速效钾均增加，在一定程度上是因为温度降低，土壤中有机酸有所积累，有机酸能与铁、铝、钙等络合，降低了它们的活性，增加了磷的活性，同时也有一部分非交换态钾转变成交换态钾。分析土壤养分供应时，一般都在晚秋或早春采集土样，采取土样时要注意时间因素，同一时间内采取的土样的分析结果才能相互比较。

3. 混合样品采集的原则 混合样品是由很多点样品混合组成的，它实际上相当于一个平均数，借以减少土壤差异。从理论上讲，每个混合样品的采样点越多，即每个样品所包含的个体数越多，则对于该总体来说，样品的代表性就愈大。在一般情况下，采样点的多少取决于采样的土地面积、土壤的差异程度和实验研究所要求的精密度等因素。研究的范围越大，研究对象越复杂，采样点越多。在理想情况下，应该使采样的点和量最少，而样品的代表性又最大，使有限的人力和物力得到最有效的利用。

　　土壤分析结果应代表一定面积土地的养分水平。过去受到分析工作速度的限制，一般偏重于在少数代表性田块上采取混合土壤样品来进行分析，把结果推广到大面积的农业生产上，例如几十公顷或几百公顷土地。在少数田块上所采集的混合样品，往往不能代表一个农场或村或乡的肥料需求情况。有人做了这样的试验：在 16 hm² 的农田上，采了 256 个土样（每 25 m² 采一个混合样品）进行磷水平的分析，得到的有效磷含量，有 161 个是"极低"，69 个是"偏低"，26 个是"高"。

　　可以看到，就这 16 hm² 农田的整体来讲，其对磷肥的需要是很明确的。通过详细的数学分析可知有 80％的土壤在不同程度上缺少磷，并且在一定耕作条件下，也可以提高这块农田的磷肥施用量。但是如果抽出少数样品来判断，得出错误判断的概率还是不小的。近年来，现代仪器的使用、分析工作的自动化大大加快了分析工作的速度。在一定面积的土地上，趋向于采集更多的土样，通过数学方法对大量数据进行统计，以获得更多可靠的资料。

　　4. 混合土样的采集　以指导生产或进行田间试验为目的的土壤分析，一般都采集混合土样。采集土样时首先要根据土壤类型以及土壤的差异情况，同时也要向农民做调查并征求意见，然后把土壤划分成若干个采样区，我们称之为采样单元。每一个采样单元的土壤要尽可能均匀一致。一个采样单元包括多大面积的土地，由于分析目的不同，具体要求也不同。每个采样单元再根据面积大小，分成若干小单元，每个小单元的面积越小，样品越具有代表性，但是面积越小，采样花的劳力就越多，而且分析工作量也越大，那么一个混合样品代表多大面积比较可靠而经济呢？除不同土类必须分开采样外，一般可以为 0.2 hm²。原则上应使所采的土样能在数据上对所研究的问题有一定的反映。

　　由于土壤的不均一性，各个体都存在一定程度的差异。因此，采集样品必须按照一定采样路线和随机多点混合的原则。每个采样单元的样点数，常常是人为地决定 5～10 点或 10～20 点，视土壤差异和面积大小而定，但不宜少于 5 点。混合土样一般采集耕层土壤（0～15 cm 或 0～20 cm）；有时为了解各土种肥力差异和自然肥力变化趋势，可适当地采集底土（15～30 cm 或 20～40 cm）的混合样品。

采集混合样品的要求：

（1）每一点采取的土样厚度、深浅、宽狭应大体一致。

（2）各点都是随机决定的，在田间观察了解情况后，随机定点可以避免主观误差，提高样品的代表性，一般按 S 形线路采样，从图 2-1 中可以看出 A 和 B 两种情况容易产生系统误差，因为耕作、施肥等措施往往顺着一定的方向进行。

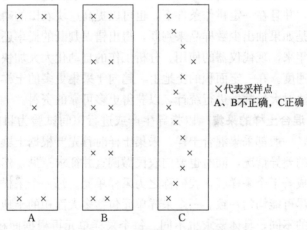

图 2-1　土壤采样点的确定方式

（3）采样地点应避开田边、路边、沟边和特殊地形部位以及堆过肥料的地方。

（4）一个混合样品是由许多均匀一致的点的样品组成的，各点的差异不能太大，否则就要根据土壤差异情况分别采集几个混合土样，使分析结果更能说明问题。

（5）一个混合样品重 1 kg 左右，如果重量超出很多，可以把各点采集的土壤放在一个木盆里或塑料布上用手捏碎摊平，用四分法对角取两份混合放在布袋或塑料袋里，其余可弃去，附上标签，注明采样地点、采土深度、采样日期、采样人，标签一式两份，一份放在袋里，一份贴在袋上，与此同时要做好采样记录。

① 试验田土样的采集。首先要求找一个肥力比较均匀的田块，使试验中的各个处理尽可能地少受土壤不均一性的干扰。肥料试验的目的是明确推广的范围，因此我们必须知道试验是布置在什么性质的土壤上的。在布置肥料试验时采集土壤样品通常只采表土。试验田取样的目的，不仅在于了解土壤的一般肥力情况，还在于了解土壤肥力差异情况，这就要求采样单元的面积不能太大。

② 大田土样的采样。对农场、村和乡的土壤肥力进行诊断时，先要调查访问，了解村和乡的土壤、地形、作物生长、耕作施肥等情况，再拟定采样计划。就一个乡来讲，土壤类型、田块地形、作物布局等都可能有所不同，确定采样区（采样单元）后，采集混合土样。村的土地面积较小，南方各地一般只有 7~13 hm²，土壤种类、地形等比较一致，群众常根据作物产量的高低，把自己的田块分成上、中、下 3 类，可以作为农场、村采样的依据。

③ 水田土样的采集。在水稻生长期间、地表淹水情况下采集土样，要注意地面要平，只有这样采样深度才能一致，否则会因为土层的不同而使表土速效养分含量产生差异。一般可用具有刻度的管形取土器采集土样，将管形取土器钻入一定深度的土层，取出土钻时，上层水流走，剩下潮湿土壤，将土样装入塑料袋，多点取样，组成混合样品，其采样原则与混合样品采集原则相同。

（三）特殊土样的采集

1. 剖面土样的采集　为了研究土壤基本理化性状，除了研究表土外，还要研究表土以下的各层土壤。这种剖面土样的采集，一般可在主要剖面观察和记录后进行。必须指出，土壤剖面按层次采样时，必须自下而上（这与剖面划分、观察和记载恰恰相反）分层采取，以免采取上层样品时对下层土壤的混杂污染。为了使样品明显地反映各层次的特点，通常是在各层最典型的中部采取（表土层较薄，可自地面向下全层采样），这样可克服层次间的过渡现象，从而增加样品的典型性或代表性。样品重量也是 1 kg 左右，其他要求与混合样品相同。

2. 土壤盐分动态样品的采集　盐碱土中盐分的变化比土壤养分含量的变化还要大。土壤盐分分析不仅要了解土壤中盐分的多少，还要了解盐分的变化情况。盐分的差异性是有关盐碱土的重要资料。在这样的情况下，就不能采集混合样品。

盐碱土中垂直方向盐分的变化更为明显。由于淋洗作用和蒸发作用，土壤剖面中的盐分的季节性变化很大，而且不同类型的盐碱土，其剖面中盐分的分布又不一样。例如南方滨海盐碱土，底土含盐分较重，而内陆次生盐碱土，盐分一般都积聚在表层。根据盐分在土壤剖面中的变化规律，应分层采集土样。

分层采集土样，不必按发生层次采样，可自地表起每隔 10 cm 或 20 cm 采集一个土样，取样方法多用"段取"，即在该取样层内，自上而下，整层地、均匀地取土，这样有利于储盐量的计算。研究盐分在土壤剖面中分布的特点时，则多用"点取"，即在该取样层的中部取土。根据盐碱土取样的特点，应特别重视采样的时间和深度，因为盐分上下移动受不同时间的淋溶作用与蒸发作用的影响很大。采样时间和季节对土壤含盐量的影响远大于对土壤养分的影响。鉴于花碱土碱斑分布的特殊性，必须增加样点的密度和样点的随机分布，或将这种碱斑占整块田地面积的百分比估计出来，按比例分配斑块上应取的样点数，组成混合样品；也可以将这种斑块另外组成一个混合样品，用来与正常地段的土壤进行比较。

3. 养分动态土样的采集　为研究土壤养分的动态而进行采样时，可根据研究的要求进行布点。例如，为研究过磷酸钙在某种土壤中的移动性，使用前述土壤混合样品的采法显然是不合适的。如果过磷酸钙是以条状集中施肥的，为研究其水平移动距离，则应以施肥沟为中心，在沟的一侧或左右两侧按水平方向每隔一定距离，将同一深度所取的相应土样进行多点混合。同样，在研究其垂直方向的移动时，应以施肥点为起点，向下每隔一定距离确定采样点，采集土样组成混合土样。

（四）其他特殊样品的采集

常见植株和土壤的问题是某些营养元素不足（包括微量元素），或酸碱问题，或存在某种有毒物质，或土中水分过多，或底土层有坚硬不透水层等。为了查明植株生长不正常的土壤原因，就要采取典型样品。在采集典型土壤样品时，应同时采集正常的土壤样品，不仅要采集表土样品，还要采集底土样品。植株样品也是如此。这样可以进行比较，以利于诊断。

采集测定土壤微量元素的土样，采样工具要用不锈钢土钻、土刀、塑料布、塑料袋等，忌用报纸包土样，以免污染。

（五）采集土壤样品的工具

采样方法因采样工具而不同。常用的采样工具有 3 种：小土铲、管形土钻和普通土钻。

1. 小土铲 在切割的土面上根据采土深度用土铲采取上下一致的薄片。这种土铲在任何情况下都可使用，但比较费工，多点混合采样时往往因它费工而不用。

2. 管形土钻 下部是一圆柱形开口钢管，上部是柄架，根据工作需要可用不同管径的土钻。将土钻钻入土中，在一定土层深度处，取出一均匀土柱。管形土钻取土速度快，混杂又少，特别适用于大面积多点混合样品的采集。但它不太适用于沙性很高的土壤或干硬的黏重土壤。

3. 普通土钻 普通土钻使用起来比较方便，但它一般只适用于湿润的土壤，不适用于很干的土壤，同样也不适用于沙土。普通土钻的缺点是容易使土壤混杂。

用普通土钻采集的土样的分析结果往往比其他工具采集的土样低，有机质、有效养分等的分析结果尤为明显，这是因为用普通土钻取样，容易损失一部分表层土样，表层土较干，容易掉落，而表层土的有机质、有效养分的含量又较高。

不同取土工具带来的差异主要是由上下土体不一致造成的，这也说明采样时应注意采土深度、上下土体保持一致。

二、土壤样品的制备和保存

从野外取回的土样，经登记编号后，都须经过一个制备过程——风干、磨细、过筛混匀、装瓶，以备各项测定之用。

样品制备的目的：①剔除土壤以外的侵入体（如植物残茬、昆虫、石块等）和新生体（如铁锰结核和石灰结核等），以除去非土壤的组成部分。②适当磨细，充分混匀，使分析时所称取的少量样品具有较高的代表性，以减小称样误差。③全量分析项目，样品需要磨细，以使分解样品的反应完全和彻底。④使样品可以长期保存，不致因微生物活动而霉坏。

（一）新鲜样品和风干样品

为了样品的保存和工作的方便，从野外采回的土样都须先进行风干。但是，在风干过程中，有些成分如低价铁、铵态氮、硝态氮等会发生很大的变化，这些成分的分析一般用新鲜样品。也有一些指标如土壤 pH、速效养分，特别是有效磷、速效钾也有较大的变化。因此，土壤有效磷、速效钾的测定，是用新鲜样品还是用风干样品，就成了一个有争议的问题。有人认为新鲜样品比较符合田间实际情况；也有人认为新鲜样品是暂时的田间情况，它随着土壤中水分状况的改变而变化，不是一个可靠的常数，而风干土样测出的结果是一个平衡常数，比较稳定和可靠，而且新鲜样品称样误差较大，工作又不方便。因此，在实验室测定土壤有效磷、速效钾时，仍以风干土为宜。

(二) 样品的风干、制备和保存

1. 风干　将采回的土样放在木盘中或塑料布上，摊成薄薄的一层，置于室内通风阴干。在土样半干时，须将大土块捏碎（尤其是黏性土壤），以免完全干后结成硬块，难以磨细。风干场所力求干燥通风，并要防止酸蒸气、氨气和灰尘的污染。

样品风干后，应筛去动植物残体如根、茎、叶、虫体等和石块、结核（石灰结核、铁锰结核）。如果石块、结核过多，应当将拣出的石块、结核称重，记下所占的百分比。

2. 粉碎过筛　将风干后的土样倒在钢玻璃底的木盘上，用木棍研细，使之全部通过 2 mm 孔径的筛子。充分混匀后用四分法分成两份，如图 2-2 所示。一份供物理分析用，另一份供化学分析用。供化学分析用的土样还必须进一步研细，使之全部通过 1 mm 或 0.5 mm 孔径的筛子。1927 年国际土壤学会规定通过 2 mm 孔径筛子的土壤供物理分析之用，通过 1 mm 孔径筛子的土壤供化学分析之用，人们一直沿用这个规定。但近年来很多分析项目倾向于用半微量的分析方法，称样量减少，要求样品的细度增加，以降低称样的误差。因此现在有人使样品通过 0.5 mm 孔径的筛子。但必须指出，土壤 pH、交换性能、速效养分等的测定，样品不能研得太细，因为研得过细，容易破坏土壤矿物晶粒，使分析结果偏高。同时要注意，土壤研细主要使团粒或结粒破碎，这些结粒是由土壤黏土矿物或腐殖质胶结起来的，而不能破坏单个的矿物晶粒。因此，研碎土样时，只能用木棍滚压，不能用榔头锤打。因为晶粒破坏后，露出新的表面，会增加有效养分的含量。

第一步　　　　　第二步　　　　　第三步

图 2-2　四分法取样步骤

全量分析的指标包括 Si、Fe、Al、有机质、全氮等，这些指标不受磨碎的影响，而且为了减小称样误差和使样品容易分解，需要将样品磨得更细。方法是取部分已混匀的 1 mm 或 0.5 mm 的样品铺开，划成许多小方格，用骨匙多点取出土壤样品约 20 g，磨细，使之全部通过 0.16 mm 筛子。测定 Si、Fe、Al 的土壤样品需要用玛瑙研钵研细，瓷研钵会影响测定结果。

在土壤分析工作中所用的筛子有两种：一种以筛孔直径的大小表示，如孔径为 2 mm、1 mm、0.5 mm 等；另一种以每英寸长度上的孔数表示。如每英寸长度上有 40 孔，为 40 目筛子，每英寸有 100 孔为 100 目筛子。孔数越多，孔径越小。筛目与孔径之间的关系可用下列简式表示：

$$筛孔直径（mm）=\frac{16}{1英寸孔数}$$

1 英寸 = 25.4 mm，16 = 25.4−9.4（mm，网线宽度）

3. 保存　一般样品用具磨口塞的广口瓶或塑料瓶保存半年至一年，以备必要时查核之用。样品瓶上的标签须注明样号、采样地点、土类名称、试验区号、深度、采样日期、筛孔直径等项目。

标准样品是用来核对分析人员各次成批样品的分析结果的，特别是各个实验室协作进行分析方法的研究和改进时需要有标准样品。标准样品需长期保存，不能使其混杂外物，样品瓶贴上标签后，应以石蜡涂封，以保证样品不变化。每份标准样品附各项分析结果的记录。

三、土壤水分的测定

进行土壤水分含量的测定有两个目的：①了解田间土壤的实际含水状况，以便及时进行灌溉、保墒或排水，以保证作物的正常生长；或根据作物长相、长势及栽培措施总结丰产的水肥条件；或根据苗情症状，为诊断提供依据。②风干土样水分的测定是各项分析结果计算的基础。目前田间土壤的实际含水量的测定方法有很多，所用仪器也不同，在土壤物理分析中有详细介绍，这里只介绍风干土样水分含量的测定。

风干土样的水分含量受大气相对湿度的影响。风干土水分不是土壤的一种固定成分，在计算土壤各种成分时不包括水分。因此，一般不用风干土作为计算的基础，而用烘干土作为计算的基础。分析时一般都用风干土，计算时就必须根据水分含量换算成烘干土。

测定时把土样放在 $105\sim110$ ℃的烘箱中烘至恒重，失去的质量为水分的质量，即可计算土壤水分百分数。在此温度下土壤吸着水蒸发，而结构水不致破坏，土壤有机质也不致分解。下面的内容引用国家标准《土壤水分测定法》（NT/T 52—1987）。

（一）适用范围

本标准适用于测定除石膏性土壤和有机土（含有机质 20% 以上的土壤）以外的各类土壤的水分含量。

（二）方法原理

土壤样品在（105 ± 2）℃烘至恒重时的失重，即土壤样品所含水分的质量。

（三）仪器设备

① 土钻。②土壤筛：孔径为 1 mm。③铝盒：小型铝盒直径约为40 mm，高约为 20 mm；大型铝盒直径约为 55 mm，高约为28 mm。④分析天平：准确度为 0.001 g 和 0.01 g。⑤小型电热恒温烘箱。⑥干燥器：内盛变色硅胶或无水氯化钙。

（四）试样的选取和制备

1. 风干土样 选取有代表性的风干土壤样品，压碎，通过1 mm筛，混合均匀后备用。

2. 新鲜土样 在田间用土钻取有代表性的新鲜土样，刮去土钻中的上部浮土，将土钻中部所需深度处的土壤约20g捏碎后迅速装入已知准确质量的大型铝盒内，盖紧，装入木箱或其他容器，带回室内，将铝盒外表擦拭干净，立即称重，尽早测定水分。

（五）测定步骤

1. 风干土样水分的测定 取小型铝盒在105℃恒温箱中烘烤约2h，移入干燥器内冷却至室温，称重，准确至0.001g。将铝盒盖揭开，放在盒底下，置于已预热至（105±2）℃的烘箱中烘6h。取出，盖好，移入干燥器内冷却至室温（约需20min），立即称重。风干土样水分的测定应做2份平行测定。

2. 新鲜土样水分的测定 将盛有新鲜土样的大型铝盒在分析天平上称重，准确至0.01g。揭开盒盖，放在盒底下，置于已预热至（105±2）℃的烘箱中烘12h。取出，盖好，移入干燥器内冷却至室温（约需30min），立即称重。新鲜土样水分的测定应做3份平行测定。

注：烘规定时间后1次称重，即达恒重。

（六）结果的计算

1. 计算公式

$$水分（分析基，\%）=\frac{m_1-m_2}{m_1-m_0}\times100$$

$$水分（干基，\%）=\frac{m_1-m_2}{m_2-m_0}\times100$$

式中：m_0——烘干空铝盒质量（g）；

m_1——烘干前铝盒及土样质量（g）；

m_2——烘干后铝盒及土样质量（g）。

2. 结果表示 平行测定的结果用算术平均值表示，保留至小数点后一位。

3. 误差分析 平行测定结果的误差，水分小于5%的风干土样不得超过 0.2%，水分为 5%～25% 的潮湿土样不得超过 0.3%，水分大于 15% 的大粒（粒径约为 10 mm）黏重潮湿土样不得超过 0.7%（保证平行样本相对误差小于 5%，提升数据准确度）。

第三章 土壤有机质的测定

一、概述

（一）土壤中有机质的含量及其在肥力上的意义

土壤中的有机质是土壤中各种营养特别是氮、磷的重要来源，它还含有刺激植物生长的胡敏酸等物质。由于有机质具有胶体特征，能吸附较多的阳离子，因而使土壤具有保肥力和缓冲性；有机质还能使土壤疏松和形成结构，从而改善土壤的物理性状；有机质也是土壤微生物必不可少的碳源和能源。因此，除低洼地土壤外，一般来说，土壤中有机质的含量是反映土壤肥力高低的一个重要指标。

华北地区不同肥力等级的土壤有机质含量为：高肥力地＞15.0 g·kg^{-1}，中等肥力地 10.0～14.0 g·kg^{-1}，低肥力地 5.0～10.0 g·kg^{-1}，薄沙地＜5.0 g·kg^{-1}。

南方水稻土肥力高低与有机质含量也有密切关系。据浙江省农业科学院土壤肥料研究所水稻高产土壤研究组研究，浙江省高产水稻土的有机质含量为 23.6～48 g·kg^{-1}，均较其邻近的一般田块高。上海郊区高产水稻土的有机质含量也在 25.0～40 g·kg^{-1}。

我国东北地区雨水充足，有利于植物生长，而气温较低，有利于土壤有机质的积累。因此，东北的黑土有机质含量达 40～50 g·kg^{-1}。由此向西北，雨水减少，植物生长量逐渐减少，土壤有机质含量亦逐渐减少，如栗钙土有机质含量为 20～30 g·kg^{-1}，棕钙土有机质含量为 20 g·kg^{-1}左右，灰钙土有机质含量只有 10～20 g·kg^{-1}。向南雨水多、温度高，虽然植物生长茂盛，但土壤中有机质的分解作用增强，黄壤和红壤有机质含量一般为 20～30 g·kg^{-1}。对耕作土壤来讲，人为的耕作活动则起着更重要的作用。因此，在同一地区耕种土壤的有机质含量比未耕种土壤要低得多。影响土壤有机质含量的另一重要因素是土壤质地，沙土有机质含量低于黏土。

土壤有机质的组成很复杂，包括 3 类物质：①分解很少，仍保持原来形态学特征的动植物残体。②动植物残体的半分解产物及微生物代谢产物。③有机质分解和合成而形成的较稳定的高分子化合物——腐植酸类物质。分析测定的土壤有机质含量，实际包括了②、③的全部及①的部分有机物质，以此来说明土壤肥力特性是合适的。因为从土壤肥力角度来看，上述有机质的 3 个组成部分，在土壤理化性质和肥力特性上，都起重要作用。但是，在土壤形成过程中，研究土壤腐殖质中碳氮比（C/N）的变化时则需严格剔除未分解的有机物质。

大量分析结果表明（表 3-1），土壤有机质含量与土壤总氮量之间呈正相关关系。如吉林省东部山区的通化对 115 个旱地土壤样品进行回归分析，其回归方程为

$$f(x)=0.006\,2+0.573x \quad r=0.939^{**}$$

表 3-1　耕地土壤全氮与有机质含量的比较

省份	有机质/$(g \cdot kg^{-1})$	全氮/$(g \cdot kg^{-1})$	全氮/有机质
河北	12.2	0.74	6.07%
山西	10.7	0.68	6.34%
河南	12.2	0.70	5.74%
安徽	14.0	0.86	6.14%
福建	15.9	0.79	4.97%
新疆	13.9	0.79	5.68%
广东	14.9	0.80	5.27%

资料来源：全国土壤普查办公室，1998，中国土壤。

土壤全氮总量与土壤有机质含量的比值随着土壤所处的环境和利用状况的变化而变化。如表 3-2 所示，安徽省位于南北过渡带，成土母质复杂，土壤类型众多，而各类土壤的开垦利用情况不同，全氮含量与有机质含量有一定差别。从高地的山地草甸土的

4.05%至低洼地的砂姜黑土的 7.05%，但总体上看二者的回归相关性仍显著，$f(x)=0.036\,4+0.037\,1x$，$r=0.991\,6^{**}(n=15)$，相关系数 $r^2=0.98$，说明土壤全氮的变异有 98.33% 可由土壤有机质的变异引起。

表 3 - 2　土壤有机质与全氮含量[2]

土壤类型	有机质			全氮			全氮量/有机质
	样品数	土壤变幅/$(g \cdot kg^{-1})$	平均值/$(g \cdot kg^{-1})$	样品数	土壤变幅/$(g \cdot kg^{-1})$	平均值/$(g \cdot kg^{-1})$	
红壤	4 684	15.2~44.2	28.6	4 673	0.88~2.00	1.34	4.69%
黄壤	232	12.3~61.0	53.1	232	2.04~2.80	2.36	4.44%
黄棕壤	1 646	12.5~85.0	18.6	1 646	0.75~3.88	0.84	4.52%
棕壤（酸性）	186	28.4~104.1	37.9	186	4.69~10.30	1.66	4.38%
黄褐土	4 036	9.5~20.2	13.3	4 265	1.26~6.00	0.84	6.32%
砂姜黑土	9 446	9.0~13.2	12.6	9 458	0.59~0.94	0.89	7.05%
石灰性土	893	30.3~47.8	33.7	882	1.72~2.59	1.86	5.52%
紫色土	1 174	13.5~22.8	18.8	1 179	0.97~1.23	0.99	5.27%
山地草甸土	15		99.2	15		4.02	4.05%
潮土	6 425	4.2~24.8	14.0	6 390	0.28~1.46	0.93	6.64%
粗骨土	1 504	27.3~44.0	29.6	1 426	1.24~1.60	1.45	4.90%
石质土	212	34.2~63.8	48.6	207	1.64~2.72	2.19	4.51%
水稻土	31 857	14.2~33.7	21.7	31 455	0.90~2.32	1.31	6.04%

资料来源：全国土壤普查办公室，1998，中国土壤。

总体来看，土壤有机质一般含氮 5% 左右，故可以根据有机质测定结果来估计土壤全氮的含量：

土壤全氮含量（$g \cdot kg^{-1}$）=
土壤有机质含量（$g \cdot kg^{-1}$）×0.05（或 0.06）

（二）土壤有机碳不同测定方法的比较和选用

关于土壤有机碳的测定，有关文献中介绍了很多，根据要求和实验室条件可选用不同方法。

经典的测定方法有干烧法（高温电炉灼烧）或湿烧法（重铬酸钾氧化），放出的 CO_2，一般用苏打石灰吸收称重，或用标准氢氧化钡溶液吸收，再用标准酸滴定。用上述方法测定土壤有机碳时，测定内容包括土壤中元素态碳及无机碳酸盐。因此，在测定石灰性土壤有机碳时，必须先除去 $CaCO_3$。可以在测定前用亚硫酸处理去除之，或另外测定无机碳和总碳含量，从全碳结果中减去无机碳。干烧法和湿烧法测定 CO_2 的方法均能使土壤有机碳全部分解，不受还原物质的影响，可获得准确的结果，可以作为标准方法校核时用。由于测定时需要一些特殊的仪器设备，而且很费时间，所以一般实验室都不用此法。近年来高温电炉灼烧和气相色谱装置被结合起来制成碳氮自动分析仪，已被应用于土壤分析，但由于仪器的限制而未能被广泛采用。

目前，各国在土壤有机质研究领域中使用得比较普遍的是滴定分析法。虽然各种滴定法所用的氧化剂及其浓度或具体条件有差异，但其基本原理是相同的。使用最普遍的是在过量的硫酸存在的情况下，用氧化剂 $K_2Cr_2O_7$（或 H_2CrO_4）氧化有机碳，剩余的氧化剂用标准 $FeSO_4$ 溶液回滴，用消耗的氧化剂的量来计算有机碳的量。使用这种方法时，土壤中的碳酸盐无干扰作用，而且操作简便、快速、适用于大量样品的分析。采用这一方法进行测定时，有的直接利用浓硫酸和重铬酸钾（2∶1）溶液迅速混合时所产生的热量（温度在120℃左右）来氧化有机碳，称为稀释热法（水合热法）。也有人用外加热（170～180℃）来促进有机质的氧化。前者操作方便，但对有机质的氧化程度较低，只有77％，而且受室温变化的影响较大，而后者操作较麻烦，但有机碳的氧化较完全，可达90％～95％，不受室温变化的影响。此外，还可用比色法测定土壤有机质所还原的重铬酸钾的量来计算，即根据土壤溶液中重铬酸钾被还原后产生的绿色铬离子（Cr^{3+}）的量或剩余的重铬酸钾橙色的变化来速测土壤有机碳。

以上方法主要是通过测定氧化剂的消耗量来计算土壤有机碳的含量的，所以土壤中存在氯化物、氧化亚铁及二氧化锰，它们在铬酸溶液中能发生氧化还原反应，导致不正确的结果。土壤中 Fe^{2+} 或 Cl^- 的存在将导致正误差，而活性的 MnO_2 存在将产生负误差。

但大多数土壤中活性的 MnO_2 的量是很少的，因为仅新沉淀的 MnO_2 参加氧化还原反应，即使锰含量较高的土壤，存在的 MnO_2 中也只有很少一部分能与 $Cr_2O_7^{2-}$ 发生氧化还原作用，所以，绝大多数土壤中 MnO_2 的干扰都不会产生严重的误差。

测定土壤有机质含量除上述方法外，还可用直接灼烧法，即在 $350\sim400\ ℃$ 下灼烧，根据灼烧后失去的重量计算有机质含量。灼烧失重，包括有机质和化合水的重量，因此本法主要用于沙性土壤。

（三）有机碳的校正系数

经典的干烧法和湿烧法，均为彻底氧化的方法。因为土壤中所有的有机碳均被氧化为 CO_2，因而不需要校正系数。而外加热重铬酸盐法不能完全氧化土壤中的有机化合物，需要用一个校正系数去校正未反应的有机碳，Schollenberger 法的校正系数为 1.15。Tyurin 法（1931）的校正系数不加 Ag_2SO_4 时为 1.1，加 Ag_2SO_4 时为 1.04。

从表 3-3 中可以看出，Walkley 和 Black 的稀释热法（水合热法）有机碳的回收率有很大变化（44%~92%），所以对各种土壤校正系数的变化范围为 1.09~2.27，对各类土壤平均校正系数的变化范围为 1.19~1.33。因此，校正系数 1.3（有机碳平均回收率为 77%）在一定的土壤上看来是最合适的，但应用于所有土壤将会带来误差。

表 3-3 Walkley 和 Black 方法测定表土有机碳的校正系数[3]

参考文献	土壤样品数目	有机碳回收率/%		平均校正系数
		范围	平均数	
Dremner et al.，1960	15	57~92	84	1.19
Kalembasa et al.，1973	22	46~80	77	1.30
Orphanos，1973	12	69~79	75	1.33
Richter et al.，1973	12	79~87	83	1.20
Nelson et al.，1975	10	44~88	79	1.27

(四) 有机质含量的计算

土壤中有机质的含量可以用土壤中一般的有机碳比例 (即换算因数) 乘以有机碳的含量求得, 其换算因数由土壤有机质的含碳率决定。各地土壤有机质组成不同, 含碳量亦不一致, 因此根据含碳量计算有机质含量时, 如果都用同一换算因数, 势必产生一些误差。

Van Bemmelen 因数为 1.724, 是假定土壤有机质含碳 58% 计算的。然而许多研究指出, 对许多土壤而言此因数太低, 因此低估了有机质的含量。Broadbent 总结了许多早期的工作结果, 确定换算因数为 1.9 和 2.5, 将其分别选用于表土和底土。其他工作者发现, 换算因数 1.9~2.0 对于表层矿物土壤而言是令人满意的。

尽管这样, 我国目前仍沿用 Van Benmmelen 因数 1.724。国外常用有机碳含量表示而不用有机质含量表示。

二、土壤有机质的测定

(一) 重铬酸钾容量法——外加热法[6,7]

1. 方法原理 在外加热的条件下 (油浴的温度为 180 ℃, 沸腾 5 min), 用一定浓度的重铬酸钾-硫酸溶液氧化土壤有机碳, 剩余的重铬酸钾用硫酸亚铁来滴定 (所用指示剂见表 3-4), 根据消耗的重铬酸钾的量计算有机碳的含量。本方法测得的结果与干烧法相比, 只能氧化 90% 的有机碳, 因此将得到的有机碳乘以校正系数, 以计算有机质的量。氧化滴定过程中的化学反应如下:

$$2K_2Cr_2O_7 + 8H_2SO_4 + 3C \longrightarrow 2K_2SO_4 +$$
$$2Cr_2(SO_4)_3 + 3CO_2 + 8H_2O$$
$$K_2Cr_2O_7 + 6FeSO_4 \longrightarrow K_2SO_4 + Cr_2(SO_4)_3 +$$
$$3Fe_2(SO_4)_3 + 7H_2O$$

在 1 mol·L^{-1} 的 H$_2$SO$_4$ 溶液中用 Fe^{2+} 滴定 Cr$_2$O$_7^{2-}$ 时, 其滴定曲线的突跃范围为 1.22~0.85 V。

表 3-4 滴定过程中使用的氧化还原指示剂

指示剂	E_0	本身变色（氧化→还原）	Fe^{2+}滴定$Cr_2O_7^{2-}$时的变色（氧化→还原）	特点
二苯胺	0.76 V	深蓝色→无色	深蓝→绿色	须加H_3PO_4，近终点须强烈摇动，较难掌握
二苯胺磺酸钠	0.85 V	红色→无色	红紫色→蓝紫色→绿色	须加H_3PO_4，终点稍难掌握
2-羧基代二苯胺	1.08 V	紫红色→无色	棕色→红紫色→绿色	不必加H_3PO_4，终点易掌握
邻菲啰啉	1.11 V	淡蓝色→红色	橙色→灰绿色淡绿色→砖红色	不必加H_3PO_4，终点易掌握

从表 3-4 中可以看出，每种氧化还原指示剂都有自己的标准电位（E_0），邻菲啰啉（$E_0=1.11$ V）和 2-羧基代二苯胺（E_0 为 1.08 V）两种氧化还原指示剂的标准电位（E_0）正好落在滴定曲线的突跃范围内，因此，不需加磷酸而终点容易掌握，可得到准确的结果。

例如，以邻菲啰啉亚铁溶液（邻二氮菲亚铁）为指示剂，3 个邻菲啰啉（$C_2H_8N_2$）分子与 1 个亚铁离子络合，形成红色的邻菲啰啉亚铁络合物，遇强氧化剂，则变为淡蓝色的正铁络合物，其反应如下：

$$[(C_2H_8N_2)_3Fe]^{3+}+e^- \longleftrightarrow [(C_2H_8N_2)_3Fe]^{2+}$$
淡蓝色　　　　　　　　　　　红色

滴定开始时以重铬酸钾的橙色为主，滴定过程中渐现 Cr^{3+} 的绿色，快到终点时变为灰绿色，如标准亚铁溶液过量半滴，即变成红色，表示终点已到。

但用邻菲啰啉的一个问题是指示剂往往被某些悬浮土粒吸附，到终点时颜色变化不明显，所以常常在滴定前将悬浊液在玻璃滤器上过滤。

从表 3-4 中也可以看出，二苯胺、二苯胺磺酸钠指示剂变色的氧化还原标准电位（E_0）分别为 0.76 V 和 0.85 V。指示剂变色在重铬酸钾与亚铁滴定曲线的突跃范围之外。因此使终点后移，为此，在实际测定过程中加入 NaF 或 H_3PO_4 络合 Fe^{3+}，其反应如下：

$$Fe^{3+} + 2PO_4^{3-} \longrightarrow Fe(PO_4)_2^{3-}$$

$$Fe^{3+} + 6F^- \longrightarrow [FeF_6]^{3-}$$

加入磷酸等不仅可消除 Fe^{3+} 的颜色，还能使 Fe^{3+}/Fe^{2+} 体系的电位大大降低，从而使滴定曲线的突跃电位加宽，使二苯胺等指示剂的变色电位进入突跃范围之内。

根据以上各种氧化还原指示剂的性质及滴定终点掌握的难易，推荐应用 2-羧基二苯胺。2-羧基二苯胺价格便宜，性能稳定，值得采用。

2. 主要仪器 油浴消化装置（包括油浴锅、铁丝笼）、可调温电炉、秒表、自动控温调节器。

3. 试剂

（1）0.008 mol·L^{-1}（1/6$K_2Cr_2O_7$）标准溶液。称取经 130 ℃烘干的重铬酸钾（$K_2Cr_2O_7$，GB642-77，分析纯）39.224 5 g 溶于蒸馏水中，定容于 1 000 mL 容量瓶中。

（2）浓 H_2SO_4。浓硫酸（H_2SO_4，GB625-77，分析纯）。

（3）0.2 mol·L^{-1} $FeSO_4$ 溶液。称取硫酸亚铁（$FeSO_4$·$7H_2O$，GB664-77，分析纯）56.0 g 溶于蒸馏水中，加浓硫酸 5 mL，稀释至 1 mL。

（4）指示剂。

① 邻菲啰啉指示剂。称取邻菲啰啉（GB1293-77，分析纯）1.485 g 与 $FeSO_4$·$7H_2O$ 0.695 g，溶于 100 mL 蒸馏水中。

② 2-羧基代二苯胺（O-phenylanthranilicacid，又名邻苯氨基苯甲酸，$C_{13}H_{11}O_2N$）指示剂。称取 0.25 g 试剂于小研钵中研细，然后倒入 100 mL 小烧杯中，加入 0.18 mol·L^{-1} NaOH 溶液12 mL，并用少量蒸馏水将研钵中残留的试剂冲洗入 100 mL 小烧杯，对烧杯水浴加热使试剂溶解，冷却后稀释定容到 250 mL，放

置澄清或过滤，用其清液。

（5）Ag_2SO_4。硫酸银（Ag_2SO_4，HG3 - 945 - 76，分析纯），研成粉末。

（6）SiO_2。二氧化硅（SiO_2，Q/HG22 - 562 - 76，分析纯），粉末状。

4. 操作步骤　称取通过 0.149 mm 筛孔的风干土样 0.1～1.0 g（精确到 0.000 1 g）[①]，放入一干燥的硬质试管中，用移液管准确加入 0.800 0 mol·L^{-1}（1/6 $K_2Cr_2O_7$）标准溶液 5 mL（如果土壤中含有氯化物需先加入 Ag_2SO_4 0.1 g）[②]，用注射器加入浓 H_2SO_4 5 mL充分摇匀[③]，在管口盖上弯颈小漏斗，以冷凝蒸出之水汽。

---

① 有机质含量高于 50 g·kg^{-1}者，称土样 0.1 g，有机质含量高于 30 g·kg^{-1}者，称土样 0.3 g，有机质含量低于 20 g·kg^{-1}者，称土样 0.5 g 以上。由于称样量少，称样时应用减重法以减少称样误差。水稻土、沼泽土和长期渍水的土壤含有较多的 Fe^{2+}、Mn^{2+} 及其他还原性物质，它们也消耗 $K_2Cr_2O_7$，可使结果偏高，这些样品必须在测定前充分风干。一般可把样品磨细后，铺成薄薄一层，在室内通风处风干 10 d 左右即可使 Fe^{2+} 全部氧化。长期沤水的水稻土，虽经几个月风干处理，样品中仍有亚铁反应，对这种土壤，最好采用铬酸磷酸湿烧测定二氧化碳法 [见本部分的（二）重铬酸钾容量法——稀释热法]。

② 土壤中氯化物的存在可使结果偏高。因为氯化物也能被重铬酸钾氧化，因此，盐碱土中有机质的测定必须防止氯化物的干扰，有少量氯可加少量 Ag_2SO_4，使氯沉淀下来（生成 AgCl）。Ag_2SO_4 不仅能沉淀氯化物，还能促进有机质的分解。据研究，使用 Ag_2SO_4 时校正系数为 1.04，不使用 Ag_2SO_4 时校正系数为 1.1。Ag_2SO_4 的用量不能太高，约为 0.1 g，否则会生成 $Ag_2Cr_2O_7$ 沉淀，影响滴定。

在 Cl^- 含量较高时，可用氯化物近似校正系数 1/12 来校正，Cr_2O_7 与 Cl^- 及 C 的反应是定量的：

$$Cr_2O_7^{2-} + 6Cl^- + 14H^+ \longrightarrow 2Cr^{3+} + 3Cl_2 + 7H_2O$$
$$2Cr_2O_7^{2-} + 3C + 16H^+ \longrightarrow 4Cr^{3+} + 3CO_2 + 8H_2O$$

由上两个反应式可知 $C/4Cl^- = 12/4 \times 35.5 \approx 1/12$。

土壤含碳量（g·kg^{-1}）＝未经校正土壤含碳量（g·kg^{-1}）－ $\dfrac{\text{土壤 } Cl^- \text{含量（g·}kg^{-1})}{12}$

此校正系数在 $Cl:C$ 为 5:1 以下时适用。

③ 这里为了减少 0.4 mol·L^{-1}（1/6$K_2Cr_2O_7$）- H_2SO_4 溶液的黏滞性带来的操作误差，准确加入 0.800 mol·L^{-1}（1/6$K_2Cr_2O_7$）水溶液 5 mL 及 H_2SO_4 5 mL，以代替 0.4 mol·L^{-1}（1/6$K_2Cr_2O_7$）溶液 10 mL。在测定石灰性土壤样品时，也必须慢慢加入 $K_2Cr_2O_7$ - H_2SO_4 溶液，以防止由于碳酸钙的分解而引起激烈发泡。

将 8～10 个试管放入自动控温的铝块管座中（试管内的液温控制在 170 ℃左右），或将 8～10 个试管放于铁丝笼中（每笼中均有 1～2 个空白试管），放入温度为 185～190 ℃的石蜡油浴锅中①，要求放入后油浴锅温度下降至 170～180 ℃，以后必须控制电炉，使油浴锅内温度始终维持在 170～180 ℃，待试管内液体沸腾产生气泡时开始计时，煮沸 5 min②，取出试管（油浴法，稍冷却，擦净试管外部液状石蜡）。

冷却后，将试管内容物倾入 250 mL 三角瓶中，用水洗净试管内部及小漏斗，这时三角瓶内溶液总体积为 60～70 mL，保持混合液中 $1/2\ H_2SO_4$ 浓度为 2～3 mol·L^{-1}，然后加入 2-羧基代二苯胺指示剂 12～15 滴，此时溶液呈棕红色③。用标准的 0.2 mol·L^{-1} 硫酸亚铁滴定，滴定过程中不断摇动内容物，直至溶液的颜色由棕红色经紫色变为暗绿色（灰蓝绿色），即达滴定终点。如用邻菲啰啉指示剂，加指示剂 2～3 滴，溶液由橙黄色→蓝绿色→砖红色即达终点。记取 $FeSO_4$ 滴定体积（V）。

每一批（即上述每铁丝笼或铝块中）样品测定的同时，进行 2～3 个空白实验，即取 0.500 g 粉状 SiO_2 代替土样，其他步骤与试样测定相同。记取 $FeSO_4$ 滴定体积（V_0），取其平均值。

5. 结果计算

$$土壤有机碳（g·kg^{-1}）=\frac{\dfrac{c\times 5}{V_0}\times (V_0-V)\times 10^{-3}\times 3.0\times 1.1}{m\times k}\times 1\,000$$

---

①　最好不使用植物油，因为它可被重铬酸钾氧化，因此可能带来误差。而矿物油或石蜡对测定无影响。油浴锅预热温度当气温很低时应高一些（约 200 ℃）。铁丝笼应该有脚，使试管不与油浴锅底部接触。用矿物油虽对测定无影响，但对空气的污染较为严重，最好采用铝块（有试管孔座的）加热自动控温的方法来代替油浴法。

②　必须在试管内溶液表面开始沸腾时才开始计算时间。掌握沸腾的标准尽量一致，然后继续消煮 5 min，消煮时间对分析结果有较大的影响，计时应尽量准确。

③　消煮好的溶液颜色一般应是黄色或黄中稍带绿色，如果以绿色为主，则说明重铬酸钾用量不足。在滴定时消耗硫酸亚铁小于空白用量的 1/3 时，有氧化不完全的可能，应弃去重做。

式中：c——0.800 0 mol·L^{-1}（1/6 K$_2$Cr$_2$O$_7$）标准溶液的浓度；

    5——加入重铬酸钾标准溶液的体积（mL）；

    V_0——空白滴定用去 FeSO$_4$ 的体积（mL）；

    V——样品滴定用去 FeSO$_4$ 的体积（mL）；

    10^{-3}——将 mL 换算为 L 的系数；

    3.0——1/4 碳原子的摩尔质量（g·mol^{-1}）；

    1.1——氧化校正系数；

    m——风干土样质量（g）；

    k——将风干土样换算成烘干土的系数。

（二）重铬酸钾容量法——稀释热法[6]

1. 方法原理　基本原理、主要步骤与重铬酸钾容量法（外加热法）相同。稀释热法（水合热法）是利用浓硫酸和重铬酸钾迅速混合时所产生的热来氧化有机质，以代替外加热法中的油浴加热，操作更加方便。由于产生的热温度较低，对有机质的氧化程度较低，只有 77%。

2. 试剂

（1）1 mol·L^{-1}（1/6K$_2$Cr$_2$O$_7$）溶液。准确称取 K$_2$Cr$_2$O$_7$（分析纯，105 ℃烘干）49.04 g，溶于蒸馏水中，稀释至 1 L。

（2）0.4 mol·L^{-1}（1/6K$_2$Cr$_2$O$_7$）的基准溶液。准确称取 K$_2$Cr$_2$O$_7$（分析纯，130 ℃烘 3 h）19.613 2 g 于 250 mL 烧杯中，以少量蒸馏水溶解后全部洗入 1 L 容量瓶中，加入浓 H$_2$SO$_4$ 约 70 mL，冷却后用蒸馏水定容至刻度，充分摇匀备用（其中硫酸浓度约为 2.5 mol·L^{-1}）。

（3）0.5 mol·L^{-1}FeSO$_4$ 溶液。称取 FeSO$_4$·7H$_2$O 140 g 溶于蒸馏水中，加入浓 H$_2$SO$_4$15 mL，冷却稀释至 1 L 或称取 Fe（NH$_4$）$_2$（SO$_4$）$_2$·6H$_2$O 196.1 g 溶解于含有 200 mL 浓 H$_2$SO$_4$ 的 800 mL 蒸馏水中，稀释至 1 L。以 0.4 mol·L^{-1}（1/6K$_2$Cr$_2$O$_7$）的基准溶液标定此溶液，即分别准确吸取 3 份 0.4 mol·L^{-1}（1/6K$_2$Cr$_2$O$_7$）的基准溶液各 25 mL 于 150 mL 三角瓶中，加入邻菲啰啉指示剂 2～3

滴（或加 2 -羧基代二苯胺 12～15 滴），然后用 0.5 mol·L^{-1} $FeSO_4$ 溶液滴定至终点，并计算 $FeSO_4$ 的准确浓度。硫酸亚铁（$FeSO_4$）溶液在空气中易被氧化，需新鲜配制或以标准的 $K_2Cr_2O_7$ 溶液每天标定之。

其他试剂同本章第二部分的（一）的 3 中的（4）、（5）、（6）。

3. 操作步骤 准确称取 0.500 0 g 土壤样品（泥炭称 0.05 g，土壤有机质含量低于 10 g·kg^{-1} 者称 2.0 g）于 500 mL 的三角瓶中，然后准确加入 1 mol·L^{-1}（$1/6K_2Cr_2O_7$）溶液 10 mL 于土壤样品中，转动瓶子使之混合均匀，然后加浓 H_2SO_4 20 mL，缓缓转动三角瓶 1 min，促使土壤与试剂混合以保证试剂与土壤充分作用，并在石棉板上放置约 30 min，加蒸馏水稀释至 250 mL，加 2 -羧基代二苯胺 12～15 滴，然后用 0.5 mol·L^{-1} $FeSO_4$ 标准溶液滴定之，其终点为灰绿色。或加 3～4 滴邻菲啰啉指示剂，用 0.5 mol·L^{-1} $FeSO_4$ 标准溶液滴定至近终点时溶液由绿色变成暗绿色，逐渐加入 $FeSO_4$ 直至变成砖红色。

用同样的方法进行空白测定（即不加土样）。

如果 $K_2Cr_2O_7$ 被还原的量超过 75%，则须用更少的土壤重做。

4. 结果计算

$$土壤有机碳（g·kg^{-1}）=\frac{c\ (V_0-V)\ \times10^{-3}\times3.0\times1.33}{烘干土重}\times1\ 000$$

土壤有机质（g·kg^{-1}）＝土壤有机碳含量×1.724

式中：1.33——氧化校正系数；

c——0.5 mol·L^{-1} $FeSO_4$ 标准溶液的浓度。

其他各代号和数字的意义同本章第二部分的（一）的 5。

■ 第四章 土壤氮的测定

一、概述

 土壤中的氮绝大多数为有机质结合态，无机形态的氮一般占全氮的 1%～5%。土壤有机质和氮的含量，主要取决于生物积累和分解作用的相对强弱、气候、植被、耕作制度等因素，特别是水热条件对土壤有机质和氮含量有显著的影响。从自然植被下主要土类表层氮含量来看，以东北的黑土为最高（N，$2.56\sim6.95\,\mathrm{g\cdot kg^{-1}}$）。由黑土向西，经黑钙土、栗钙土、灰钙土，氮的含量依次降低。灰钙土的氮含量只有 $0.40\sim1.05\,\mathrm{g\cdot kg^{-1}}$。我国由北向南，各土类之间表土（$0\sim20\,\mathrm{cm}$）中的氮含量大致有如下变化趋势：由暗棕壤（N，$1.68\sim3.64\,\mathrm{g\cdot kg^{-1}}$）经棕壤、褐土到黄棕壤（N，$0.60\sim1.48\,\mathrm{g\cdot kg^{-1}}$），含量明显降低，再向南到红壤、砖红壤（N，$0.90\sim3.05\,\mathrm{g\cdot kg^{-1}}$），含量又升高。耕种促进有机质分解，减少有机质积累。因此，耕种土壤的有机质和氮含量比未耕种的土壤低得多，但变化趋势大体上与自然土壤一致。东北黑土地区耕种土壤的氮含量最高（N，$1.50\sim3.48\,\mathrm{g\cdot kg^{-1}}$），其次是华南、西南和青藏高原地区，而以黄淮海地区和黄土高原地区为最低（N，$0.30\sim0.99\,\mathrm{g\cdot kg^{-1}}$）。对大多数耕种土壤来说，土壤培肥的一个重要方面是提高土壤有机质和氮含量。总而言之，我国耕种土壤的氮含量不高，全氮含量一般为 $1.00\sim2.09\,\mathrm{g\cdot kg^{-1}}$，特别是西北黄土高原和华北平原的土壤，必须采取有效措施，逐渐提高土壤有机态氮的含量。

 土壤中有机态氮有半分解的有机质、微生物躯体和腐殖质，主要是腐殖质。有机态的氮大部分必须经过土壤微生物的转化作用，变成无机态的氮，才能被作物吸收利用。有机态氮的矿化作用随季节而变化。一般来讲，由于土壤质地的不同，一年中有 $1\%\sim3\%$ 的氮释放出来供作物吸收利用。

无机态氮主要是铵态氮和硝态氮，有时有少量亚硝态氮的存在。土壤中硝态氮和铵态氮的含量变化大。一般春播前肥力较低的土壤含硝态氮 $5\sim10$ mg·kg^{-1}，肥力较高的土壤硝态氮含量有时可超过 20 mg·kg^{-1}；铵态氮在旱地土壤中的变化比硝态氮小，一般为 $10\sim15$ mg·kg^{-1}。水田中的铵态氮含量变化则较大，在休闲农田中它的变化更大。

还有一部分氮（主要是 NH_4^+）固定在矿物晶格内，称为固定态氮，这种固定态氮一般不能被水或盐溶液提取，也比较难被作物吸收利用。但是，在某些土壤中（主要是含蛭石多的土壤），固定态氮可占一定比例（占全氮的 $3\%\sim8\%$），在底土中所占比例更高（占全氮的 $9\%\sim44\%$），这些氮需要用 HF - H$_2$SO$_4$ 溶液破坏矿物晶格，才能被释放。

速效形态的氮包括硝态氮、铵态氮和水解性氮。土壤中氮的供应与易矿化部分有机氮的含量有很大的关系。各种含氮有机物的分解难易程度因其分子结构和环境条件的不同而差异很大。一般来讲，土壤中与无机胶体结合不牢固的这部分有机质比较容易矿化，它包括半分解有机质和生物躯体，而腐殖质则多与黏粒矿物紧密结合，不易矿化。

土壤氮的主要分析项目有土壤全氮和有效氮。全氮通常被用来衡量土壤氮的基础肥力，而土壤有效氮与作物生长关系密切，因此，有效氮含量在推荐施肥上意义更大。

土壤全氮变化较小，通常用凯氏法或根据凯氏法组装的自动定氮仪测定，测定结果稳定可靠。土壤有效氮包括无机的矿物态氮和部分有机质中易分解的、比较简单的有机态氮，它是铵态氮、硝态氮、氨基酸、酰胺和易水解的蛋白质氮的总和，通常也称水解氮，它能反映土壤近期的氮供应情况。

目前国内外土壤有效氮的测定方法一般分为两大类：生物方法

（生物培养法）和化学方法。生物培养法测定的是土壤中氮的潜在供应能力，方法较烦琐，需要较长的培养时间，由于是模拟大田情况进行的，释放的有效氮比较符合田间实际，测得的结果与作物生长有较高的相关性；化学方法快速简便，但由于对易矿化氮的了解不够，对浸提剂的选择往往缺乏理论依据，测得的结果与作物生长的相关性亦较差。

生物培养法又可分为好氧培养法和厌氧培养法两类。好氧培养法为取一定量的土壤，在适宜温度、水分、通气条件下进行培养，测定培养过程中释放的无机态氮，即在培养之前和培养之后测定土壤中铵态氮和硝态氮的总量，二者之差即矿化氮。好氧培养法沿用至今已有很多改进，主要反映在：用的土样质量（10～15 g）、新鲜土样或风干土样、加或不加填充物（如砂、蛭石）等以及土样和填充物的比例、温度控制（25～35 ℃）、水分和通气调节（如土10 g，加水6 mL或加水至土壤田间持水量的60%）、培养时间（14～20 d）等。很明显，培养的条件不同，测得的结果就不一样。

厌氧培养法即在淹水情况下进行培养，测定土壤中由铵化作用释放的铵态氮。培养过程中条件比较容易掌握，不需要考虑通气条件和严格的水分控制，可以用较少的土样（5 g）、较短的培养时间（7～10 d）和较低的温度（30～40 ℃），方法比较简单，结果的再现性也较好，且与作物吸氮量和作物产量有很好的相关性。因此，厌氧培养法更适用于例行分析。

化学方法快速、简便，更受人欢迎。但土壤中氮的释放主要受微生物活动的影响，而化学试剂不能像微生物那样有选择性地释放土壤中某部分的有效氮，因此，只能用化学模拟估计土壤有效氮的供应。例如，用全氮估计，一般假定一个生长季节有1%～3%的全氮矿化为无机氮供作物利用；用土壤有机质估计，土壤有机质被看作氮的自然供应库，假定有机质含氮5%，再乘以矿化系数，以估计土壤有效氮的供应量。

水解氮常被看作土壤易矿化氮。水解氮的测定方法有两种：酸水解法和碱水解法。酸水解法就是用丘林法测定水解氮。酸水解法对有机质含量高的土壤的测定结果与作物有良好的相关性，但对于有机质缺乏的土壤，测定结果不是十分理想，对于石灰性土壤更不适合，而且操作烦琐、费时，不适用于例行分析。碱水解法又可分两种：一种是碱解扩散法，即用扩散皿和 1 mol·L^{-1}NaOH 进行碱解扩散。此法是碱解、扩散和吸收各反应同时进行，操作较为简便，分析速度快，结果的再现性也好。浙江省农业科学院 20 世纪 60 年代、上海市农业科学院 20 世纪 80 年代先后证实了该法同田间试验结果的一致性。另一种是碱解蒸馏法，即加还原剂和 1 mol·L^{-1}NaOH进行还原和碱解，最后将氨蒸馏出来，其结果也有较好的再现性。碱解蒸馏法主要用于美国，碱解扩散法应用于英国和西欧各国，我国也进行了几十年的研究试验，一般认为碱解扩散法较为理想，它不仅能测出土壤中氮的供应强度，还能反映氮的供应容量和释放速率。

二、土壤全氮的测定

（一）方法概述

测定土壤全氮的方法主要分为干烧法和湿烧法两类。

干烧法是杜马斯（Dumas）于 1831 年创立的，又称杜氏法，其基本过程是把样品放在燃烧管中，在 600 ℃以上的高温条件下与氧化铜一起燃烧，燃烧时通以净化的 CO_2，燃烧过程中产生的氧化亚氮气体通过灼热的铜被还原为氮气（N_2），产生的 CO 则通过氧化铜转化为 CO_2，使 N_2 和 CO_2 的混合气体通过浓的氢氧化钾溶液，以除去 CO_2，然后在氮素计中测定氮气体积。

干烧法不但费时，而且操作复杂，需要专门的仪器，但是与湿烧法比较测定的土壤氮较为完全。

湿烧法就是常用的凯氏法，此方法是丹麦人凯道尔（J. Kjeldahl）于 1883 年用来研究蛋白质变化的，后来被用来测定各种形态的有机氮。由于设备比较简单易得，结果可靠，为一般实验室所采用。此方法的主要原理是用浓硫酸消煮，借催化剂和增温剂等加速有机质的分解，并使有机氮转化为氨进入溶液，最后用标准酸滴定蒸馏出的氨。

人们对此方法进行了许多改进，一是用更有效的加速剂缩短消化时间，二是改进了氨的蒸馏和测定方法，以提高测定效率。

在凯氏法中，通常用加速剂来加速消煮过程。加速剂的成分按其效用的不同，可分为增温剂、催化剂和氧化剂等 3 类。

常用的增温剂主要是硫酸钾和硫酸钠。在消煮过程中温度起着重要作用，消煮时的温度要求控制在 $360 \sim 410 \, ^\circ\text{C}$，低于 $360 \, ^\circ\text{C}$，消化不容易完全，特别是杂环氮化合物不易分解，使结果偏低，高于 $410 \, ^\circ\text{C}$ 则容易引起氨的损失。温度的高低受加入硫酸钾的量所控制，如果加入的硫酸钾较少（每毫克硫酸加硫酸钾 $0.3 \, \text{g}$），则需要较长时间才能消化完全。如果加入的硫酸钾较多，则消化时间可以大大缩短，但是当盐的质量浓度超过 $0.8 \, \text{g} \cdot \text{mL}^{-1}$ 时，则消化完毕后，内容物冷却结块，给操作带来困难。因此，消煮过程中盐的浓度应控制在 $0.35 \sim 0.45 \, \text{g} \cdot \text{mL}^{-1}$，在消煮过程中如果硫酸消耗过多，则将影响盐的浓度，一般在凯氏烧瓶口插一小漏斗，以减少硫酸的损失。

凯氏法中应用的催化剂种类很多。多年来人们致力于凯氏法的改进，多集中在对催化剂的研究上。目前应用的催化剂主要有 Hg、HgO、$CuSO_4$、$FeSO_4$、Se、TiO_2 等，其中以 $CuSO_4$ 和 Se 的混合使用最为普遍。

Hg 和 Se 的催化能力都很强，但在测定过程中，Se 会带来一些操作上的困难。因为 HgO 能与 NH_4^+ 结合生成汞-铵复合物，这些包含在复合物中的 NH_4^+ 加碱蒸馏不出来，因此，在蒸馏之前，必须加硫代硫酸钠将汞沉淀出来。

$$HgO + (NH_4)_2SO_4 === [Hg (NH_3)_2] SO_4 + H_2O$$
$$[Hg (NH_3)_2] SO_4 + Na_2S_2O_3 + H_2O === HgS\downarrow + Na_2SO_4 + (NH_4)_2SO_4$$

产生的黑色沉淀（HgS）会使蒸馏器不易保持清洁，且汞有毒，污染环境，因此在凯氏法中，人们不喜欢用汞作催化剂。

Se 的催化作用最强，但必须注意，用 Se 作催化剂时，凯氏烧瓶中的溶液刚刚清澈并不表示所有的氮均已转化为 NH_4^+。由于 Se 也有毒性，国际标准（ISO11261：1995）改用氧化钛（TiO_2）代替 Se，其加速剂的组成和比例为 K_2SO_4：$CuSO_4 \cdot 5H_2O$：$TiO_2 = 100:3:3$。

近年来氧化剂特别是高氯酸的使用又引起人们的重视，因为 $HClO_4 - H_2SO_4$ 的消煮液可以同时测定氮、磷等多种元素，有利于自动化装置的使用。但是，由于氧化剂的作用过于激烈，容易造成氮的损失，使测定结果很不稳定，所以，它不是测定全氮的可靠方法。

目前在土壤全氮的测定中，一般认为标准的凯氏法为：称 1.0～10.0 g 土样（常用量），加混合加速剂 K_2SO_4 10 g、$CuSO_4$ 1.0 g、Se 0.1 g，再加浓硫酸 30 mL，消煮 5 h。为了缩短消煮时间和节省试剂，自 20 世纪 60 年代至今，土壤全氮测定广泛采用半微量凯氏法（0.2～1.0 g 土样）。

凯氏法测定的土壤全氮并不只包括 $NO_3^- - N$ 和 $NO_2^- - N$，由于它们的含量一般都比较低，对土壤全氮量的影响也小，因此可以忽略。但是，如果土壤中含有数量显著的 $NO_3^- - N$ 和 $NO_2^- - N$，则须用改进的凯氏法。

消煮液中的氮以 NH_4^+ 的形态存在，可以用蒸馏滴定法、扩散法或比色法等测定。最常用的是蒸馏滴定法，即加碱蒸馏，使氨释放出来，用硼酸溶液吸收，而后用标准酸滴定。蒸馏设备用半微量蒸馏器。对于半微量蒸馏器，近年来也有不少研究和改进，现在除了用电炉加热和蒸汽加热各种单套半微量蒸馏器外，还有多套半微量蒸馏器联合装置，即一个蒸汽发生器可同时带 4 套定氮装置，既省电又提高了功效，颇受科研工作者的欢迎。

扩散法是用扩散皿进行的，扩散皿分为内外两室（图 4-1），外室盛有消化液，内室盛硼酸溶液，加碱液于外室后，立即密封，使氨扩散到内室被硼酸溶液吸收，最后用标准酸滴定。有人认为扩散法的准确度和精密度大致和蒸馏法相似，但扩散法设备简单，试剂用量少，操作简单，时间短，适用于大批样品的分析。

比色法适用于自动装置，但自动比色分析应有一个比较灵活的

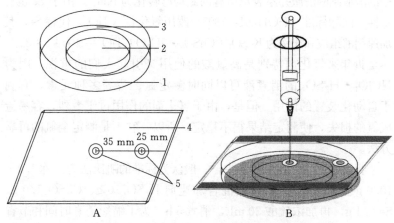

图 4-1　扩散皿基本组成和使用方法

A. 基本组成　B. 使用方法

1. 外壁　2. 内室　3. 外室　4. 盖片　5. 注射孔

显色反应。在显色反应中不应有沉淀、过滤等步骤。氨的比色分析，以靛酚蓝比色法最为灵敏，干扰也较少。连续流动分析（CFA）中氨的分析采用靛酚蓝比色法。

　　土壤氮的测定是重要的常规测试项目之一。因此，许多国家都致力于研制氮测定的自动、半自动分析仪，目前国内外已有不少型号的定氮仪。

　　利用干烧法原理研制的自动定氮仪，有的可进行许多样品的连续燃烧，使各样品的氮全部还原成氮气，彻底清除废气后，使氮气进入精确的注射管，自动测定其体积（μL），例如 Cole-man29-29A 氮素自动分析仪以及德国的 N-A 型快速定氮仪；有的则不清除 CO_2，而是同时将 N_2 和 CO_2 送入热导池探测器，利用 N_2 和 CO_2 的导热系数不同，同时测定 N_2 和 CO_2，例如 Leco Corporation 型、CR-412 型、CHN600 型、CHN1000 型等。

　　利用湿烧法的自动定氮仪，实际上是凯氏法的组装，所用试剂也同凯氏法，它可同时进行多个样品的消煮，它的蒸馏、滴定及结果的计算等步骤均可自动快速进行，分析结果能同时显示并被打印出来。例如近几年来进口的丹麦福斯-特卡托 1035/1038 型和德国 GERHARDT 的 VAP5/6 型自动定氮仪，能同时在密闭吸收系统里迅速消煮几十个样品，既快速又避免了环境污染，它的蒸馏、滴定虽然也是逐个进行，但每个样品从开始蒸馏到结果计算均自动显示并打印出来，用时只需 2 min，而且样品送入可连续进行，大大提高了凯氏法的分析速度。我国北京、上海、武汉等地已有多个仪器厂家生产自动和半自动定氮仪，如北京真空仪表厂生产的 DDY1－5 系列和北京思贝得机电技术研究所生产的 KDY－9810/30 系列的自动、半自动定氮仪等。自动定氮仪的应用可使实验室的分析向快速、准确、简便的自动化方向发展，满足现代分析工作的要求。

（二）土壤全氮的测定-半微量凯氏法[7]

1. 方法原理　样品在加速剂的参与下，用浓 H_2SO_4 消煮时，各种含氮有机物经过复杂的高温分解反应，转化为铵与 H_2SO_4 结合成硫酸铵。碱化后蒸馏出来的氨用硼酸吸收，以标准酸溶液滴定，求出土壤全氮量（不包括全部硝态氮）。

包含硝态氮和亚硝态氮的全氮的测定，在样品消煮前，需先用高锰酸钾将样品中的亚硝态氮氧化为硝态氮，再用还原铁粉使全部硝态氮还原，转化成铵态氮。

在高温下 H_2SO_4 是一种强氧化剂，能氧化有机化合物中的 C，生成 CO_2，从而分解有机质。

$$2H_2SO_4 + C \xrightarrow{\text{高温}} 2H_2O + 2SO_2\uparrow + CO_2\uparrow$$

样品中的含氮有机化合物（如蛋白质）在浓 H_2SO_4 的作用下，水解成氨基酸，氨基酸又在 H_2SO_4 的脱氨作用下还原成氨，氨与 H_2SO_4 结合成硫酸铵留在溶液中。

Se 的催化过程如下：

$$2H_2SO_4 + Se \longrightarrow H_2SeO_3 + 2SO_2\uparrow + H_2O$$
$$\text{亚硒酸}$$
$$H_2SeO_3 \longrightarrow SeO_2 + H_2O$$

$$SeO_2 + C \longrightarrow Se + CO_2$$

由于 Se 的催化效能高，一般常量法 Se 粉用量不超过 $0.1 \sim 0.2\ g$，如用量过大则将引起氮的损失。

$$(NH_4)_2SO_4 + H_2SeO_3 \longrightarrow (NH_4)_2SeO_3 + H_2SO_4$$

$$3(NH_4)_2SeO_3 \longrightarrow 2NH_3 + 3Se + 9H_2O + 2N_2 \uparrow$$

以 Se 作催化剂的消煮液，也不能用于氮、磷的联合测定。Se 是一种有毒元素，在消化过程中，放出 H_2Se。H_2Se 的毒性较 H_2S 大，易引起人中毒。所以，实验室要有良好的通风设备，方可使用这种催化剂。

$$4CuSO_4 + 3C + 2H_2SO_4 \longrightarrow 2Cu_2SO_4 + 4SO_2 \uparrow + 3CO_2 \uparrow + 2H_2O$$

$$Cu_2SO_4 + 2H_2SO_4 \longrightarrow 2CuSO_4 + 2H_2O + SO_2 \uparrow$$

褐红色　　　　　　　蓝绿色

当土壤中有机质分解完毕，碳质被氧化后，消煮液则呈现清澈的蓝绿色即"清亮"，因此硫酸铜不仅起催化作用，还起指示作用。同时应该注意凯氏法中刚刚清亮并不表示所有的氮均已转化为铵，有机杂环态氮还未完全转化为铵态氮，因此消煮液清亮后仍需消煮一段时间，这个过程叫"后煮"。

消煮液中的硫酸铵加碱蒸馏，使氨逸出，以硼酸吸收之，然后用标准酸溶液滴定之。

蒸馏过程的反应：

$$(NH_4)_2SO_4 + 2NaOH \longrightarrow Na_2SO_4 + 2NH_3 + 2H_2O$$

$$NH_3 + H_2O \longrightarrow NH_4OH$$

$$NH_4OH + H_3BO_3 \longrightarrow NH_4 \cdot H_2BO_3 + H_2O$$

滴定过程的反应：

$$2NH_4 \cdot H_2BO_3 + H_2SO_4 \longrightarrow (NH_4)_2SO_4 + H_2O$$

2. 主要仪器　消煮炉、半微量定氮蒸馏装置（图 4-2）、半微量滴定管（5 mL）。

3. 试剂

(1) 硫酸。$\rho = 1.84\ g \cdot mL^{-1}$，化学纯。

(2) $10\ mol \cdot L^{-1}$ NaOH 溶液。称取工业用固体 NaOH 420 g

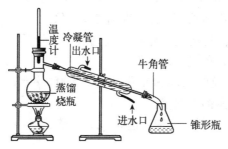

图 4-2 蒸馏装置示意图

于硬质玻璃烧杯中，加蒸馏水 400 mL 溶解，不断搅拌，以防止烧杯底部固结，冷却后倒入塑料试剂瓶，加塞，防止吸收空气中的 CO_2，放置几天待饱和 Na_2CO_3 出现沉降后，将清液虹吸入约 160 mL 无 CO_2 的蒸馏水中，并用去 CO_2 的蒸馏水定容至 1 L，加盖橡皮塞。

（3）甲基红-溴甲酚绿混合指示剂。将 0.5 g 溴甲酚绿和 0.1 g 甲基红溶于 100 mL 乙醇中[①]。

（4）20 g·L^{-1} H_3BO_3-指示剂混合溶液。将 20 g H_3BO_3（化学纯）溶于 1 L 水中，每升 H_3BO_3 溶液中加入甲基红-溴甲酚绿混合指示剂 5 mL 并用稀酸或稀碱调节至微紫红色，此时溶液的 pH 为 4.8。指示剂用前与硼酸混合，此试剂宜现配现用。

（5）混合加速剂。$M_{K_2SO_4}$: M_{CuSO_4} : M_{Se} = 100 : 10 : 1，即 100 g K_2SO_4（化学纯）、10 g $CuSO_4$ · $5H_2O$（化学纯）和 1 g Se 粉混合研磨，通过 0.18 mm 筛充分混匀（注意戴口罩），储于具塞瓶中。消煮时每毫升 H_2SO_4 加 0.37 g 混合加速剂。

（6）0.02 mol·L^{-1} 1/2 H_2SO_4 标准溶液。量取 H_2SO_4（化学纯，无氮，ρ = 1.84 g·mL^{-1}）2.83 mL，加蒸馏水稀释至 5 000 mL，然后用标准碱或硼砂标定。

————————

① 对于微量氮的滴定还可以用另一更灵敏的混合指示，即将 0.099 g 溴甲酚绿和 0.066 g 甲基红溶于 100 mL 乙醇所得指示剂。

（7）0.01 mol・L^{-1}1/2 H$_2$SO$_4$ 标准液。将 0.02 mol・L^{-1} 1/2 H$_2$SO$_4$ 标准溶液用蒸馏水准确稀释一倍。

（8）高锰酸钾溶液。将 25 g 高锰酸钾（分析纯）溶于 500 mL 蒸馏水，储于棕色瓶中。

（9）1∶1 硫酸（H$_2$SO$_4$ 化学纯，无氮，$\rho = 1.84$ g・mL^{-1}），硫酸与等体积蒸馏水混合。

（10）还原铁粉。磨细通过 0.15 mm 筛。

（11）辛醇。

4. 测定步骤

（1）称取风干土样（通过 0.149 mm 筛）1.000 0 g（含氮约 1.0 mg[①]），同时测定土样水分含量。

（2）土样消煮。

① 不包括硝态氮和亚硝态氮的消煮。将土样送入干燥的凯氏瓶（或消煮管）底部，加少量蒸馏水（0.5～1.0 mL）湿润土样后[②]，加入加速剂 2 g 和浓硫酸 5 mL，摇匀，将凯氏瓶倾斜置于 300 W 变温电炉上，用小火加热，待瓶内反应缓和时（10～15 min），加强火力使消煮的土液保持微沸，加热的部位不超过瓶中的液面，以防瓶壁温度过高而使铵盐受热分解，导致氮素损失。消煮的温度以使硫酸蒸气在瓶颈上部 1/3 处冷凝回流为宜。待消煮液和土粒全部变为灰白稍带绿色后，再继续消煮 1 h。消煮完毕，冷却，待蒸馏。在消煮土样的同时，做两份空白实验，除不加土样外，其他操作皆与测定土样相同。

② 包括硝态氮和亚硝态氮的消煮。将土样送入干燥的凯氏瓶（或消煮管）底部，加高锰酸钾溶液 1 mL，摇动凯氏瓶，缓缓加入

---

① 一般应使样品中含氮量为 1.0～2.0 mg，如果土壤含氮量在 2 g・kg^{-1} 以下，应称土样 1 g；含氮量在 2.0～4.0 g・kg^{-1}，应称土样 0.5～1.0 g；含氮量在 4.0 g・kg^{-1} 以上，应称土样 0.5 g。

② 凯氏法测定全氮样品必须磨细通过 0.149 mm 筛，以使有机质被充分氧化分解，对于黏质土壤样品，在消煮前须先加水湿润使土粒和有机质分散，以提高测定结果的准确性。但对于沙质土壤样品，用水湿润与否并没有显著差别。

1：1 H$_2$SO$_4$ 2 mL，不断转动凯氏瓶，然后放置 5 min，再加入 1 滴辛醇。通过长颈漏斗将（0.5±0.01）g 还原铁粉送入凯氏瓶底部，瓶口盖上小漏斗，转动凯氏瓶，使铁粉与酸接触，待剧烈反应停止时（约 5 min），将凯氏瓶置于电炉上缓缓加热 45 min（瓶内土液应保持微沸，以不引起大量水分丢失为宜）。停火，待凯氏瓶冷却后，通过长颈漏斗加速剂 2 g 和浓 H$_2$SO$_4$ 5 mL，摇匀。按①的步骤，消煮至土液全部变为黄绿色，再继续消煮 1 h。消煮完毕，冷却，待蒸馏。在消煮土样的同时，做两份空白实验。

（3）氨的蒸馏。

① 蒸馏前先检查蒸馏装置是否漏气，并通过馏出液将管道洗净。

② 待消煮液冷却后，用少量蒸馏水将消煮液定量地转入蒸馏器，并用蒸馏水洗涤凯氏瓶 4～5 次（总用水量不超过 35 mL）。若用半自动定氮仪，则不需要转移，可直接将消煮管放在定氮仪中蒸馏。

于 150 mL 锥形瓶中加 20 g·L^{-1} H$_3$BO$_3$ -指示剂混合液 5 mL[①]，放在冷凝管末端，将管口置于硼酸液面以上 3～4 cm 处[②]。然后向蒸馏室内缓缓加入 10 mol·L^{-1} NaOH 溶液 20 mL，通入蒸汽蒸馏，待馏出液体积约为 50 mL 时，蒸馏完毕。用少量已调节 pH 至 4.5 的蒸馏水洗涤冷凝管的末端。

③ 滴定馏出液由蓝绿色刚变为红色时记录所用酸标准溶液的体积（mL）。空白测定所用酸标准溶液的体积，一般不得超过 0.4 mL。

5. 结果计算

$$土壤全氮含量（N，g·kg^{-1}）=$$
$$\frac{(V-V_0) \times c \times 14.0 \times 10^{-3}}{m}$$

---

① 硼酸的浓度和用量以满足吸收 NH$_3$ 为宜，大致可按每毫升 10 g·L^{-1} 的 H$_3$BO$_3$ 能吸收氮（N）0.46 mg 计算，例如 5 mL 20 g·L^{-1} H$_3$BO$_3$ 溶液最多可吸收的氮（N）量为 5×2×0.46=4.6 mg。因此，可根据消煮液的含氮量估计硼酸的用量，适当多加。

② 在半微量蒸馏中，冷凝管口不必插入硼酸溶液，这样可防止倒吸以减少洗涤步骤。但在常量蒸馏中，由于含氮量较高，冷凝管须插入硼酸溶液，以避免损失。

式中：V——滴定试液时所用酸标准溶液的体积（mL）；

V_0——滴定空白时所用酸标准溶液的体积（mL）；

c——0.01 mol·L^{-1}（1/2 H_2SO_4）标准溶液的浓度；

14.0——氮原子的摩尔质量（g·mol^{-1}）；

10^{-3}——将 mL 换算为 L 的系数；

m——烘干土样的质量（g）。

两次平行测定结果允许绝对相差：土壤全氮量大于 1.0 g·kg^{-1} 时，不得超过 0.005％；土壤全氮量为 1.0～0.6 g·kg^{-1} 时，不得超过 0.004％；土壤全氮量<0.6 g·kg^{-1} 时，不得超过 0.003％。

三、土壤矿化氮的测定[8]

（一）厌氧培养法

1. 方法原理　用浸水保温法（water-logged incubation）处理土壤①，利用厌氧微生物在一定温度下矿化土壤有机氮为 NH_4^+-N，再用 2 mol·L^{-1} KCl 溶液浸提，浸出液中的 NH_4^+-N 用蒸馏法测定，从中减去土壤初始矿质氮（即原存在于土壤中的 NH_4^+-N 和 NO_3^--N），得土壤矿化氮含量。

2. 主要仪器　恒温生物培养箱，其余仪器同铵态氮的测定。

3. 试剂

（1）0.02 mol·L^{-1} 1/2H_2SO_4 标准溶液。先配制 0.10 mol·L^{-1} 1/2H_2SO_4 溶液，然后标定，再准确稀释。

（2）2.5 mol·L^{-1} KCl 溶液。称取 KCl（化学纯）186.4 g，溶于蒸馏水定容至 1 L。

（3）$FeSO_4$-Zn 粉还原剂。将 $FeSO_4$·$7H_2O$（化学纯）50.0 g 和 Zn 粉 10.0 g 共同磨细（或分别磨细，分别保存，可数年不变，用时按比例混合）通过 0.42 mm 筛，盛于棕色瓶中备用（易氧化，只

---

① 据张守敬博士介绍，浸水保温法所释放的矿化氮的量与肥料效应、作物产量等均达到 1％ 的显著差异。

能保存 1 周)。

其余试剂同铵态氮的蒸馏法测定。

4. 操作步骤

(1) 土壤矿化氮和初始氮之和的测定。称取过 0.85 mm 筛的风干土样 20.0 g[①]，置于 150 mL 三角瓶中，加蒸馏水 20.0 mL，摇匀。要求土样被蒸馏水全部覆盖，加盖橡皮塞，置于 (40±2) ℃恒温生物培养箱中培养 1 周 (7 昼夜) 取出，加 80 mL 2.5 mol·L^{-1} KCl 溶液[②]，再用橡皮塞塞紧，在振荡机上振荡 30 min，取下立即过滤于 150 mL 三角瓶中，吸取滤液 10.0～20.0 mL 注入半微量定氮蒸馏器，用少量蒸馏水冲洗，先将盛有 20 g·L^{-1} H$_2$BO$_3$-指示剂溶液 10.0 mL 的三角瓶放在冷凝管下，然后再加 120 g·L^{-1} MgO 悬浊液 10 mL 于蒸馏器中，用少量蒸馏水冲洗，随后封闭。再通蒸汽，待馏出液约达 40 mL 时 (约 10 min)，停止蒸馏。取下三角瓶用 0.02 mol·L^{-1} 1/2H$_2$SO$_4$ 标准溶液滴定。同时做空白实验。

(2) 土壤初始氮的测定。称取过 0.85 mm 筛的风干土样 20.0 g，置于 250 mL 三角瓶中，加 2 mol·L^{-1} KCl 溶液 100 mL，加塞振荡 30 min，过滤于 150 mL 三角瓶中。

取滤液 30～40 mL 于半微量定氮蒸馏器中，并加入 FeSO$_4$-Zn 粉还原剂 1.2 g，再加 400 g·L^{-1} NaOH 溶液 5 mL，立即封闭进样口。预先将盛有 20 g·L^{-1} H$_2$BO$_3$-指示剂 10 mL 的三角瓶置于冷凝管下，再通蒸汽蒸馏，当吸收液达到 40 mL 时 (约 10 min) 停止蒸馏，取下三角瓶，用 0.02 mol·L^{-1} 1/2H$_2$SO$_4$ 标准溶液滴定。同时做空白实验。

5. 结果计算

土壤矿化氮与初始氮之和 (N, mg·kg^{-1})

---

① 也可以用新鲜土样测定矿化氮，以免风干作用促进土壤氮的矿化。

② 由于原来培养土壤时已加蒸馏水 20.0 mL，因此必须提高 KCl 的浓度，才能使最后 KCl 的浓度达到 2.0 mol·L^{-1}。

$$=\frac{c\ (V-V_0)\ \times14.0\times ts\times10^3}{m} \qquad (4-1)$$

土壤初始氮（N，mg·kg^{-1}）$=\dfrac{c\ (V-V_0)\ \times14.0\times ts\times10^3}{m}$

$$(4-2)$$

式中：c—— 0.02 mol·L^{-1} 1/2H$_2$SO$_4$ 标准溶液的浓度（mol·L^{-1}）；

V——样品滴定时用去 1/2H$_2$SO$_4$ 标准溶液的体积（mL）；

V_0——空白实验滴定时用去 1/2H$_2$SO$_4$ 标准溶液的体积（mL）；

ts——分取倍数；

14.0——氮原子的摩尔质量（g·mol^{-1}）；

10^3——换算系数；

m——烘干样品的质量（g）。

（二）好氧培养法

1. 方法原理 将土壤样品与 3 倍质量的石英砂混合，用蒸馏水湿润[①]，将样品在通气良好又不损失水分[②]的条件下恒温 30 ℃培养 2 周，然后用 2 mol·L^{-1} KCl 溶液提取铵态氮、硝态氮和亚硝态氮。取部分提取液再用 MgO 和戴氏（Devarda）合金（又称第威德合金）同时进行还原和蒸馏，测定馏出液的铵态氮量，以此计算培养后样品中氮含量（NH$_4^+$-N＋NO$_3^-$-N＋NO$_2^-$-N）。用同样的方法测定培养前土壤-石英砂混合物中的氮含量 N_{in}，根据两次测定结果之差计算土壤样品中可矿化氮的含量。

----

① 以土壤质量计算加水量，每 10 g 土加蒸馏水 6 mL，其结果是在培养前先将土壤样品与 3 倍质量的石英砂（0.42～0.61 mm）混合，则不同土壤在培养期间都能基本达到氮最大限度好氧矿化所需水分含量。

② 水分在土壤氮矿化时很重要，定好的水分含量为土壤氮矿化的最佳水分含量。培养过程中只允许通气而不能损失水分。

2. 主要仪器　科龙 A 型半微量定氮蒸馏器、5 mL 微量滴定管、RC - 16 型 Res 罩①、恒温生物培养箱。

3. 试剂

（1）2 mol·L^{-1}KCl 溶液。溶解 KCl（化学纯，无氮）1 500 g 于蒸馏水中，然后稀释至 10 L，充分搅匀。

（2）氧化镁（MgO）。将 MgO（化学纯）放在马弗炉中 600～700 ℃灼烧 2 h，取出置于内盛粒状 KOH 的干燥器中冷却后，储于密闭瓶中。

（3）戴氏合金（含 Cu 50%，含 Al 45%，含 Zn 5%），将优质的合金球研磨至通过 0.15 mm 筛，其中至少有 76% 应能通过 0.048 mm 筛。将磨细的合金置于密封瓶中储存。

（4）H$_2$BO$_3$-指示剂混合溶液。同本章第二部分（二）中 3 的（4）。

（5）0.005 mol·L^{-1}1/2H$_2$SO$_4$ 标准溶液。量取 H$_2$SO$_4$（化学纯）2.83 mL，加蒸馏水稀释至 5 000 mL，然后用标准碱或硼酸标定，此为 0.020 0 mol·L^{-1}1/2H$_2$SO$_4$ 标准溶液，再将此溶液准确稀释 4 倍，即得 0.005 mol·L^{-1}1/2H$_2$SO$_4$ 标准溶液。

4. 测定步骤　称取 10.00 g（过 2 mm 筛）的风干②土样于 100 mL 烧杯中，再加 30.00 g 经酸洗的 0.42～0.61 mm 的石英砂③

---

①　Res 罩是培养瓶封口用的塑料装置的商品名称。这种 Res 罩能防止培养瓶内水蒸气损失，又可保持土壤氮最大限度好氧矿化所需的通气性。这种装置是在一根小塑料管一头的内口焊有一块薄的能使空气和土壤呼吸的气体能扩散但水蒸气不能通过的渗透膜。如果没有 Res 罩，可用聚乙烯膜进行培养期间的通气，亦能得到重复性很好的结果。

②　这种方法用于田间湿土也能得到重复性很好的结果。当用田间湿土进行培养时，称取土样量应相当于 10 g 风干土，加入的水的体积应为 6～x mL，x 为培养用的田间湿土样所含的水量（105 ℃烘干测定）。

③　建筑上用的白色石英砂经洗净和过筛后可供培养用，这种石英砂仅含有极少量 NO$_3^-$ - N 和 NO$_2^-$ - N，粒级大部分是 0.42～0.61 mm，有时可能含有少量的铵和水溶性物质。但经稀酸处理后再用水冲洗便能将这些杂质去除。最好将过筛洗净的石英砂储于密封的容器内。将原先无铵的石英砂置于纸口袋或其他类型的透气容器中存放几周以后，就可检出其中含有相当多的铵。

充分混匀。然后将混合物移到内盛 6 mL 蒸馏水①的 250 mL 广口瓶中，在转移时，应将混合物均匀铺在瓶底。将混合物全部移入广口瓶后轻轻振动瓶子，弄平混合物的表面。塞上具有中心孔并接有 Res 罩的橡皮塞，将瓶子放在 30 ℃的恒温生物培养箱内培养 2 周。培养结束后，除去带 Res 罩的橡皮塞，加入 2 mol·L⁻¹KCl 溶液 100 mL，用另一只实心橡皮塞塞紧，放在振荡机上振荡 1 h。静置悬浊液直到土壤-石英砂混合物沉下，上层溶液清澈②（一般需 30 min）。此时，可将盛有 5 mL 20 g·L⁻¹H₃BO₃ -指示剂混合溶液的三角瓶置于半微量蒸馏器的冷凝管下，冷凝管的末端不必插入 H₃BO₃ -指示剂混合溶液中，用 20 mL 移液管吸取上层清液置于科龙 A 型半微量定氮蒸馏器的进样杯中，并使其很快流入蒸馏瓶，用洗瓶以少量水冲洗进样杯，然后加入戴氏合金 0.2 g 和 MgO 0.2 g 于蒸馏瓶中，再用少量蒸馏水冲洗进样杯，最后加蒸馏水封闭进样杯，立即通蒸汽蒸馏。当馏出液达到 30 mL 时，可停止蒸馏，冲洗冷凝管的末端，移出盛蒸馏液的三角瓶，用微量滴定管以 0.05 mol·L⁻¹1/2H₂SO₄ 标准溶液滴定，换算得 N_t。同时做空白实验。

用同样的方法测定另一份未经培养的土壤-石英砂混合物的含氮量 N_{in}。求两者之差，即得该土壤可矿化氮的含量。

---

① 在这种培养法中，不是用一般的方法来湿润土壤-石英砂混合物的，而是先将蒸馏水加在培养瓶中，然后再加土壤-石英砂混合物，加完后也不进行搅拌混合。与一般将蒸馏水加到土壤-石英砂混合物中，而且为了确保水分均匀又加以搅拌混合的方法相比，这种加水方法能得到重复性较好的结果。

② 用 2 mol·L⁻¹KCl 溶液浸提后，不必过滤，只需要静置澄清，吸取上层清液进行分析。用多种土壤所做的实验表明，将培养和未经培养的土壤-石英砂混合物用 2 mol·L⁻¹KCl 振荡提取液的悬浊液储存 1～2 d，对分析结果无影响，如果将过滤后的清液置于冰箱中保存，则可稳定几个月。不必除去待测清液中的悬浮物质，因其并不影响氮（NH₄⁺-N、NO₃⁻-N、NO₂⁻-N）的测定结果。

5. 结果计算

$$土壤净矿化氮含量（mg \cdot kg^{-1}）= N_t - N_{in}$$

$$土壤净氮矿化速率（mg \cdot kg^{-1} \cdot d^{-1}）=（N_t - N_{in}）/t$$

式中：N_t——取样时间 t 的土壤矿化氮含量（mg·kg^{-1}）；

$\qquad N_{in}$——培养前土样的无机氮含量（mg·kg^{-1}）；

$\qquad t$——培养时间（d）。

四、土壤无机氮的测定[9]

（一）方法概述

土壤中的无机态氮包括 $NH_4^+ - N$ 和 $NO_3^- - N$，土壤无机氮常用 $Zn - FeSO_4$ 或戴氏合金在碱性介质中把 $NO_3^- - N$ 还原成 $NH_4^+ - N$，使还原和蒸馏过程同时进行，方法快速（3～5 min）、简单，也不受干扰离子的影响，$NO_3^- - N$ 的还原率为 99% 以上，适用于石灰性土壤和酸性土壤。

土壤 $NH_4^+ - N$ 的测定主要分直接蒸馏和浸提后测定两类方法。直接蒸馏可能使结果偏高，故目前都用中性盐（K_2SO_4、KCl、NaCl）浸提，一般多采用 2 mol·L^{-1} KCl 溶液浸出土壤中的 NH_4^+，浸出液中的 NH_4^+，可选用蒸馏法、比色法或氨电极法等测定。

浸提蒸馏法操作简便，易于控制条件，适合 $NH_4^+ - N$ 含量较高的土壤。

用氨气敏电极测定土壤中的 $NH_4^+ - N$ 含量，操作简便，快速，灵敏度高，重复性和测定范围都很好，但仪器的质量必须可靠。

土壤中的 $NO_3^- - N$ 的测定，可先用蒸馏水或中性盐溶液提取，要求制备澄清无色的浸出液。在所用的各种浸提剂中，以饱和 $CaSO_4$ 清液最为简便和有效。浸出液中的 $NO_3^- - N$ 可用比色法、还原蒸馏法、电极法和紫外分光光度法等测定。

比色法中的酚二磺酸法的操作过程虽较长，但具有较高的灵敏度，测定结果的重现性好，准确度也较高。

还原蒸馏法是在蒸馏时加入适当的还原剂，如戴氏合金，将土壤中的 $NO_3^- - N$ 还原成 $NH_4^+ - N$ 后，再进行测定，此法只适用于含 $NO_3^- - N$ 较多的土壤。

用硝酸根电极测定土壤中 $NO_3^- - N$ 较常规法快速和简便。虽然受土壤浸出液中各种干扰离子、pH 和液膜本身的不稳定因素的影响，但其准确度仍相当于 $Zn - FeSO_4$ 还原法，而且有利于流动注射分析。

紫外分光光度法虽然灵敏、快速，但需要价格较高的紫外分光光度计。

有效氮的同位素测定法也属生物方法，它是用质谱仪测定施入土壤中的 ^{15}N 标记肥料进行的。由于目前影响有效氮含量的因素不清楚，且同位素 ^{15}N 的生产成本很高，实验只能小规模进行；测定用的质谱仪价格贵、操作技术要求高，这些因素限制了它的应用。

（二）土壤硝态氮的测定[10]

1. 酚二磺酸比色法

（1）方法原理。土壤浸提液中的 $NO_3^- - N$ 在无水条件下能与酚二磺酸试剂作用，生成硝基酚二磺酸。

$$C_6H_3OH\,(HSO_3)_2 + HNO_3 \longrightarrow C_6H_2OH\,(HSO_3)_2NO_2 + H_2O$$

    2,4 -酚二磺酸   6 -硝基酚- 2,4 -二磺酸

此反应必须在无水条件下才能迅速完成，反应产物在酸性介质中无色，碱化后则为稳定的黄色溶液，黄色的深浅与 $NO_3^- - N$ 含量在一定范围内正相关，可在 $400 \sim 425\ nm$ 处（或用蓝色滤光片）比色测定。酚二磺酸法的灵敏度很高，可测出溶液中 $0.1\ mol \cdot L^{-1}$ 的 $NO_3^- - N$，测定范围为 $0.1 \sim 2.0\ mol \cdot L^{-1}$。

（2）主要仪器。分光光度计、水浴锅、瓷蒸发皿。

（3）试剂。$CaSO_4 \cdot 2H_2O$（分析纯，粉状），$CaCO_3$（分析纯，粉状），$Ca(OH)_2$（分析纯，粉状），$MgCO_3$（分析纯，粉状）、Ag_2SO_4（分析纯，粉状），$1:1\ NH_4OH$，活性炭（不含 NO_3^-）。

① 酚二磺酸试剂。称取白色苯酚（C_6H_5OH，分析纯）25.0 g 置于 500 mL 三角瓶中，以 150 mL 浓 H_2SO_4 溶解，再加入发烟 H_2SO_4 75 mL 并置于沸水中加热 2 h，可得酚二磺酸溶液，储于棕色瓶中，使用时须注意其强烈的腐蚀性。如无发烟 H_2SO_4，可用酚 25.0 g，加浓 H_2SO_4 225 mL，沸水加热 6 h 配制。试剂冷后可能结晶，用时须重新加热溶解，但不可加水，试剂必须储于密闭的玻塞棕色瓶中，严防吸湿。

② 10 $\mu g \cdot mL^{-1}$ NO_3^--N 标准溶液。准确称取 KNO_3（二级）0.722 1 g 溶于蒸馏水，定容至 1 L，此为 100 $\mu g \cdot mL^{-1}$ NO_3^--N 溶液，将此液准确稀释 10 倍，即得 10 $\mu g \cdot mL^{-1}$ NO_3^--N 标准溶液。

（4）操作步骤。

① 浸提。称取新鲜土样[①] 50 g 放在 500 mL 三角瓶中，加入 $CaSO_4 \cdot 2H_2O$ 0.5 g[②] 和 250 mL 蒸馏水，盖塞后，用振荡机振荡 10 min。放置 5 min 后，将悬液的上部清液用干滤纸过滤，将澄清的滤液收集于干燥洁净的三角瓶中。如果滤液因有机质而呈现颜

[①] 硝酸根为阴离子，不被土壤胶体吸附，且易溶于水，在土壤剖面上下层移动频繁，因此测定硝态氮时注意采样深度，即不仅要采集表层土壤，还要采集心土和底土，采样深度可达 40 cm、60 cm 甚至 120 cm。实验证明，旱地土壤上分析全剖面的硝态氮含量能更好地反映土壤的供氮水平。和表层土壤比较，全剖面的硝态氮含量与生物反应之间有更好的相关性，土壤风干或烘干易引起 NO_3^--N 的变化，故一般都用新鲜土样测定。

[②] 用酚二磺酸法测定硝态氮，首先要求浸提液清澈，不能混浊，但是一般中性或碱性土壤滤液不易澄清，且带有有机质的颜色，为此在浸提液中应加入凝聚剂。凝聚剂的种类很多，有 CaO、$Ca(OH)_2$、$CaCO_3$、$MgCO_3$、$KAl(SO_4)_2$、$CuSO_4$、$CaSO_4$ 等，其中 $CuSO_4$ 有防止生物转化的作用，但在过滤前必须用 $Ca(OH)_2$ 或 $MgCO_3$ 除去多余的铜，因此用 $CaSO_4$ 法提取较为方便。

色，可加活性炭除之[1][2]。

② 测定。吸取清液 25～50 mL（含 $NO_3^- - N$ 20～150 μg）于瓷蒸发皿中，加 $CaCO_3$ 约 0.05 g[3]，水浴蒸干[4]，干燥时不应继续加热。冷却，迅速加入酚二磺酸试剂 2 mL，旋转蒸发皿，使试剂接触到所有的蒸干物。静置 10 min 使其充分作用后，加水蒸馏 20 mL，用玻璃棒搅拌直到蒸干物完全溶解。冷却后缓缓加入 1：1 NH_4OH[5] 并不断搅拌混匀，至溶液呈微碱性（溶液显黄色）再加 2 mL，以保证 NH_4OH 试剂过量。然后将溶液全部转入 100 mL 容量瓶中，加水蒸馏定容[6]。在分光光度计上用光径 1 cm 的比色杯在波长 420 nm 处比色，以空白溶液作参比，调节仪器零点。

③ $NO_3^- - N$ 工作曲线绘制。分别取 10μg·mL^{-1} $NO_3^- - N$ 标准

---

① 如果土壤浸提液由于含有机质而有较深的颜色，则可用活性炭除去，但不宜用 H_2O_2，以防最后显色时反常。

② 土壤中的 NO_2^- 和 Cl^- 是本方法的主要干扰离子。亚硝酸和酚二磺酸产生同样的黄色化合物，但一般土壤中 NO_2^- 极少，可忽略不计。必要时可加少量尿素、硫脲和氨基磺酸（20 g·L^{-1} NH_2SO_3H）以除去之。NO_2^- 如果超出 1 μg·mL^{-1}，一般在每 10 mL 待测液中加 20 mg 尿素，并放置过夜，以破坏 NO_2^-。

检查 NO_2^- 的方法：取待测液 5 滴于白瓷板上，加入亚硝酸试粉 0.1 g，用玻璃棒搅拌后，放置 10 min，如有红色出现，即可能有 NO_2^- 存在。如果红色极浅或无色，则可省去清除 NO_2^- 的步骤。

$$NO_3^- + 3Cl^- + 4H^+ \longrightarrow NOCl + Cl_2 + 2H_2O$$
亚硝酰氯

Cl^- 对反应的干扰主要是加酸后生成亚硝酰氯化合物或其他含氯的气体。如果土壤中含氯化合物超过 15 mg·kg^{-1}，则必须加 Ag_2SO_4 除去，方法是向每 100 mL 浸出液中加 0.1 g Ag_2SO_4（0.1 g Ag_2SO_4 可沉淀 22.72 mg Cl^-），摇动 15 min，然后加入 0.2 g $Ca(OH)_2$ 及 0.5 g $MgCO_3$，以沉淀过量的 Ag^+，摇动 5 min 后过滤，继续按蒸干显色步骤进行。

③ 在蒸干过程中加入碳酸钙是为了防止硝态氮的损失。因为在酸性和中性条件下冻干易导致 NO_3^- 的分解，如果浸出液中含铵盐较多，更易产生负误差。

④ 此反应必须在无水条件下才能完成，因此反应前必须蒸干。

⑤ 碱化时应用 NH_4OH，而不用 NaOH 或 KOH，因为 NH_3 能与 Ag^+ 络合成水溶性的 $[(NH_3)_2]^+$，不致生成黑色沉淀 Ag_2O 而影响比色。

⑥ 在蒸干前，显色和转入容量瓶时应防止损失。

液 0 mL、1 mL、2 mL、5 mL、10 mL、15 mL、20 mL 于蒸发皿中，水浴蒸干，与待测液进行相同操作，显色和比色，绘制标准曲线。

（5）结果计算。

$$\text{土壤中 } NO_3^- - N \text{ 含量 (N, mg · kg}^{-1}) = \frac{\rho (NO_3^- - N) \times V \times ts}{m}$$

式中：$\rho (NO_3^- - N)$——从标准曲线上查得（或回归所求）的显色液 $NO_3^- - N$ 质量浓度（$\mu g \cdot mL^{-1}$）；

V——显色液的体积（mL）；

ts——分取倍数；

m——烘干样品的质量（g）。

2. 还原蒸馏法

（1）方法原理。在氧化镁存在的条件下，用 $FeSO_4 - Zn$ 将土壤浸出液中的 NO_3^- 和 NO_2^- 蒸出氨气，用硼酸吸收，用盐酸标准溶液滴定。单独测定硝态氮时，用饱和硫酸钙溶液浸提，联合测定铵态氮和硝态氮时，用氯化钾浸提。

（2）试剂。

① 饱和硫酸钙溶液。将硫酸钙加入蒸馏水中充分振荡，使其达到饱和，澄清。

② 0.01 mol·L^{-1} HCl 标准溶液。将浓盐酸（HCl，$\rho \approx 1.19$ g·mL^{-1}，分析纯）约 1 mL 稀释至 1 L，用硼砂标准溶液标定其准确浓度。

③ 甲基红-溴甲酚绿混合指示剂。称取甲基红 0.1 g 和溴甲酚绿 0.5 g 于玛瑙研钵中，加入 100 mL 乙醇研磨至完全溶解。

④ 氧化镁悬液。称取氧化镁（MgO，化学纯）12 g，放入 100 mL 蒸馏水中，摇匀。

⑤ 硫酸亚铁锌还原剂。锌粉（Zn，化学纯）与硫酸亚铁（FeSO$_4$ · 7H$_2$O，化学纯）按 1：5 混合，磨细。

⑥ H$_3$BO$_3$-指示剂混合溶液。称取 H$_3$BO$_3$ 20 g 溶于蒸馏水中，稀释至 1 L，加入甲基红-溴甲酚绿指示剂 20 mL，并用稀碱或稀酸调节溶液为紫红色（pH 约为 4.5）。

（3）主要仪器。往复式振荡机和定氮蒸馏装置。

（4）操作步骤。

① 浸提。见本章第一部分（三）的 1 中的（1）的④。

② 蒸馏。吸取滤液 25 mL，放入定氮蒸馏器中，加入氧化镁悬液 10 mL，通入蒸汽蒸馏去除铵态氮，待铵态氮去除后（用钠氏试剂检查），加入硫酸亚铁锌还原剂约 1 g，或戴氏合金（过 0.42 mm 筛）0.2 g，继续蒸馏，在冷凝管下端用 H_3BO_3 -指示剂混合溶液吸收还原蒸出的氨气。用盐酸标准溶液滴定。同时做空白实验。

（5）结果计算。

$$土壤硝态氮 NO_3^- - (N) 含量（N，mg \cdot kg^{-1}）=$$

$$\frac{c \times (V-V_0) \times 14.0 \times ts}{m} \times 10^3$$

式中：c——HCl 标准溶液的浓度（$mol \cdot L^{-1}$）；

　　　V——样品滴定 HCl 标准溶液的体积（mL）；

　　　V_0——空白滴定 HCl 标准溶液的体积（mL）；

　　14.0——氮的原子摩尔质量（$g \cdot mol^{-1}$）；

　　　ts——分取倍数；

　　10^3——g 换算为 mg 的系数；

　　　m——烘干样品的质量（g）。

（三）土壤铵态氮的测定

1. 2 mol · L^{-1} KCl 浸提-蒸馏法

（1）方法原理。用 2 mol · L^{-1} KCl 浸提土壤，把吸附在土壤胶体上的 NH_4^+ 及水溶性 NH_4^+ 浸提出来。取一份浸出液在半微量定氮蒸馏器中加 MgO（MgO 是弱碱，有防止浸出液中酰铵有机氮水解的作用）蒸馏。蒸出的氨被 H_3BO_3 吸收，用标准酸溶液滴定，计算土壤中的 NH_4^+ - N 含量。

（2）主要仪器。振荡器、半微量定氮蒸馏器、半微量滴定管（5 mL）。

（3）试剂。

① 20 g·L^{-1}H$_3$BO$_3$-指示剂混合溶液。将 20 g H$_3$BO$_3$（化学纯）溶于 1 L 蒸馏水中，每升 H$_3$BO$_3$ 溶液中加入甲基红-溴甲酚绿混合指示剂 5 mL 并用稀酸或稀碱调节至微紫红色，此时溶液的 pH 为 4.8。指示剂用前与硼酸混合，此试剂宜现配现用，不宜久放。

② 0.005 mol·L^{-1}1/2H$_2$SO$_4$ 标准溶液。量取 H$_2$SO$_4$（化学纯）2.83 mL，加蒸馏水稀释至 5 000 mL，然后用标准碱或硼酸标定，此为 0.020 0 mol·L^{-1}1/2H$_2$SO$_4$ 标准溶液，再将此标准液准确地稀释 4 倍，即得 0.005 mol·L^{-1}1/2H$_2$SO$_4$ 标准液。

③ 2 mol·L^{-1}KCl 溶液。称 KCl（化学纯）149.1 g 溶解于 1 L 蒸馏水中。

④ 120 g·L^{-1}MgO 悬浊液。MgO 12 g 经 500～600 ℃ 灼烧 2 h，冷却，放入 100 mL 蒸馏水中摇匀。

（4）操作步骤。取新鲜土样 10.0 g，放入 100 mL 三角瓶中，加入 2 mol·L^{-1}KCl 溶液 50.0 mL。用橡皮塞塞紧，振荡 30 min，立即过滤于 50 mL 三角瓶中（如果土壤 NH$_4^+$-N 含量低，可将液土比改为 2.5∶1）。

吸取滤液 25.0 mL（含 NH$_4^+$-N 25 μg 以上）放入半微量定氮蒸馏器中，用少量蒸馏水冲洗，然后把盛有 20 g·L^{-1}H$_3$BO$_3$-指示剂混合溶液 5 mL 的三角瓶放在冷凝管下，然后再加 120 g·L^{-1}MgO 悬浊液 10 mL 于蒸馏室蒸馏，待蒸出液达 30～40 mL 时（约 10 min）停止蒸馏，用少量蒸馏水冲洗冷凝管，取下三角瓶，用 0.005 mol·L^{-1}1/2H$_2$SO$_4$ 标准溶液滴定至紫红色为终点，同时做空白实验。

（5）结果计算。

土壤中铵态氮 NH$_4^+$-（N）含量（N，mg·kg^{-1}）=

$$\frac{c\times(V-V_0)\times14.0\times ts}{m}\times10^3$$

式中：c——0.005 mol·L^{-1}1/2H$_2$SO$_4$ 标准溶液的浓度；

V——样品滴定硫酸标准溶液的体积（mL）；

V_0——空白滴定硫酸标准溶液体积（mL）；

14.0——氮的原子摩尔质量（g·mol^{-1}）；

ts——分取倍数；

10^3——g 换算为 mg 的系数；

m——烘干样品的质量（g）。

2. 2 mol·L^{-1}KCl 浸提-靛酚蓝比色法

（1）方法原理。用 2 mol·L^{-1}KCl 溶液浸提土壤，把吸附在土壤胶体上的 NH_4^+ 及水溶性 NH_4^+ 浸提出来。土壤浸提液中的铵态氮在强碱性介质中与次氯酸盐和苯酚作用，生成水溶性染料靛酚蓝，溶液的颜色很稳定。在含氮 0.05～0.50 mol·L^{-1} 的范围内，吸光度与铵态氮含量成正比，可用比色法测定。

（2）试剂。

① 2 mol·L^{-1}KCl 溶液。称取 149.1 g 氯化钾（KCl，化学纯）溶于蒸馏水中，稀释至 1 L。

② 苯酚溶液。称取苯酚（C_6H_5OH）10 g 和硝基铁氰化钠 [$Na_2Fe(CN)_5NO_2H_2O$] 100 mg 稀释至 1 L。此试剂不稳定，须储于棕色瓶中，在 4 ℃冰箱中保存。

③ 次氯酸钠碱性溶液。称取氢氧化钠（化学纯）10 g、磷酸氢二钠（$Na_2HPO_4·7H_2O$，化学纯）7.06 g、磷酸钠（$Na_3PO_4·12H_2O$，化学纯）31.8 g 和 52.5 g·L^{-1}次氯酸钠（NaOCl，化学纯，即含 5% 有效氯的漂白粉溶液）10 mL 溶于蒸馏水中，稀释至 1 L，储于棕色瓶中，在 4 ℃冰箱中保存。

④ 掩蔽剂。将 400 g·L^{-1}的酒石酸钾钠（$KNaC_4H_4O_6·4H_2O$，化学纯）与 100 g·L^{-1}的 EDTA 二钠盐溶液等体积混合。每 100 mL 混合液中加入 10 mol·L^{-1}氢氧化钠 0.5 mL。

⑤ 2.5 μg·mL^{-1}铵态氮（NH_4^+ - N）标准溶液。称取干燥的硫酸铵 [$(NH_4)_2SO_4$，分析纯] 0.471 7 g 溶于蒸馏水中，洗入容量瓶后定容至 1 L，制备成含铵态氮 100 μg·mL^{-1}的储备溶液；使用前将其稀释 40 倍，即配制成含铵态氮 2.5 μg·mL^{-1}的标准溶液。

（3）仪器与设备。往复式振荡机、分光光度计。

（4）分析步骤。

① 浸提。称取相当于 20.00 g 干土的新鲜土样（若是风干土，过 1.60 mm 筛）准确到 0.01 g，置于 200 mL 三角瓶中，加入氯化钾溶液 100 mL，塞紧塞子，在振荡机上振荡 1 h。取出静置，待土壤-氯化钾悬浊液澄清后，吸取一定量上层清液进行分析。如果不能在 24 h 内进行，用滤纸过滤悬浊液，将滤液储存在冰箱中备用。

② 比色。吸取土壤浸出液 2～10 mL（含 $NH_4^+ - N$ 2～25 μg）放在 50 mL 容量瓶中，用氯化钾溶液补充至 10 mL，然后加入苯酚溶液 5 mL 和次氯酸钠碱性溶液 5 mL，摇匀。在 20 ℃左右的条件下放置 1 h 后[①]，加掩蔽剂 1 mL 以溶解可能产生的沉淀物，然后用蒸馏水定容至刻度。用 1 cm 比色槽（或红色滤光片）在 625 nm 波长处进行比色，读取吸光度。

③ 工作曲线。分别吸取 0.00 mL、2.00 mL、4.00 mL、6.00 mL、8.00 mL、10.00 mL $NH_4^+ - N$ 标准溶液于 50 mL 容量瓶中，各加 10 mL 氯化钠溶液，按②的步骤进行比色测定。

（5）结果计算。

$$土壤中 NH_4^+ - N 含量 （N, mg \cdot kg^{-1}） = \frac{\rho \times V \times ts}{m}$$

式中：ρ——显色液铵态氮的质量浓度（$\mu g \cdot mL^{-1}$）；

$\quad\quad V$——显色液的体积（mL）；

$\quad\quad ts$——分取倍数；

$\quad\quad m$——样品的质量（g）。

---

① 显色后在 20 ℃左右放置 1 h，再加入掩蔽剂。加入过早会使显色反应很慢，蓝色偏弱；加入过晚，则生成的氢氧化物沉淀可能老化而不易溶解。

第五章 土壤磷的测定

一、概述

土壤全磷量是指土壤中各种形态磷的总和。从第二次全国各地土壤普查资料来看，我国土壤全磷的含量大致在 $0.44\sim0.85\,g\cdot kg^{-1}$，最高可达 $1.8\,g\cdot kg^{-1}$，低的只有 $0.17\,g\cdot kg^{-1}$。南方酸性土壤全磷含量一般低于 $0.56\,g\cdot kg^{-1}$；北方石灰性土壤全磷含量则较高。

土壤全磷含量的高低受土壤母质、成土作用和耕作施肥的影响很大。一般来说，基性火成岩的风化母质含磷多于酸性火成岩的风化母质。我国黄土母质全磷含量比较高，一般在 $0.57\sim0.70\,g\cdot kg^{-1}$。另外土壤中磷的含量与土壤质地和有机质的含量也有关系。黏土含磷多于沙性土，有机质丰富的土壤含磷亦较多。土壤剖面中，耕作层含磷量一般高于底土层。

大量的统计结果表明，我国不同地带的气候区的土壤的有效磷含量与全磷含量呈正相关关系。

在全磷含量很低的情况下（$0.17\sim0.44\,g\cdot kg^{-1}$），土壤中有效磷的供应也经常不足，但是全磷含量较高的土壤，却不一定说明它已有足够的有效磷供应当季作物生长的需要，因为土壤中磷大部分以难溶性化合物的形态存在。例如我国大面积发育于黄土性母质的石灰性土壤，全磷含量平均在 $0.57\sim0.79\,g\cdot kg^{-1}$，高的在 $0.87\,g\cdot kg^{-1}$ 以上。但由于土壤中大量游离碳酸钙的存在，大部分磷成为难溶性的磷酸钙盐，能被作物吸收利用的有效磷含量很低，施用磷肥有明显的增产效果。因此，从作物营养和施肥的角度看，除全磷分析外，还要测定土壤中有效磷的含量，这样才能比较全面地说明土壤磷的供应状况。

　　土壤中的磷可以分为有机磷和无机磷两大类。矿质土壤以无机磷为主，有机磷占全磷的 $20\%\sim50\%$。土壤有机磷是一个很复杂的问题，许多组成和结构还不清楚，大部分有机磷以高分子形态存在，有效性不高，这一直是土壤学中一个重要的研究课题。

　　土壤中的无机磷以吸附态和钙、铁、铝等的磷酸盐为主，土壤中无机磷存在的形态受 pH 的影响很大。石灰性土壤中以磷酸钙盐为主，酸性土壤中则磷酸铝和磷酸铁占优势。中性土壤中磷酸钙、磷酸铝和磷酸铁的比例大致为 1∶1∶1。酸性土壤特别是酸性红壤中，由于大量游离氧化铁的存在，很大一部分磷酸铁被氧化铁薄膜包裹成为闭蓄态磷，磷的有效性大大降低。另外，石灰性土壤中游离碳酸钙的含量对磷的有效性影响也很大，例如磷酸一钙、磷酸二钙、磷酸三钙等，随着钙与磷的比例的增加，其溶解度和有效性逐渐降低。因此，进行土壤磷的研究时，除对全磷和有效磷进行测定外，很有必要对不同形态的磷进行分离测定，磷的分级方法就是用来分离和测定不同形态磷的含量的。

二、土壤全磷的测定

（一）土壤样品的分解和溶液中磷的测定

　　土壤全磷的测定要求把无机磷全部溶解，同时把有机磷氧化成无机磷，因此全磷的测定，第一步是土壤样品的分解，第二步是磷的测定。

　　1. 土壤样品的分解　　样品的分解有 Na_2CO_3 熔融法、$HClO_4$ - H_2SO_4 消煮法、HF - $HClO_4$ 消煮法等。目前 $HClO_4$ - H_2SO_4 消煮法应用得最多，因为操作方便，又不需要铂金坩埚，虽然 $HClO_4$ - H_2SO_4 消煮法不及 Na_2CO_3 熔融法分解得完全，但其分解率已达到全磷分析的要求。Na_2CO_3 熔融法虽然操作较烦琐，但样品分解完全，仍是全磷测定分解的标准方法。目前我国已将 NaOH 碱熔钼锑抗比色法列为国家标准法。样品可在银坩埚或镍坩埚中用 NaOH 熔融，是分解土壤全磷（或全钾）比较完全和简便的方法。

2. 磷的测定 磷的测定，一般用磷钼蓝比色法。多年来，人们对钼蓝比色法进行了大量的研究，特别是在还原剂的选用上有了很大改革。最早常用的还原剂有氯化亚锡、亚硫酸氢钠等，后来采用有机还原剂如1,2,4-氨基萘酚磺酸、硫酸联氨、抗坏血酸等，目前应用较普遍的是钼锑抗混合试剂。

还原剂中的氯化亚锡的灵敏度最高，显色快，但颜色不稳定。土壤有效磷的速测方法仍多用氯化亚锡作还原剂。抗坏血酸是近年来被广泛应用的一种还原剂，它的主要优点是显示的颜色稳定，干扰离子的影响较小，适用范围较广，但显色慢，需要升温。如果溶液中有一定的三价锑存在，则能大大加快抗坏血酸的还原反应，在室温下也能显色。

（1）溶液中磷的测定。加钼酸铵于含磷的溶液中，在一定酸度条件下，溶液中的正磷酸与钼酸络合形成磷钼杂多酸。

$$H_3PO_4 + 12H_2MoO_4 = H_3[PMo_{12}O_{40}] + 12H_2O$$

杂多酸是由两种以上简单分子的酸组成的复杂的多元酸，是一类特殊的配合物。在分析化学中，主要是在酸性溶液中，利用H_3PO_4或H_4SiO_4等作为原酸，提供整个配合阳离子的中心体，再加钼酸根配位使生成相应的12-钼杂多酸，然后再进行分光光度法、滴定法或重量法测定。

磷钼酸的铵盐不溶于水，因此，在过量铵离子存在和磷浓度较高的条件下会生成黄色沉淀磷钼酸铵$[(NH_4)_3PMo_{12}O_{40}]$，这是质量法和滴定法的基础。当有少量磷存在时，加钼酸铵不产生沉淀，仅使溶液略显黄色$[PMo_{12}O_{40}]^{3-}$，溶液吸光度很低，加入NH_4VO_3使生成磷钒钼杂多酸。磷钒钼杂多酸是由正磷酸、钒酸和钼酸3种酸组合而成的三元杂多酸$[H_3(PMo_{11}VO_{40})\cdot nH_2O]$。根据这个化学式，可以认为磷钒钼酸是用一个钒酸根取代12-钼磷酸分子中的一个钼酸的结果。三元杂多酸比磷钼酸具有更强的吸光作用，即有较高的吸光度，这是钒钼黄法测定的依据。但是在磷较少的情况下，一般都用更灵敏的钼蓝法，即在适宜试剂浓度条件下，加入适当的还原剂，使磷钼酸中的一部分 Mo^{6+} 被还原为 Mo^{5+}，生成一种叫作"钼蓝"的物质，这是钼蓝比色法的基础。蓝色产生的速度、强度、稳定性等与还原剂的种类、试剂的适宜浓度特别是酸度以及干扰离子等有关。

（2）还原剂的种类。对于杂多酸还原的产物钼蓝及其产生机理，虽然有很多人做过研究，但意见不一致。目前一般认为，杂多酸的蓝色还原产物是由 Mo^{6+} 和原子构成的，仍维持 12 - 钼磷酸的原有结构不变，且 Mo^{5+} 不再进一步被还原。一般认为磷钼杂多酸的组成可能为 $H_3PO_4 \cdot 10MoO_3 \cdot Mo_2O_5$ 或 $H_3PO_4 \cdot 8MoO_3 \cdot 2Mo_2O_5$，说明杂多酸阳离子中有 2 个或 4 个 Mo^{6+} 被还原为 Mo^{5+}（有的书上把磷钼杂多酸的组成写成 $H_3PO_4 \cdot 10\ MoO_3 \cdot 2MoO_2$，这样钼原子似乎被还原到四价，这是不大可能的）。

与钒相似，锑也能与磷钼酸反应生成磷锑钼三元杂多酸，其组成为 P：Sb：Mo＝1：2：12，此磷锑钼三元杂多酸在室温条件下能迅速被抗坏血酸还原为蓝色的络合物，而且还原剂与钼试剂配成单一溶液，一次加入，简化了操作手续，有利于测定的自动化。

H_3PO_4、H_3AsO_4 和 H_3SiO_4 都能与钼酸结合生成杂多酸，在磷的测定中，硅的干扰可以控制酸度抑制杂多酸的生成。磷钼杂多酸在较高酸度条件下形成，而硅钼酸则在较低酸度条件下形成；砷的干扰则比较难克服，不过土壤中砷的含量很低，而且砷钼酸还原的速度较慢，灵敏度较磷低，在一般情况下，不致影响磷的测定结果。

在磷的比色测定中，Fe^{3+} 也是一种干扰离子，它将影响溶液的氧化还原势，抑制蓝色物质的生成。在用 $SnCl_2$ 作还原剂时，溶液中的 Fe^{3+} 不能超过 20 $mg \cdot kg^{-1}$，因此在过去的全磷分析中，样品分解强调使用 Na_2CO_3 熔融或 $HClO_4$ 消化，从而使进入溶液的 Fe^{3+} 较少。但是，用抗坏血酸作还原剂，Fe^{3+} 含量即使超过 400 $mg \cdot kg^{-1}$，仍不致造成干扰，因为抗坏血酸能与 Fe^{3+} 络合，保持溶液的氧化还原势。因此，磷的钼蓝比色法中，抗坏血酸作为还原剂已被广泛采用。

钼蓝显色是在适宜的试剂浓度下进行的。不同方法所要求的适宜试剂浓度不同。所谓试剂的适宜浓度是指酸度，钼酸铵浓度以及还原剂用量要适宜，使一定浓度的磷产生最深最稳定的蓝色。磷钼杂多酸是在一定酸度条件下生成的，过酸与酸度不足均会影响显色结果。因此在磷的钼蓝比色测定中酸度的控制最为重要。不同方法有不同的酸度范围。现将常用的 3 种钼蓝法的工作范围和各种试剂在比色液中的最终浓度列于表 5-1。

表 5-1　3 种钼蓝法的工作范围和试剂浓度[11]

项目	$SnCl_2 - H_2SO_4$ 体系	$SnCl_2 - HCl$ 体系	钼锑抗体系
工作范围/ $(P, mg \cdot kg^{-1})$	0.02~1.00	0.05~2.00	0.01~0.60
显色时间/min	5~15	5~15	30~60
稳定性	15 min	20 min	8 h
最后显色酸度/ $(H^+, mol \cdot L^{-1})$	0.39~0.40	0.60~0.70	0.35~0.55
显色适宜温度/℃	20~25	20~25	20~60
钼酸铵/ $(g \cdot L^{-1})$	1.0	3.0	1.0, 抗坏血酸 0.8~1.5
还原剂/ $(g \cdot L^{-1})$	0.07	0.12	酒石酸氧锑钾 0.024~0.050

资料来源：中国土壤学会农业化学专业委员会，1983，土壤农业化学常规分析方法。

上述 3 种方法中，$SnCl_2 - H_2SO_4$ 体系最灵敏，钼锑抗-硫酸体系的灵敏度接近 $SnCl_2 - H_2SO_4$ 体系，且显色稳定，受干扰离子的影响亦较小，更重要的是还原剂与钼试剂配成单一溶液，一次加入，简化了操作手续，有利于测定方法的自动化，因此目前钼锑抗-硫酸体系被广泛采用。

（二）土壤全磷测定方法——$HClO_4$ - H_2SO_4 法[7]

1. 方法原理 用 $HClO_4$ 分解样品，因为它既是一种强酸，又是一种强氧化剂，能氧化有机质，分解矿物质，而且高氯酸的脱水作用很强，有助于胶状硅的脱水，并能与 Fe^{3+} 络合，在比色测定中抑制硅和铁的干扰。硫酸能提高消化液的温度，同时防止消化过程中溶液被蒸干，以利于消化作用的顺利进行。本法用于一般土壤样品的分解率达 97%～98%，但对红壤性土壤样品的分解率只有95%左右。溶液中磷的测定采用钼锑抗比色法［其原理见本章第二部分（二）的2］。

2. 主要仪器 721 型分光光度计、LNK - 872 型红外消化炉。

3. 试剂

（1）浓硫酸（H_2SO_4，$\rho\approx1.84\,g\cdot cm^{-3}$，分析纯）。

（2）高氯酸（$HClO_4$，含量为 70%～72%，分析纯）。

（3）2,6 -二硝基酚或 2,4 -二硝基酚指示剂溶液。溶解二硝基酚 0.25 g 于 100 mL 蒸馏水中。此指示剂的变色点 pH 约为 3，酸性时无色，碱性时呈黄色。

（4）4 mol·L^{-1} NaOH 溶液。溶解 16 g NaOH 于 100 mL 蒸馏水中。

（5）2 mol·L^{-1} 1/2 H_2SO_4 溶液，吸取浓 H_2SO_4 6 mL，缓缓加到 80 mL 蒸馏水中，边加边搅动，冷却后加蒸馏水至 100 mL。

（6）钼锑抗试剂。A：5 g·L^{-1} 酒石酸氧锑钾溶液，取酒石酸氧锑钾 ［K（SbO）$C_4H_4O_6$］0.5 g，溶解于 100 mL 蒸馏水中。B：钼酸铵-硫酸溶液，称取钼酸铵 ［$(NH_4)_6Mo_7O_{24}\cdot4H_2O$］10 g，溶于 450 mL 蒸馏水中，缓慢地加 153 mL 浓 H_2SO_4，边加边搅。再将上述 A 溶液加到 B 溶液中，最后加蒸馏水至 1 L。充分摇匀，储于棕色瓶中，此为钼锑混合液。

使用前（当天），称取抗坏血酸（$C_6H_8O_5$，化学纯）1.5 g，溶于 100 mL 钼锑混合液中，混匀，此即钼锑抗试剂。有效期为 24 h，如储藏在冰箱中则有效期较长。此试剂中 H_2SO_4 为 5.5 mol·L^{-1}

（H^+），钼酸铵为 $10 \, g \cdot L^{-1}$，酒石酸氧锑钾为 $0.5 \, g \cdot L^{-1}$，抗坏血酸为 $1.5 \, g \cdot L^{-1}$。

（7）磷标准溶液。准确称取在 $105 \, ℃$ 烘箱中烘干的 KH_2PO_4（分析纯）$0.219 \, 5 \, g$，溶解在 $400 \, mL$ 蒸馏水中，加浓 $H_2SO_4 \, 5 \, mL$（加 H_2SO_4 防长霉菌，可使溶液长期保存），转入 $1 \, L$ 容量瓶，加蒸馏水至刻度。此溶液为 $50 \, \mu g \cdot mL^{-1}$ 磷标准溶液（此溶液不宜久存）。

4. 操作步骤

（1）待测液的制备。准确称取通过 $0.15 \, mm$ 筛的风干土样 $0.500 \, 0 \sim 1.000 \, 0 \, g$[①]，置于 $50 \, mL$ 凯氏瓶（或 $100 \, mL$ 消化管）中，以少量蒸馏水湿润后，加浓 $H_2SO_4 \, 8 \, mL$，摇匀后，再加 10 滴 $70\% \sim 72\% \, HClO_4$，摇匀，在瓶口上加一个小漏斗，置于电炉上加热消煮（至溶液开始转白后继续消煮）$20 \, min$。全部消煮时间为 $40 \sim 60 \, min$。在样品分解的同时做一个空白实验，所用试剂同上，但不加土样，同样消煮，得空白消煮液。

将冷却后的消煮液倒入 $100 \, mL$ 容量瓶中（容量瓶中事先盛蒸馏水 $30 \sim 40 \, mL$），用蒸馏水冲洗凯氏瓶（用蒸馏水应根据少量多次的原则），轻轻摇动容量瓶，待完全冷却后，加蒸馏水定容。静置过夜，次日小心地吸取上层澄清液进行磷的测定；或者用干的定量滤纸过滤，将滤液接收在 $100 \, mL$ 干燥的三角瓶中待测定。

（2）测定。吸取澄清液或滤液 $5 \, mL$（含磷 $0.56 \, g \cdot kg^{-1}$ 以下的样品可吸取 $10 \, mL$，以含磷在 $20 \sim 30 \, \mu g$ 为最好）注到 $50 \, mL$ 容量瓶中，用蒸馏水稀释至 $30 \, mL$，加二硝基酚指示剂 2 滴，滴加 $4 \, mol \cdot L^{-1} \, NaOH$ 溶液直至溶液变为黄色，再加 $2 \, mol \cdot L^{-1}$ $1/2 \, H_2SO_4$ 溶液 1 滴，使溶液的黄色刚刚褪去（这里不用 NH_4OH 调节酸度，因消煮液酸浓度增大，需要较多碱去中和，而 NH_4OH

---

① 最后显色溶液中含磷量在 $20 \sim 30 \, \mu g$ 为最好。控制磷的浓度主要通过称样量或最后显色时吸取待测液的体积。

浓度如超过 10 g·L^{-1}就会使钼蓝色迅速消退）。然后加钼锑抗试剂 5 mL，再加蒸馏水定容至 50 mL，摇匀。30 min 后，在 880 nm 或 700 nm 波长处进行比色[①]，以空白液的透光率为 100（或吸光度为 0），读出测定液的透光度或吸光度。

（3）标准曲线。准确吸取 5 μg·mL^{-1}磷标准溶液 0 mL、1 mL、2 mL、4 mL、6 mL、8 mL、10 mL。分别放到 50 mL 容量瓶中，加蒸馏水至约30 mL，再加空白实验定容后的消煮液 5 mL，调节溶液 pH＝3，然后加钼锑抗试剂 5 mL，最后用蒸馏水定容至50 mL。30 min 后开始比色。各容量瓶比色液磷浓度分别为 0 μg·mL^{-1}、0.1 μg·mL^{-1}、0.2 μg·mL^{-1}、0.4 μg·mL^{-1}、0.6 μg·mL^{-1}、0.8 μg·mL^{-1}、1.0 μg·mL^{-1}。

5. 结果计算　从标准曲线上查得待测液的磷浓度后，可按下式进行计算：

$$土壤全磷量（P，g·kg^{-1}）=\rho\times\frac{V}{m}\times\frac{V_2}{V_1}\times10^{-3}$$

式中：ρ——待测液中磷的质量浓度（μg·mL^{-1}）；

　　　　V——样品制备溶液的体积（mL）；

　　　　m——烘干土的质量（g）；

　　　　V_1——吸取滤液的体积（mL）；

　　　　V_2——显色溶液的体积（mL）；

　　　　10^{-3}——将 μg·g^{-1}换算成的 g·kg^{-1}的系数。

（三）土壤全磷的测定方法——NaOH 熔融-钼锑抗比色法[7]

土壤硅酸盐的溶解度取决于硅和金属元素的比例以及金属元素的碱度。硅和金属元素的比例越小，金属元素的碱性越强，则硅酸盐的溶解度越大，用 NaOH 熔融土样，增加了样品中碱金属的比例，保证熔融物能为酸所分解，直至能溶解于水中。溶液中磷的测

---

① 本法比色时用 880 nm 波长比 700 nm 波长更灵敏，一般分光光度计为 721 型，只能选 700 nm 波长。

定用钼锑抗法［其原理见本章第二部分（一）的2］。

下面的方法引自国家标准《土壤全磷测定法》（GB 9837—1988）。

1. 适用范围 本标准适用于测定各类土壤的全磷含量。

2. 方法原理 土壤样品与氢氧化钠熔融，使土壤中含磷矿物及有机磷化合物全部转化为可溶性的正磷酸盐，用蒸馏水和稀硫酸溶解熔块，在规定条件下样品溶液与钼锑抗显色剂反应，生成磷钼蓝，用分光光度法测定。

3. 仪器设备

（1）土壤样品粉碎机。

（2）土壤筛，孔径为1 mm和0.149 mm。

（3）分析天平，感量为0.000 1 g。

（4）镍（或银）坩埚，容量≥30 mL。

（5）高温电炉，温度可调（0～100 ℃）。

（6）分光光度计，要求包括700 nm波长。

（7）50 mL、100 mL、1 000 mL 容量瓶。

（8）5 mL、10 mL、15 mL、20 mL 移液管。

（9）漏斗，直径为7 cm。

（10）150 mL、100 mL 烧杯。

（11）玛瑙研钵。

4. 试剂 所有试剂，除注明外，皆为分析纯。

（1）NaOH（GB/T 209—2006）。

（2）无水乙醇（GB6/T 678—2002）

（3）100 g·L^{-1} 碳酸钠溶液。将10 g无水碳酸钠（GB/T 639—2008）溶于蒸馏水后，稀释至100 mL，摇匀。

（4）50 mL·L^{-1} H_2SO_4 溶液。吸取5 mL浓 H_2SO_4（GB/T 625—2007，95.0%～98.0%，比重为1.84）缓缓加到90 mL蒸馏水中，冷却后加蒸馏水至100 mL。

（5）3 mol·L^{-1} H_2SO_4 溶液。量取160 mL浓 H_2SO_4 缓缓加入盛有800 mL左右蒸馏水的大烧杯中，不断搅拌，冷却后，再加蒸馏水至 1 000 mL。

（6）二硝基酚指示剂。称取 0.2 g 2,6 -二硝基酚溶于 100 mL 蒸馏水中。

（7）5 g·L⁻¹ 酒石酸锑钾溶液。称取化学纯酒石酸锑钾 0.5 g 溶于 100 mL 蒸馏水中。

（8）硫酸钼锑储备液。量取 126 mL 浓 H_2SO_4，缓缓加到 400 mL 蒸馏水中，不断搅拌，冷却。另称取磨细的钼酸铵（GB/T 657—2011）10 g 溶于温度约为 60 ℃ 的 300 mL 蒸馏水中，冷却。然后将 H_2SO_4 溶液缓缓倒到钼酸铵溶液中，再加入 5 g·L⁻¹ 酒石酸锑钾溶液 100 mL，冷却后，加蒸馏水稀释至 1 000 mL，摇匀，储于棕色试剂瓶中，此储备液中钼酸铵、H_2SO_4 浓度分别为 10 g·L⁻¹ 和 2.25 mol·L⁻¹。

（9）钼锑抗显色剂。称取 1.5 g 抗坏血酸（左旋，旋光度为 +21°～+22°）溶于 100 mL 钼锑储备液中。此溶液有效期不长，宜用时现配。

（10）磷标准储备液。准确称取经 105 ℃ 烘干 2 h 的磷酸二氢钾（GB/T 274—2011，优级纯）0.439 0 g，用蒸馏水溶解后，加入 5 mL 浓 H_2SO_4，然后加蒸馏水定容至 1 000 mL，该溶液含磷 100 mg·L⁻¹，放入冰箱可供长期使用。

（11）5 mg·L⁻¹ 磷标准溶液。准确吸取 5 mL 磷储备液，放入 100 mL 容量瓶中，加蒸馏水定容。该溶液用时现配。

（12）无磷定量滤纸。

5. 土壤样品制备　取通过 1 mm 筛的风干土样在牛皮纸上铺成薄层，划分成许多小方格。用小勺在每个方格中提出等量土样（总量不少于 20 g）于玛瑙研钵中进一步研磨使其全部通过 0.149 mm 筛。混匀后装入磨口瓶中备用。

6. 操作步骤

（1）熔样。准确称取风干样品 0.25 g，精确到 0.000 1 g，小心放入镍（银）坩埚底部，切勿沾在壁上，加入无水乙醇 3～4 滴，湿润样品，在样品上平铺 2 g NaOH，将坩埚（处理大批样品时，暂放入大干燥器中以防吸潮）放入高温电炉，升温。当温度升至400 ℃左右时，切断电源，暂停 15 min。然后继续升温至720 ℃，并保持 15 min，取出冷却，加入约 80 ℃ 的蒸馏水 10 mL，用蒸馏水多次洗坩埚，将洗涤液一并移入该容量瓶，冷却，定容，用无磷定量滤纸过滤或离心澄清，同时做空白实验。

（2）绘制标准曲线。分别准确吸取 5 mg·L^{-1}磷标准溶液 0 mL、2 mL、4 mL、6 mL、8 mL、10 mL 于 50 mL 容量瓶中，同时加入与显色测定所用的样品溶液等体积的空白溶液二硝基酚指示剂 2～3 滴，并用100 g·L^{-1}碳酸钠溶液或 50 mL·L^{-1} H$_2$SO$_4$ 溶液调节溶液至刚呈微黄色，准确加入钼锑抗显色剂 5 mL，摇匀，加蒸馏水定容，即得磷含量分别为 0.0 mg·L^{-1}、0.2 mg·L^{-1}、0.4 mg·L^{-1}、0.8 mg·L^{-1}、1.0 mg·L^{-1} 的标准溶液系列。摇匀，15 ℃ 以上放置 30 min 后，在波长 700 nm 处测定其吸光度，在方格坐标纸上以吸光度为纵坐标，以磷浓度（mg·L^{-1}）为横坐标，绘制标准曲线。

（3）样品溶液中磷的定量。

① 显色。准确吸取待测样品溶液 2～10 mL（含磷 0.04～1.0 μg）于 50 mL 容量瓶中，稀释至约 3/5 处，加入二硝基酚指示剂 2～3 滴，并用 100 g·L^{-1}碳酸钠溶液或 50 mL·L^{-1} H$_2$SO$_4$ 溶液调节溶液至刚呈微黄色，准确加入 5 mL 钼锑抗显色剂，摇匀，定容，15 ℃ 以上放置 30 min。

② 比色。显色的样品溶液在分光光度计上，用 1 cm^3 光径比色皿在 700 nm 波长处，以空白实验为参比液调节仪器零点，比色，读取吸光度，从标准曲线上查得相应的磷含量。

7. 结果计算

土壤全磷含量（P, g·kg^{-1}）$=\rho\times\dfrac{V_1}{m}\times\dfrac{V_1}{V_2}\times10^{-3}\times\dfrac{100}{100-H}$

式中：　ρ——从标准曲线上查得待测样品溶液中磷的质量浓度（mg·L^{-1}）；

m——称样质量（g）；

V_1——样品熔后的定容体积（mL）；

V_2——显色时溶液的定容体积（mL）；

10^{-3}——将 mg·L^{-1}浓度单位换算成的 g·L^{-1}系数；

$100/(100-H)$——将风干土转换为烘干土的转换系数；

H——风干土中的水分含量（%）。

用两平行测定的结果的算术平均值表示，小数点后保留三位有效数字。允许差：平行测定结果的绝对相差，不得超过 $0.05\,\mathrm{g\cdot kg^{-1}}$。

三、土壤有效磷的测定

（一）概述

了解土壤中有效磷的供应状况对施肥有着直接的指导意义。土壤中有效磷的测定方法有很多，有生物方法、化学速测方法、同位素方法、阴离子交换树脂方法等。

在测定土壤有效磷之前，先了解一些名词的含义是重要的。文献中常使用土壤中有效磷含量、土壤中磷的有效性、磷位、磷素供应的强度因素、容量因素、速率因素等。弄清楚这些名词，对土壤有效磷的提取是有帮助的。

土壤中有效磷含量是指能为当季作物吸收的磷的量。因此，有效磷的测定生物方法是最直接的，即在温室中进行盆栽试验，测定在一定生长时间内作物从土壤吸收的磷的量。

土壤中磷的有效性是指土壤中存在的磷能为作物吸收利用的程度，有的比较容易，有的则较难。这里就涉及强度、容量、速率等因素。

作物吸收的磷，首先取决于溶液中磷的浓度（强度因素），溶液中磷的浓度高，则作物吸收的磷就多。当作物从溶液中吸收磷时，溶液中磷的浓度降低，则固相磷不断补给以维持溶液中磷的浓度，这就是土壤的磷供应容量。

固相磷进入溶液的难易或土壤吸持磷的能力即磷位（$1/2pCa+pH_2PO_4$），它与土壤水分状况用 pF 表示相似，即用能量概念来表示土壤的供磷强度。土壤吸持磷的能力愈强，则磷对作物的有效性愈低。

土壤有效磷的测定，生物的方法被认为是最可靠的。目前用同位素 ^{32}P 稀释法测有效磷含量的方法被认为是标准方法。阴离子树脂方法类似于作物吸收磷，即树脂不断从溶液中吸附磷，是单方向的，有助于固相磷进入溶液，测定的结果也接近有效磷的实际含量。但是最普遍的是化学速测方法，化学速测方法即用提取剂提取土壤中的有效磷。

（二）土壤有效磷的化学浸提方法

1. 以水为提取剂　作物吸收的磷主要是 $H_2PO_4^-$，因此测定土壤中水溶性磷应是测定土壤有效磷的一个可靠方法。但是用水提取不易获得澄清的滤液；水溶液缓冲能力弱，溶液 pH 容易改变，影响测定结果，而且对很多有效磷含量低的土壤，测定也有困难，因为水的提取能力较弱。因此本方法未能被广泛采用。沙性土壤用这个方法是比较合适的，因为沙性土壤固定磷的能力不强，存在于沙性土壤中的磷以水溶性磷为主。

2. 以含饱和 CO_2 的水为提取剂　它的理论根据是作物根分泌 CO_2，根部周围溶液的 pH 约为 5。实践证明，石灰性土壤中磷的溶解度随着水溶液中 CO_2 浓度的增加而增加。虽然操作过程较烦琐，但仍是石灰性土壤有效磷测定的一个很好的方法。

3. 以有机酸溶液为提取剂　用有机酸作土壤有效磷的提取剂，其理论根据与以含饱和 CO_2 的水一样，作物根分泌有机酸，其溶解能力相当于含饱和 CO_2 的水。常用的有机酸有柠檬酸、乳酸、醋酸等。这些有机酸提取剂西欧国家用得比较多，例如英国用 1‰ 的柠檬酸作提取剂，德国用乳酸铵钙缓冲液作提取剂。

4. 以无机酸为提取剂　无机酸的选用主要是从分析方法的方便性来考虑的，当然它须与作物吸收磷有相关性。一般用缓冲溶液如 HOAC - NaOAC 溶液，pH=4.8；0.001 mol $\cdot$ L^{-1} H$_2$SO$_4$ - (NH$_4$)$_2$SO$_4$，pH=3；0.025 mol $\cdot$ L^{-1} HCl - 0.03 mol $\cdot$ L^{-1} NH$_4$F 等。也有用 0.2 mol $\cdot$ L^{-1} HCl，0.05 mol $\cdot$ L^{-1} HCl - 0.025 mol $\cdot$ L^{-1} 1/2

H_2SO_4 双酸的。这些提取剂中 HOAC - NaOAC 法曾被称为通用方法，它不仅能提取有效磷，还能提取 NO_3^-、NH_4^+、K^+、Ca^{2+}、Mg^{2+} 等。HCl - H_2SO_4 双酸法也有此优点。这些方法主要用于酸性土壤，不适用于石灰性土壤。

5. 以碱性溶液为提取剂　目前 $0.05\ mol \cdot L^{-1} NaHCO_3$ 溶液是用得最广的碱提取剂。它的理论根据是在 pH＝8.5 的 $NaHCO_3$ 溶液中 Ca^{2+}、Al^{3+}、Fe^{3+} 等离子的活度很低，有利于磷的提取，而溶液中 OH^-、HCO_3^-、CO_3^{2-} 等阴离子均能置换 $H_2PO_4^-$。这个方法主要用于石灰性土壤，但也可用于中性和酸性土壤。

影响有效磷提取的因素：①提取剂的种类。各种阴离子从固相上置换磷酸根的能力如下：$F^- >$ 柠檬酸 $> HCO_3^- > CH_3COO^- > SO_4^- > Cl^-$，由于 F^- 溶解磷的能力较强，同时又能与 Fe^{3+}、Al^{3+} 等阳离子络合，因此 $0.025\ mol \cdot L^{-1} HCl - 0.03\ mol \cdot L^{-1} NH_4F$ 法被广泛用于酸性土壤有效磷的测定，但此法对水稻土不太适用。②水土比。提取过程中磷的再固定是一个重要因素，增大水土比，不仅能增加磷的溶解度，还能减少磷的再固定次数，因此水土比不同，测出的结果相差很大。③振荡时间。固相磷的溶解作用和交换作用都与作用时间有关，因此振荡时间必须按规定进行，才能获得比较好的结果。④温度的影响。提取和显色过程受温度的影响很大，一般要在室温（20～25 ℃）条件下进行。

总之，提取液的浓度越高，水土比越大，振荡时间越长，浸提出来的养分越多。但这里必须指出，用化学速测方法提取的磷只是有效磷的一部分，并不要求提取全部有效磷，只要求提取出来的有效磷能与作物吸收的磷密切相关。因此并不是水土比越大越好。有人认为，在土壤有效磷的提取过程中，克服非有效磷的溶解是方法成败的关键。因此水土比不能太大，振荡时间也不能太长。表 5 - 2 中列出了 3 种常用的化学提取方法。所以有效磷含量只是一个相对指标，只有用同一方法在相同条件下测得的结果才有比较的意义，不能根据测定结果直接来计算施肥量。因此，在报告有效磷结果时，必须注明所用的测定方法。

表 5 - 2 土壤有效磷测定常用的 3 种方法

适用土壤	浸提剂	pH	水土比	振荡时间/min
酸性土壤	$0.05\ mol \cdot L^{-1}\ HCl$ - $0.025\ mol \cdot L^{-1}$ $1/2\ H_2SO_4$	—	5:25	5
酸性土壤	$0.025\ mol \cdot L^{-1}$ HCl - $0.03\ mol \cdot L^{-1}\ NH_4F$	1.6	1:7	1
石灰性土壤	$0.05\ mol \cdot L^{-1}\ NaHCO_3$	8.5	5:100	30

（三）中性和石灰性土壤有效磷的测定——$0.05\ mol \cdot L^{-1}\ NaHCO_3$ 法

1. 方法原理 石灰性土壤由于有大量游离碳酸钙存在，不能用酸性溶液来提取有效磷。一般用碳酸盐的碱性溶液。由于碳酸根的同离子效应，碳酸盐的碱溶液降低碳酸钙的溶解度，也就降低了溶液中钙的浓度，这样就有利于磷酸钙盐的提取。同时由于碳酸盐的碱溶液也降低了 Fe^{3+}、Al^{3+} 的活性，有利于磷酸铝和磷酸铁的提取。此外，碳酸氢钠碱溶液中存在着 OH^-、HCO_3^-、CO_3^{2-} 等阴离子，有利于吸附态磷的置换，因此 $NaHCO_3$ 不仅适用于石灰性土壤，也适应于中性和酸性土壤中有效磷的提取。待测液中的磷用钼锑抗试剂显色，进行比色测定。

2. 主要仪器 往复式振荡机、分光光度计或比色计。

3. 试剂

（1） $0.05\ mol \cdot L^{-1}\ NaHCO_3$ 浸提液。溶解 $NaHCO_3\ 42.0\ g$ 于 800 mL 蒸馏水中，以 $0.5\ mol \cdot L^{-1}\ NaOH$ 溶液调节浸提液的 pH 至 8.5。此溶液暴露于空气中可因失去 CO_2 而使 pH 增高，可于液面加一层矿物油保存之。此溶液塑料瓶中比在玻璃中容易保存，若储存超过 1 个月，应检查 pH 是否改变。

（2）无磷活性炭。活性炭常含有磷，应做空白实验，检验有无磷存在。如含磷较多，须先用 2 mol·L⁻¹ HCl 浸泡过夜，用蒸馏水冲洗多次后，再用 0.05 mol·L⁻¹ NaHCO₃ 浸泡过夜，在平瓷漏斗上抽气过滤，每次用少量蒸馏水淋洗多次，直到检查无磷为止，如含磷较少，直接用 NaHCO₃ 处理即可。

其他钼锑抗试剂、磷标准溶液同本章第二部分（二）的 3 中的⑥、⑦。

4. 操作步骤 称取通过 0.85 mm 筛的风干土样 2.5 g（精确到 0.001 g）于 150 mL 三角瓶（或大试管）中，加入 0.05 mol·L⁻¹ NaHCO₃ 溶液 50 mL，再加一勺无磷活性炭①，塞紧瓶塞，在振荡机上振荡 30 min②，立即用无磷滤纸过滤，将滤液承接于 100 mL 三角瓶中，吸取滤液 10 mL（含磷量高时吸取 2.5～5.0 mL，同时应补加 0.05 mol·L⁻¹ NaHCO₃ 溶液至 10 mL）于 150 mL 三角瓶中③，再用滴定管准确加入蒸馏水 35 mL，然后用移液管加入钼锑抗试剂 5 mL④，

---

① 活性炭对 PO₄³⁻ 有明显的吸附作用，溶液中同时存在的大量 HCO₃⁻ 饱和了活性炭颗粒表面，抑制了活性炭对 PO₄³⁻ 的吸附作用。

② 本法的浸提温度对测定结果影响很大。有关资料曾用不同方式校正该法浸提温度对测定结果的影响，但这些方法都是在某些地区和某一条件下所得，对于不同地区的不同土壤和条件不能完全适用，因此必须严格控制浸提时的温度条件。一般要在室温（20～25 ℃）下进行，具体分析时，前后各批样品应在这个范围内选择一个固定温度以便对各批结果进行比较。最好在恒温振荡机上进行提取。显色温度为 20 ℃左右较易控制。

③ 取 0.05 mol·L⁻¹ NaHCO₃ 浸提滤液 10 mL 于 50 mL 容量瓶中，加蒸馏水和钼锑抗试剂后，即产生大量的 CO₂ 气体，由于容量瓶口小，CO₂ 气体不易逸出，在摇匀过程中，常造成试液外溢，产生测定误差。为了克服这个缺点，可以准确加取提取液、蒸馏水和钼锑抗试剂（共 50 mL）于三角瓶中，混匀，显色。

④ 全磷钼锑抗法显色溶液的酸的浓度为 0.55 mol·L⁻¹ 1/2 H₂SO₄，钼酸铵浓度为 1 g·L⁻¹。Olsen 法中先用 H₂SO₄ 中和 NaHCO₃ 提取液至 pH=5，再加钼锑抗试剂使最后显色溶液 H₂SO₄ 的浓度为 0.42 mol·L⁻¹ 1/2 H₂SO₄，钼酸铵浓度为 0.96 g·L⁻¹。经试验，用本法测定磷的含量，其结果是很理想的。为了统一应用全磷测定中的钼锑抗试剂，同时考虑到 Olsen 法属于例行方法，可以省去中和步骤，这样最后显色液 H₂SO₄ 的浓度约为 0.45 mol·L⁻¹ 1/2 H₂SO₄，钼酸铵浓度为 1.0 g·L⁻¹，这样仍在合适的显色浓度范围之内。

摇匀，放置 30 min 后，在 880 nm 或 700 nm 波长处进行比色。以空白液的吸收值为 0，读出待测液的吸光度（A）。

标准曲线绘制：分别准确吸取 5 μg·mL^{-1}磷标准溶液 0 mL、1.0 mL、2.0 mL、3.0 mL、4.0 mL、5.0 mL 于 150 mL 三角瓶中，再加入 0.05 mol·L^{-1}NaHCO$_3$溶液 10 mL，准确加蒸馏水使各瓶的总体积达到 45 mL，摇匀，最后加入钼锑抗试剂 5 mL，混匀显色。同待测液一样进行比色，绘制标准曲线。最后溶液中磷的浓度分别为 0 μg·mL^{-1}、0.1 μg·mL^{-1}、0.2 μg·mL^{-1}、0.3 μg·mL^{-1}、0.4 μg·mL^{-1}、0.5 μg·mL^{-1}。

5. 结果计算

土壤中有效磷含量（P，mg·kg^{-1}）$= \dfrac{\rho \times V \times ts}{m \times 10^3 \times k} \times 1\,000$

式中：ρ——从工作曲线上查得的磷的质量浓度（μg·mL^{-1}）；

      m——风干土的质量（g）；

      V——显色时溶液定容的体积（mL）；

      10^3——将 μg 换算成 mg 的系数；

      ts——分取倍数（即浸提液总体积与显色时吸取浸提液体积之比）；

      k——将风干土换算成烘干土的系数；

    1 000——换算成每千克含磷量的系数。

表 5-3 中为土壤有效磷分级。

表 5-3　土壤有效磷分级

土壤有效磷/(mg·kg^{-1})	等级
<5	低
5～10	中
≥10	高

（四）酸性土壤有效磷的测定方法

1. 方法原理　NH$_4$F-HCl 法主要用于提取酸溶性磷和吸附

磷，包括大部分磷酸钙和一部分磷酸铝和磷酸铁。因为在酸性溶液中氟离子能与三价铝离子和铁离子形成络合物，促进磷酸铝和磷酸铁的溶解：

$$3NH_4F + 3HF + AlPO_4 \longrightarrow H_3PO_4 + (NH_4)_3AlF_6$$
$$3NH_4F + 3HF + FePO_4 \longrightarrow H_3PO_4 + (NH_4)_3FeF_6$$

溶液中磷与钼酸铵作用生成磷钼杂多酸，在一定酸度条件下钼被 $SnCl_2$ 还原成磷钼蓝，蓝色的深浅与磷的浓度成正比。

2. 试剂

（1）0.5 mol·L^{-1} HCl 溶液。将 20.2 mL 浓 HCl 用蒸馏水稀释至 500 mL。

（2）1 mol·L^{-1} NH$_4$F 溶液。溶解 37 g NH$_4$F 于蒸馏水中，稀释至 1 L，储存在塑料瓶中。

（3）浸提液。分别吸取 1.0 mol·L^{-1} NH$_4$F 溶液 15 mL 和 0.5 mol·L^{-1} HCl 溶液 25 mL，加到 460 mL 蒸馏水中，此即 0.03 mol·L^{-1} NH$_4$F - 0.025 mol·L^{-1} HCl 溶液。

（4）钼酸铵试剂。溶解 15 g 钼酸铵（NH$_4$）$_6$MoO$_{24}$·4H$_2$O 于 350 mL 蒸馏水中，慢慢加入 10 mol·L^{-1} HCl 350 mL，并搅动，冷却后，加蒸馏水稀释至 1 L，储于棕色瓶中。

（5）25 g·L^{-1} SnCl$_2$ 甘油溶液。溶解 2.5 g SnCl$_2$·2H$_2$O 于 10 mL 浓 HCl 中，待 SnCl$_2$ 全部溶解溶液透明后，再加化学纯甘油 90 mL，混匀，储存于棕色瓶中。

（6）50 μg·mL^{-1} 磷标准溶液参照 HClO$_4$ - H$_2$SO$_4$ 法。吸取 50 μg·mL^{-1} 磷溶液 50 mL 于 250 mL 容量瓶中，加蒸馏水稀释定容，即得 10 g·mL^{-1} 磷标准溶液。

3. 操作步骤　称 1.000 g 土样，放在 20 mL 试管中，用滴定管加入浸提液 7 mL。试管加塞后，摇动 1 min，用无磷干滤纸过滤。如果滤液不清，可将滤液倒回滤纸上再过滤，吸取滤液 2 mL，加蒸馏水 6 mL 和钼酸铵试剂 2 mL，混匀后，加氯化亚锡甘油溶液 1 滴，再混匀。在 5～15 min 内，在分光光度计上在 700 nm 波长处进行比色。

标准曲线的绘制：分别准确吸取 10 g·mL^{-1}磷标准溶液 2.5 mL、5.0 mL、10.0 mL、15.0 mL、20.0 mL、25.0 mL，放在 50 mL 容量瓶中，加蒸馏水至刻度，配成 0.5 μg·mL^{-1}、1.0 μg·mL^{-1}、2.0 μg·mL^{-1}、3.0 μg·mL^{-1}、4.0 μg·mL^{-1}、5.0 μg·mL^{-1}的磷系列标准溶液（表 5 - 4）。

表 5 - 4　磷的系列标准溶液（NH$_4$F - HCl 法）

标准磷溶液/ (μg·mL^{-1})	吸取标准溶液/ mL	加水*/ mL	钼酸铵试剂/ mL	最后溶液中磷的浓度/ (μg·mL^{-1})
0	2	6	2	0.0
0.5	2	6	2	0.1
1.0	2	6	2	0.2
2.0	2	6	2	0.4
3.0	2	6	2	0.6
4.0	2	6	2	0.8
5.0	2	6	2	1.0

注：* 包括 2 mL 提取液。

分别吸取系列标准溶液各 2 mL，加蒸馏水 6 mL 和钼试剂 2 mL，再加 1 滴 SnCl$_2$甘油溶液进行显色，绘制标准曲线。

4. 结果计算

$$土壤有效磷含量（P，mg·kg^{-1}）=\frac{\rho\times10\times7}{m\times2\times10^3}\times1\,000=\rho\times35$$

式中：ρ——从标准曲线上查得的磷的质量浓度（μg·mL^{-1}）；

　　　m——风干土的质量（g）；

　　　10——显色时的定容体积（mL）；

　　　7——浸提剂的体积（mL）；

　　　2——吸取滤液的体积（mL）；

　　　10^3——将 μg 换算成 mg 的除数；

　　　1 000——换算成每千克含磷量的系数。

土壤有效磷分级见表 5 - 5。

表 5 - 5　土壤有效磷分级

土壤有效磷/(P，mg·kg^{-1})	等级
<3	很低
3～7	低
7～20	中等
≥20	高

第六章 土壤钾的测定

一、概述

土壤中全钾的含量一般在 16.1 g・kg^{-1} 左右，高的可达 33.2 g・kg^{-1}，低的可低至 0.83 g・kg^{-1}。在不同地区、不同土壤类型和气候条件下，全钾含量相差很大。如华北平原除盐渍化土外，全钾含量为 18.2~21.6 g・kg^{-1}，西北黄土性土壤全钾含量为 14.9~18.3 g・kg^{-1}，到了淮河以南，土壤中全钾的含量变化很大。如安徽南部山地全钾含量为 9.9~33.2 g・kg^{-1}，广西为 5.0~24.9 g・kg^{-1}，海南为 0.83~32.4 g・kg^{-1}。由此可以看出华北、西北地区全钾的含量变幅较小，而淮河长江以南则较大。这是因为华北、西北地区成土母质均一、气候干旱，而淮河长江以南成土母质不均一、多雨。

此外，土壤全钾含量与黏土矿物类型有密切关系。一般来说 2：1 型黏土矿物全钾含量较 1：1 型黏土矿物高，伊利石（一系列水化云母）含量高的土壤全钾的含量较高。

土壤中的钾主要以无机形态存在，按其对作物的有效程度划分为速效钾（包括水溶性钾、交换性钾）、缓效钾和相对无效钾 3 种。它们之间存在着动态平衡，调节着钾对作物的供应。

土壤中的钾按化学形态和植物有效性的分类如图 6-1 和图 6-2 所示。

图 6-1 土壤中钾的分类（按化学形态分）

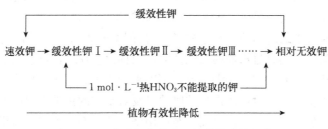

图6-2 土壤中钾的分类（按植物有效性分）

　　土壤中的钾主要为矿物的结合形态，速效钾只占全钾的1％左右。每千克土壤的交换性钾含量可达几百毫克，而每千克土壤的水溶性钾只有几毫克。通常交换性钾包括水溶性钾，这部分钾能很快地被作物吸收利用，故称为速效钾。缓效钾或称非交换性钾（间层钾），主要是次生矿物如伊利石、蛭石、绿泥石等所固定的钾。我国土壤缓效钾的含量一般在40～1 400 mg·kg^{-1}，占全钾的1％～10％。缓效钾和速效钾之间存在着动态平衡，是钾的主要储备库，是反映土壤供钾潜力的指标。但缓效钾与相对无效钾之间没有明确界线，这种动态平衡越倾向于后者，钾的作物有效性越低。

　　矿物态钾即存在于原生矿物如钾长石（$KAlSi_3O_8$）、白长石[$H_2KAl_3（SiO_4）_3$]、黑云母等中的钾，它占全钾量的90％～98％。土壤中全钾含量与氮、磷相比要高得多，但不等于土壤已经有了足够的钾供应作物，这是因为土壤中的钾矿物绝大多数是呈难溶状态存在的，所以储量虽很高，但作物仍可能缺乏钾。土壤钾的供应能力主要取决于速效钾和缓效钾。土壤全钾的分析在肥力上意义并不大，但是对土壤黏粒部分钾的分析，可以帮助鉴定土壤黏土矿物的类型。

二、土壤全钾的测定

（一）土壤样品的分解和溶液中钾的测定

土壤全钾的测定在操作上分为两步：一是样品的分解，二是溶液中钾的测定。土壤样品的分解，大体上可分为碱溶和酸溶两大类。较早采用的是 J. Lawrence Smith 提出的 NH_4Cl - $CaCO_3$ 碱熔法，因所用的熔剂纯度要求较高，样品用量大，KCl 易挥发损失，结果偏低，同时对坩埚的腐蚀性大，而且比较烦琐，目前已很少使用。HF - $HClO_4$ 法需用昂贵的铂坩埚，同时要求有良好的通风设备，即使这样，对通风设备的腐蚀以及对空气的污染仍很严重，此法不易被人们接受。但目前已经可用密闭的聚四氟乙烯塑料坩埚代替铂坩埚，所制备的待测液也可同时测定多种元素，而且溶液中杂质较少，有利于对各种元素的分析，但是近年来已逐渐被 NaOH 熔融法代替。NaOH 熔融法不仅操作方便，分解也较为完全，而且可用银坩埚（镍坩埚）代替铂坩埚，这是适用于一般实验室的好方法。同时制备的待测液可以用于同时测定全磷和全钾。

溶液中钾的测定，一般可采用火焰光度法、亚硝酸钴钠法、四苯硼钠法和钾电极法。自从火焰光度计被普遍应用以来，钾和钠的测定主要用火焰光度法。因为钾和钠的化合物溶解度都很大，用一般的质量法和滴定法效果都不大理想。由于钾电极法中各种干扰因素的影响还没有被研究清楚，因此它在土壤钾的测定中的应用受到限制，目前的化学方法中四苯硼钠法是比较好的方法。

（二）土壤全钾的测定方法——NaOH 熔融法-火焰光度法

1. 方法原理　用 NaOH 熔融土壤与用 Na_2CO_3 熔融土壤原理是一样的，即增加盐基成分，促进硅酸盐的分解，以利于各种元素的溶解。NaOH 熔点（321 ℃）比 Na_2CO_3（853 ℃）低，可以在比较低的温度下分解土样，缩短熔融所需的时间。样品经碱熔后，使难溶的硅酸盐分解成可溶性化合物，用酸溶解后可不经脱硅和去铁、铝等过程，稀释后可直接用火焰光度法测定。

火焰光度法的基本原理：样品溶液被喷成雾状以气-液溶胶的形式进入火焰后，溶剂蒸发而留下气-固溶胶，气-固溶胶中的固体颗粒在火焰中被熔化、蒸发为气体分子，继续加热又分解为中性原子（基态），进一步供给处于基态的原子以足够的能量，即可使基态原子的一个外层电子移至更高的能级（激发态），这种电子回到低能级时，有特定波长的光发射出来，可作为该元素的特征之一。例如，钾原子线波长是 766.4 nm、769.8 nm，钠原子线波长是589 nm。用单色器或干涉型滤光片把元素所发射的特定波长的光从其余辐射谱线中分离出来，直接照射到光电池或光电管上，把光能变为光电流，再由检流计量出电流的强度。用火焰光度法进行定量分析时，若激发的条件（可燃气体和压缩空气的供给速度、样品溶液的流速、溶液中其他物质的含量等）保持一定，则光电流的强度与被测元素的浓度成正比，可用下式表示：$I = ac^b$，由于火焰作为激发光源时较为稳定，式中 a 是常数，当浓度很低时，自吸收现象可忽略不计，此时 $b = 1$，于是谱线强度与试样中预测元素的浓度成正比：$I = ac$。

把测得的强度与一种标准或一系列标准的强度比较，即可直接确定待测元素的浓度而计算出未知溶液的含钾量（仪器的构造及使用方法详见仪器说明书）。

2. 主要仪器　马弗炉、银坩埚（镍坩埚或铁坩埚）、火焰光度计。

3. 试剂

（1）无水酒精（分析纯）。

（2）H_2SO_4（1∶3）溶液。将浓 H_2SO_4（分析纯）缓缓注入蒸馏水中混合，体积比为 1∶3。

（3）HCl（1∶1）溶液。盐酸（HCl，$\rho \approx 1.19 \text{ g} \cdot \text{mL}^{-1}$，分析纯）与蒸馏水等体积混合。

（4）$0.2 \text{ mol} \cdot \text{L}^{-1}$ H_2SO_4 溶液。

（5）$100 \mu\text{g} \cdot \text{mL}^{-1}$ 钾标准溶液。准确称取 KCl（分析纯，110 ℃烘 2 h）0.190 7 g 溶解于蒸馏水中，在容量瓶中定容至 1 L，储于塑料瓶中。

吸取 $100 \mu\text{g} \cdot \text{mL}^{-1}$ 钾标准溶液 2 mL、5 mL、10 mL、20 mL、40 mL、60 mL，分别放入 100 mL 容量瓶中，加入与待测液中等量

的试剂，使标准溶液中离子成分与待测液相近［在配制标准系列溶液时应各加 0.4 g NaOH 和 H_2SO_4（1∶3）溶液 1 mL］，用蒸馏水定容到 100 mL。此为钾含量（ρ_K）分别为 2 $\mu g \cdot mL^{-1}$、5 $\mu g \cdot mL^{-1}$、10 $\mu g \cdot mL^{-1}$、20 $\mu g \cdot mL^{-1}$、40 $\mu g \cdot mL^{-1}$、60 $\mu g \cdot mL^{-1}$ 的系列标准溶液。

4. 操作步骤

（1）待测液制备。称取过 0.149 m 筛的烘干土样约 0.250 0 g 于银坩埚或镍坩埚底部，用无水酒精稍湿润样品，然后加固体 NaOH 2.0 g[①]，将 NaOH 固体平铺于土样的表面，暂放在大干燥器中，以防吸湿。

将坩埚加盖留一小缝放在高温电炉内，先以低温加热，然后逐渐升高温度至 450 ℃（这样可以避免坩埚内的 NaOH 和样品溅出），保持此温度 15 min，熔融完毕[②]。在普遍电炉上加热时则须待熔融物全部熔成流体时摇动坩埚，然后开始计算时间，15 min 后熔融物呈均匀流体时，即可停止加热，转动坩埚，使熔融物均匀地附在坩埚壁上。

将坩埚冷却后，加入 10 mL 蒸馏水，加热至 80 ℃左右[③]，待熔块溶解后，再煮 5 min，转入 50 mL 容量瓶，然后用少量 0.2 $mol \cdot L^{-1}$ H_2SO_4 溶液清洗数次，一起倒入容量瓶内，使总体积约为 40 mL，再加 HCl（1∶1）溶液 5 滴和 H_2SO_4（1∶3）溶液 5 mL[④]，用蒸馏水定容，过滤。此待测液可供磷和钾的测定用。

（2）测定。吸取待测液 5.00 mL 或 10.00 mL 于 50 mL 容量瓶中（钾的浓度控制在 10～30 $\mu g \cdot mL^{-1}$），用蒸馏水定容，直接在火焰光

---

① 土壤和 NaOH 的比例为 1∶8，当土样用量增加时，NaOH 的用量也须相应增加。

② 熔块冷却后应凝结成淡蓝色或蓝绿色熔块，如熔块呈棕黑色则表示还没有熔好，必须再熔一次。

③ 如在熔块还未完全冷却时加水，可不必再在电炉上加热至 80 ℃，放置过夜使其自溶解。

④ 加入 H_2SO_4 的量视 NaOH 的用量而定，目的是中和多余的 NaOH，使溶液呈酸性（酸的浓度约为 0.15 $mol \cdot L^{-1}$）而使得以沉淀下来。

度计上测定，记录检流计的读数，然后从工作曲线上查得待测液的钾浓度（$\mu g \cdot mL^{-1}$）。注意在测定完毕之后，用蒸馏水在喷雾器下继续喷雾 5 min，洗去残留的盐或酸，使喷雾器保持良好、洁净的状态。

（3）标准曲线的绘制。用钾标准系列溶液的最大浓度确定火焰光度计上检流计的满度（100），然后从低浓度到高浓度进行测定，记录检流计的读数。以检流计读数为纵坐标，以钾浓度为横坐标，绘制标准曲线。

5. 结果计算

$$土壤全钾量（K，g \cdot kg^{-1}）=$$

$$\frac{\rho \times 测读液的定容体积 \times 分取倍数}{m \times 10^6} \times 1\,000$$

式中：ρ——从标准曲线上查得待测液中钾的质量浓度（$\mu g \cdot mL^{-1}$）；

　　　　m——烘干样品质量（g）；

　　　　10^6——将 μg 换算成 g 的除数；

　　　　$1\,000$——换算成每千克含钾量的系数。

样品含钾量等于 $10\ g \cdot kg^{-1}$ 时，两次平行测定结果允许差为 $0.5\ g \cdot kg^{-1}$。

三、土壤速效钾、有效性钾和缓效钾的测定

（一）概述

土壤速效钾以交换性钾为主，占全钾含量的 95% 以上，水溶性钾仅占极小部分。测定土壤交换性钾常用的浸提剂有 $1\ mol \cdot L^{-1}$ NH_4OAC、$100\ g \cdot L^{-1}$ NaCl、$1\ mol \cdot L^{-1}$ Na_2SO_4 等。通常将 $1\ mol \cdot L^{-1}$ NH_4OAC 作为土壤交换性钾的标准浸提剂，能将土壤交换性钾和黏土矿物固定的钾分开。我们知道土壤不同形态的钾之间存在一种动态平衡，用不同阳离子来提取土壤中的交换性钾时，由于它们对这种平衡的影响不一样，提取出来的钾的量相差很大。表 6-1 中是 H^+、NH_4^+、Na^+ 3 种阳离子对交换性钾的提取能力。

表 6-1　不同阳离子浸提交换性钾的能力

连续淋洗次数	不同阳离子浸提交换性钾的能力/ (mg·kg^{-1})			连续淋洗次数	不同阳离子浸提交换性钾的能力/ (mg·kg^{-1})		
	HOAC	NaOAC	NH$_4$OAC		HOAC	NaOAC	NH$_4$OAC
1	27.0	33.0	26.5	1	37.0	40.5	37.5
2	8.0	9.0	1.0	2	4.5	9.0	1.0
3	3.0	6.0	0.5	3	1.5	3.5	0.5
4	1.5	3.5	0.5	4	1.0	4.0	0.5
5	0.5	2.5	0.0	5	0.5	2.5	0.5
合计	40.0	54.0	28.5	合计	44.5	59.5	40.0
1	65.5	112.5	90.0	1	21.0	24.0	24.5
2	29.5	36.5	2.5	2	3.0	4.5	0.5
3	15.0	21.0	0.5	3	1.5	2.0	0.5
4	9.0	12.5	0.5	4	1.0	1.5	0.5
5	6.0	9.5	0.0	5	0.5	1.0	0.0
合计	125.0	202.0	93.5	合计	26.5	33.0	26.0

从表 6-1 中可以看出，土壤中交换性钾被提取的量决于浸提阳离子的种类。淋洗 1 次浸提的钾量和淋洗 5 次提取的总钾量均以 Na$^+$ 为最高。这是因为 Na$^+$ 不仅置换交换性钾，还将一部分晶格间钾置换了下来。从淋洗 1 次浸提的钾的量来看，NH$_4^+$ 大于 H$^+$，而从淋洗 5 次浸提的钾的量来看，H$^+$ 大于 NH$_4^+$。这里可以很明显地看出，NH$_4^+$ 所浸提的钾的量，不因淋洗次数的增加而增加。也就是说，NH$_4^+$ 浸提出来的钾可以把交换性钾和黏土矿物固定的钾（非交换钾）明确分开；其他离子，如 Na$^+$、H$^+$ 则不能，它们在浸提过程中也能把一部分非交换性钾逐渐浸提出来，而且浸提时间越长或浸提次数越多，浸提的非交换性钾也越多。为此，土壤中交换性钾常采用 1 mol·L^{-1} NH$_4$OAC 作为标准浸提剂。此外，用 NH$_4$OAC 浸提土壤交换性钾的结果重现性比其他盐类好，和作物吸收量的相关性也较好。NH$_4$OAC 浸提土壤交换性钾最有利于采用火焰光度计测定钾的含量。土壤浸出液可不用除去 NH$_4^+$ 而直接

应用火焰光度计来测定，步骤简单，且结果较好，而其他化学方法 NH_4^+ 的干扰很大。

NH_4OAC 方法测土壤速效钾的水土比一般为 10∶1，振荡 30 min。由于离子间的交换作用，固定水土比和振荡一定时间是有必要的，有振荡机是最理想的，没有的话可用手摇，每隔 5 min 摇 1 次，每次 30 下，共摇 6 次。

作物从土壤溶液中吸收所需的养分，一般来说水溶性钾依赖于交换性钾，因此常常用交换性钾来衡量土壤钾的供应状况。在盆栽耗竭试验中观察到土壤交换性钾含量由于作物吸收而出现"最低值"以后不再下降。根据吸收前后的差值可以计算土壤交换性钾可利用值的百分率（即有效度），水稻平均为 72.8%（$n=10$），黑麦草平均为 77%（$n=10$）。以上事实也说明交换性钾对作物的有效性不一样，只有 56.9% 的交换性钾与溶液中的 K^+ 建立较为密切的联系。不同土壤类型，K^+ 有效性不一样，可能黏粒含量和黏土矿物类型有关。有研究者认为，速测法用 $0.025\ mol \cdot L^{-1}\ 1/2CaCl_2$ 溶液所提取的 K^+ 占交换性钾的 40%～80%（因黏土类型和数量而不同）[4]，此法测得的值与土壤溶液中的速效钾含量和作物发育有很好的相关性，看来是有道理的，这个方法应该是一个比较理想的速效钾的测定方法。

除土壤速效钾外，还有非交换性的缓效性钾。这部分 K^+ 不能被 NH_4OAC 交换出来，但当土壤交换性钾由于作物吸收及淋洗而减少时，这种非交换性的缓效性钾逐渐被释放出来，特别是那些含黏土矿物较多的土壤，非交换性的缓效钾对土壤钾的供应起了重要作用。在这种情况下，仅用交换性钾含量作为土壤钾的指标是不够全面的，还应考虑非交换性缓效钾的含量。

关于缓效钾的测定，我国主要采用热的 $1\ mol \cdot L^{-1}\ HNO_3$ 溶液进行提取，提取的酸溶性钾减去交换性钾即土壤缓效性钾。

作物钾营养处于一个复杂的生态系统中，它包括土壤系统和高等植物的根系统，它们都是动态的系统，在这两个系统中进行各种物理的、化学的、生物的过程，它们又受不同因素的控制。大家都知道，不同土壤类型钾的供应能力相差很大，不同作物对钾的吸收和需要差别也很大。在短期内需钾较多而吸收能力相对较弱的作物，如块根（甘薯）作物、块茎（马铃薯）作物、甜菜、棉花、大豆等，应种植在土壤交换性钾含量较低的土壤上，以棉花为例，一般土壤缓效性钾的释放不能满足它们的需要，所以这些作物土壤交换性钾的含量可作为钾的诊断指标；而水稻、麦类、黑麦草等禾谷类作物吸钾能力很强，许多试验结果[12,13,14]证明，缓效钾（即非交换性钾）是水稻、大麦、小麦钾的主要来源。显然，对禾本科作物水稻、麦类等来说，单凭交换性钾的指标衡量土壤供钾状况是不够的。根据禾本科作物（水稻、麦类）的吸钾特点，它们主要吸收土壤速效钾，而非交换性缓效钾在补给交换性钾方面起了重要作用。不同土壤非交换性缓效钾的释放速率是不同的，因此，这种补给能力不同，这与土壤黏土矿物的组成和含量有关。鲍士旦等提出了用冷的 $2\ mol \cdot L^{-1}\ HNO_3$ 溶液提取法作为测定水稻土有效钾的快速而简便的方法[7]。同时多年的田间试验证明[13]水稻土有效钾含量（既包括土壤交换性钾也包括缓效钾中的有效部分）小于 $100\ mg \cdot kg^{-1}$ 的土壤为缺钾土壤。本节除介绍如何测定土壤中速效钾和缓效钾外，还介绍了用 $2\ mol \cdot L^{-1}\ HNO_3$ 作为浸提剂测定土壤有效性钾的方法。

浸出液中钾的测定方法有多种，用仪器测量的有火焰光度法和钾电极法。火焰光度法具有快速而准确的优点，且不受 NH_4^+ 和硝酸的干扰。

在无火焰光度计设备时可试用 $1\ mol \cdot L^{-1}\ NaNO_3$ 浸提-四苯硼钠比浊法[14]，但此法浸提水土比较小，浸提时间又短，所得结果比 NH_4OAC 浸提法的结果偏低，且比浊法的精度较低，故一般很少采用。

（二）土壤速效钾的测定——NH_4OAC 浸提-火焰光度法[15]

1. 方法原理　以 NH_4OAC 作为浸提剂对土壤胶体上的阳离子起交换作用（图 6-3）。

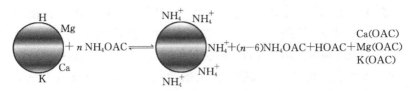

图 6 - 3 NH₄OAC 对土壤胶体上阳离子的交换作用

NH_4OAC 浸出液常用火焰光度计直接测定。为了抵消 NH_4OAC 的干扰，标准钾溶液也需要用 $1\ mol \cdot L^{-1}\ NH_4OAC$ 配制。

2. 主要仪器 火焰光度计、往返式振荡机。

3. 试剂

（1）$1\ mol \cdot L^{-1}$ 中性 NH_4OAC（pH 为 7）溶液。称取 77.09 g CH_3COONH_4 加水稀释至近 1 L。用 HOAC 或 NH_4OH 调 pH 至 7.0，然后稀释至 1 L。具体方法如下：取出 $1\ mol \cdot L^{-1}\ NH_4OAC$ 溶液 50 mL，用溴百里酚蓝作指示剂，用 1:1 NH_4OH 或稀 HOAC 调至绿色即 pH 为 7.0（也可以在酸度计上调节）。根据 50 mL 所用 NH_4OH 或稀 HOAC 的体积，算出所配溶液的大概需要量，最后调 pH 至 7.0。

（2）钾的标准溶液的配制。称取 KCl（二级，110 ℃烘干 2 h）0.190 7 g 溶于 $1\ mol \cdot L^{-1}\ NH_4OAC$ 溶液中，定容至 1 L，即含 100 $\mu g \cdot mL^{-1}$ 钾的 NH_4OAC 溶液。同时分别准确吸取此 100 $\mu g \cdot mL^{-1}$ 钾标准液 0 mL、2.5 mL、5.0 mL、10.0 mL、15.0 mL、20.0 mL、40.0 mL 放入 100 mL 容量瓶中，用 $1\ mol \cdot L^{-1}\ NH_4OAC$ 溶液定容，即得 0 $\mu g \cdot mL^{-1}$、2.5 $\mu g \cdot mL^{-1}$、5.0 $\mu g \cdot mL^{-1}$、10.0 $\mu g \cdot mL^{-1}$、15.0 $\mu g \cdot mL^{-1}$、20.0 $\mu g \cdot mL^{-1}$、40.0 $\mu g \cdot mL^{-1}$ 钾标准系列溶液[①]。

4. 操作步骤 称取通过 1 mm 筛的风干土 5.00 g 于 100 mL 三角瓶或大试管中，加入 $1\ mol \cdot L^{-1}\ NH_4OAC$ 溶液 50 mL，塞紧橡皮塞，振荡 30 min，用干的普通定性滤纸过滤。

---

① 含 NH_4OAC 的钾标准溶液配制后不能放置过久，以免长霉，影响测定结果。

将滤液盛于小三角瓶中，同钾标准系列溶液一起在火焰光度计上测定。记录其检流计上的读数，然后根据标准曲线求得其浓度。

标准曲线的绘制：用本章（二）的 3 中配制的钾标准系列溶液的最高浓度确定火焰光度计上检流计的满度（100），然后从低浓度到高浓度进行测定，记录检流计上的读数。以检流计读数为纵坐标，以钾（K）的浓度为横坐标，绘制标准曲线。

5. 结果计算

$$土壤速效钾含量（K, mg \cdot kg^{-1}）=$$

$$待测液钾浓度 \times \frac{V}{m}$$

式中：V——加入浸提剂的体积（mL）；

m——烘干土样的质量（g）。

土壤速效钾的诊断指标见表 6 - 2。

表 6 - 2　土壤速效钾的诊断指标（1 mol · L^{-1} NH$_4$OAC 浸提）[13]①

项　目	土壤速效钾含量			
	<50/ (mg · kg^{-1})	51~83/ (mg · kg^{-1})	84~116/ (mg · kg^{-1})	>116/ (mg · kg^{-1})
等级	极低	低	中	高
钾肥对棉花的增产效果	显著	显著	有效果	不显著

---

①　以土壤速效钾作为钾素指标时，应注意以下问题：速效钾含量容易受施肥、温度、水分、作物吸收的影响而变化。因此，对不同时期采集的样品难以进行严格对比。土壤性质（质地、矿物类型）差异较大的土壤所结持的钾的有效性各异（黏性、沙性）。由于作物的吸收，土壤速效钾降到某一"最低值"以后不再降低，例如 70 mg · kg^{-1}钾下降到 40 mg · kg^{-1}钾，能维持交换性钾的最低能力，也就是钾的缓冲。作物在生育过程中吸收溶液中的钾，当交换性钾含量下降到一定水平时，非交换性钾开始释放出来，在盆栽耗竭试验中可以看出作物吸收的钾可以是交换性钾的几倍。因此，速效钾养分的测定值（mg · kg^{-1}）仅是供互相比较的相对值，无绝对含量的意义。除了速效钾，还应同时考虑缓效钾。当 2 种土壤交换性钾含量相近而缓效钾含量不同时，缓效钾含量高的土壤施钾肥往往效果不显著，缓效钾含量低时则相反。当前根据有关养分有效性和吸收新概念，认为交换性钾并不是衡量钾的有效度的良好指标。

（三）土壤有效性钾的测定（冷的 $2\ mol \cdot L^{-1}\ HNO_3$ 溶液浸提-火焰分光光度法）[16]

1. 方法原理　以冷的 $2\ mol \cdot L^{-1}\ HNO_3$ 作为浸提剂与土壤（水土比为 20∶1）振荡 0.5 h 以后，立即过滤，溶液中的钾直接用火焰光度计测定。本法所提取的钾的量大于速效钾，它包括速效钾和缓效钾中的有效部分，故称为土壤有效性钾。经过多年的盆栽和田间反复试验证明，本法测定值与水稻、麦、黑麦草等禾本科作物的吸钾量、生物产量之间均达到极显著或显著水平，测定准确值均大于其他化学测定法，它的测定值能反映土壤的供钾状况，而且方法快速简便，容易掌握，重现性也好，在一般实验室可以推行。

2. 主要仪器　火焰光度计、往返式振荡机。

3. 试剂

（1）$2\ mol \cdot L^{-1}\ HNO_3$ 浸提剂。取浓硝酸（HNO_3，$\rho \approx 1.42\ g \cdot mL^{-1}$，化学纯）125 mL，用蒸馏水稀释至 1 L①。

（2）钾标准溶液。准确称取 KCl（分析纯，110 ℃烘 2 h）0.190 7 g 溶解于蒸馏水中，在容量瓶中定容至 1 L，储于塑料瓶中。将 $100\ \mu g \cdot mL^{-1}$ 钾标准溶液，分别配制成 $2.5\ \mu g \cdot mL^{-1}$、$5\ \mu g \cdot mL^{-1}$、$10\ \mu g \cdot mL^{-1}$、$15\ \mu g \cdot mL^{-1}$、$20\ \mu g \cdot mL^{-1}$、$30\ \mu g \cdot mL^{-1}$、$40\ \mu g \cdot mL^{-1}$ 钾标准系列溶液，其中标准系列溶液中亦应含有与待测液相同量的 HNO_3，以抵消待测液中 HNO_3 的影响。

4. 操作步骤　称取通过 1 mm 筛的风干土样 2.500 g 于干硬质大试管中，加入冷的 $2\ mol \cdot L^{-1}\ HNO_3$ 50 mL，加塞，在往返式振荡机上振荡 0.5 h，立即用定量滤纸过滤，将滤液盛于小三角瓶中，同钾标准系列溶液一起在火焰光度计上测定。记录其检流计上的读数，然后根据标准曲线求得其浓度。注意在火焰光度计上测定完毕后，必须立即用蒸馏水在喷雾器下喷雾 5 min，以洗去残留在喷雾

---

①　市场供应的浓硝酸有时不足 16 mol · L⁻¹，为了配制成准确的 $2\ mol \cdot L^{-1}$ HNO_3 溶液，宜先配成浓度稍大于 $2\ mol \cdot L^{-1}$ 的 HNO_3 溶液，取少量此溶液进行标定，最后计算稀释成准确的 $2\ mol \cdot L^{-1}$ 的 HNO_3 溶液。

器中的酸和盐，使火焰光度计保持良好的使用状态。

标准曲线的绘制：用钾标准溶液中的最高浓度确定火焰光度计检流计的满度（100），然后从低浓度到高浓度依次进行测定，记录检流计的读数。以检流计读数为纵坐标，以钾的浓度为横坐标，绘制标准曲线。

5. 结果计算

土壤有效钾含量（K，mg·kg^{-1}）＝待测液钾浓度$\times\dfrac{V}{m}$

式中：V——总浸提剂的体积（mL）；

m——烘干土的质量（g）。

土壤有效钾测定值小于 100 mg·kg^{-1}时为缺钾土壤，作为初步钾诊断指标，供参考。

（四）土壤缓效钾的测定——1 mol·L^{-1}热 HNO$_3$浸提-火焰光度法[17]

1. 方法原理 用 1 mol·L^{-1}热 HNO$_3$浸提的钾多为黑云母、伊利石、含水云母分解的中间体以及黏土矿物晶格所固定的钾离子，这种钾离子含量与禾谷作物的吸收量有显著相关性。

用 1 mol·L^{-1} HNO$_3$浸提的钾量减去土壤速效钾的量，即土壤缓效钾的量。

2. 主要仪器 弯颈小漏斗、调压变压器、电炉、火焰分光光度计。

3. 试剂

（1）1 mol·L^{-1}HNO$_3$浸提剂。取浓 HNO$_3$（三级，$\rho\approx1.42$ g·mL^{-1}）62.5 mL，用蒸馏水稀释至 1 L①。

（2）0.1 mol·L^{-1} HNO$_3$溶液。

（3）钾标准溶液。准确称取 KCl（分析纯，110 ℃烘 2 h）

---

① 市场供应的浓 HNO$_3$有时不足 16 mol·L^{-1}，为了配制成准确的 2 mol·L^{-1}HNO$_3$溶液，宜先配成稍大于 1 mol·L^{-1}的 HNO$_3$溶液，取少量此溶液进行标定，最后稀释成准确的 1 mol·L^{-1}HNO$_3$溶液。

0.190 7 g溶解于蒸馏水中，在容量瓶中定容至1 L，储于塑料瓶中。将100 $\mu g \cdot mL^{-1}$钾标准溶液，分别配制成5 $\mu g \cdot mL^{-1}$、10 $\mu g \cdot mL^{-1}$、20 $\mu g \cdot mL^{-1}$、30 $\mu g \cdot mL^{-1}$、50 $\mu g \cdot mL^{-1}$、60 $\mu g \cdot mL^{-1}$的钾标准系列溶液。其中标准系列溶液中亦应含有与待测液相同量的HNO_3（即含有 0.33 $mol \cdot L^{-1}$ HNO_3），以抵消待测液中HNO_3的影响。

4. 操作步骤 称取通过1 mm筛的风干土样2.500 g于100 mL三角瓶或大的硬质试管中，加入1 $mol \cdot L^{-1}$ HNO_3 25 mL，在瓶口加一弯颈小漏斗，将8～10个大试管置于铁丝笼中，放入油浴锅内加热煮沸10 min（从沸腾开始准确计时）取下[①]，稍冷，趁热过滤于100 mL容量瓶中，用0.1 $mol \cdot L^{-1}$ HNO_3溶液洗涤土壤和试管4次，每次用15 mL，冷却后定容。在火焰光度计上直接测定。

用钾标准溶液中的最高浓度确定火焰光度计检流计的满度（100），然后从低浓度到高浓度依次进行测定，记录检流计的读数。以检流计读数为纵坐标，以钾的浓度（$\mu g \cdot mL^{-1}$）为横坐标，绘制标准曲线。

5. 结果计算

土壤酸溶性钾含量（K，$mg \cdot kg^{-1}$）＝待测液钾浓度$\times \dfrac{V}{m}$

式中：V——定容的体积（mL）；

m——烘干土的质量（g）。

土壤缓效性钾含量＝酸溶性钾含量－速效钾含量

1 $mol \cdot L^{-1}$ HNO_3酸溶性钾两次平行测定结果允许差为2～5 $mg \cdot kg^{-1}$。

土壤缓效性钾的分级指标见表6-3。

表6-3 土壤缓效性钾的分级指标

1 $mol \cdot L^{-1}$ HNO_3 浸提的缓效钾/（$mg \cdot kg^{-1}$）	＜300	300～600	≥600
等级	低	中	高

---

① 煮沸时间要严格掌握，煮沸 10 min 是从开始沸腾计时。碳酸盐土壤消煮时有大量的 CO_2 气泡产生，不要误认为沸腾。

■ 第七章　土壤微量元素的测定

一、概述

微量元素是指土壤中含量很低的化学元素，在土壤中除了某些元素的全量稍高外，这些元素的含量范围一般为十万分之几到百万分之几，有的甚至少于百万分之一。土壤中微量元素的研究涉及化学、农业化学、植物生理、环境保护等很多领域。作物必需的微量元素有硼、锰、铜、锌、铁、钼等。此外，还有一些特定的为某些作物所必需的微量元素，如钴、钒是豆科植物所必需的微量元素。随着高浓度化肥的施用和有机肥投入的减少，作物微量元素缺乏的情况越来越普遍。有时候微量元素的缺乏会成为作物产量的限制因素，严重时甚至会使作物颗粒无收。

土壤中微量元素对作物生长影响的缺乏、适量和致毒量的范围较窄。因此，土壤中微量元素的供应不仅有供应不足的问题，还有供应过多造成毒害的问题。明确土壤中微量元素的含量、分布、形态和转化的规律，有助于正确判断土壤中微量元素的供给情况。土壤中微量元素的含量主要是由成土母质和土壤类型决定的，变幅可达 100 倍甚至超过 1 000 倍（表 7-1），而常量元素的含量在各类土壤中的变幅则很少超过 5 倍。

表 7-1　我国土壤微量元素的含量[18]

元素	全量范围/ ($mg \cdot kg^{-1}$)	全量平均/ ($mg \cdot kg^{-1}$)	有效态/ ($mg \cdot kg^{-1}$)
硼	痕量~500.00	64.00	0.00~0.02（水溶性硼）
钼	0.10~6.00	1.70	0.02~0.50（Tamm-Mo）

（续）

元素	全量范围/ (mg · kg^{-1})	全量平均/ (mg · kg^{-1})	有效态/ (mg · kg^{-1})
锌	3.0～790.0	100.0	0.1～4.0 (DTPA－Zn)
铜	3.0～300.0	22.0	0.2～4.0 (DTPA－Cu)
锰	42～5 000	74	

资料来源：鲁如坤，1983，中国土壤的合理利用和培肥。

　　影响土壤中微量元素有效性的土壤条件包括土壤酸碱度、氧化还原电位、土壤通透性和水分状况等，其中土壤酸碱度的影响最大。土壤中的铁、锌、锰、硼的有效性随土壤 pH 的升高而降低，而钼的有效性则呈相反的趋势。所以，石灰性土壤中常出现铁、锌、锰、硼的缺乏，而酸性土壤易出现钼的缺乏，酸性土壤使用石灰有时会引起硼、锰等的"诱发性缺乏"现象。

　　土壤中微量元素以多种形态存在。一般可以区分为 4 种化学形态：存在于土壤溶液中的水溶态；吸附在土壤固体表面的交换态；与土壤有机质相结合的螯合态；存在于次生和原生矿物中的矿物态。前 3 种形态对作物有效，以交换态和螯合态最为重要。因此，从作物营养或土壤环境的角度合理地选择提取剂或提取方法以区分微量元素的不同形态是微量元素分析的重要环节。本章将介绍国内外微量元素全量和有效成分的提取和测定方法。由于不同提取剂或提取方法的测定结果（特别是有效态含量）相差非常大，因此，土壤中微量元素的有效态含量一定要注明提取测定方法或者提取剂。

　　土壤样品分解或提取溶液中微量元素的测定主要是分析化学的内容。现代仪器分析方法使人们能够大量、快速、准确地自动化分析土壤、作物中的微量元素。很多烦琐冗杂的比色分析方法多被仪器分析方法替代，从而省略了分离和浓缩萃取等步骤。目前除了个别元素用比色分析法外，大部分都采用原子吸收分光光度法（AAS）、极谱分析法、X 光荧光分析法、中子活化分析法等。特别是电感耦合等离子体发射光谱技术（inductively coupled plasmatomic emission spectrometry，ICP‐AES 或 ICP）的应用，不仅进一步提高了自动化程度，还扩大了元素的测定范围，一些在农业上有重要意义的非金属元素和原子吸收分光光度法较难测定的元素如硼、磷等均可以用 ICP 进行分析，只是这种仪器目前在国内的应用还不够广泛。

微量元素的分析要防止可能产生的样本污染。在一般的实验室中，锌是很容易受到污染的元素，医用胶布、橡皮塞、铅印报纸、铁皮烘箱、水浴锅等都是常见的污染源。微量元素的分析一般尽量使用塑料器皿，用不锈钢器具进行样品的采集和制备（磨细、过筛），用洁净的塑料袋（瓶）或标签盛装或标记样品。烘箱、消化橱及其他常用简单设备，甚至实验室应尽可能专用，特别应该注意的是微量元素分析应该与肥料分析分开。避免用普通玻璃器皿进行高温加热的样品预处理或试剂制备。实验用的试剂一般应达到分析纯，并用去离子水或重蒸馏水配制试剂和稀释样品。

二、土壤铜、锌的测定

（一）概述

鉴于作物利用土壤中锌的能力是随土壤 pH 的降低而增加的，以及土壤中的可溶性锌与 pH 之间有一定的负相关性的特点，最初，稀酸（如 $0.1\ mol \cdot L^{-1} HCl$）溶性锌或铜被广泛地用于土壤有效锌、铜的浸提。现在美国的一些地区也有用 Mehlich‐Ⅰ（稀盐酸-硫酸双酸法）提取剂测定和评价土壤的有效锌[20,21]。应用稀酸提取剂时，必须考虑土壤的 pH，一般它们只适用于酸性土壤，而不适用于石灰性土壤。

同时，关于提取测定多种微量元素甚至包括大量元素的提取剂的研究发现，用螯合剂提取土壤养分可以相对较好地评价多种土壤养分的供应状况。早期的有双酸腙提取土壤锌法、pH＝9 的 $0.05\ mol \cdot L^{-1} EDTA$（乙二胺四乙酸）提取法及 pH＝7 的 $0.07\ mol \cdot L^{-1} EDTA - 1\ mol \cdot L^{-1} NH_4OAC$ 提取法等同时提取土壤锌、锰和铜的方法。Lindsay 等提出用 pH＝7.3 的 DTPA（二乙基三胺五乙酸）- TEA（三乙醇胺）同时提取石灰性土壤的有效锌和铁[22]。随后他们对该方法做了深入研究和改进，指出了该法的理论基础和实用价值[23,24]。目前该方法已经在国内外被广泛地用于中性、石灰性土壤有效锌、铁、铜和锰等的提取。此外，国外近年来常用的方法还有 pH＝7.6 的 0.005 mol·L^{-1} EDTA - 1.0 mol·L^{-1} 碳酸氢铵法（简称 DTPA - AB 法），用于同时提取测定近中性、石灰性土壤的有效铜、铁、锰、锌和有效磷、钾、硝态氮等养分的含量[24]，该方法的理论基础与 DTPA - TEA 方法相似，但是要注意区分这两种方法的测定优势。Mehlich - Ⅲ 提取剂（含有 EDTA）也被认为可以评价包括铜、锌在内的多种大量、微量元素，用 EDTA 代替 DTPA，主要是因为 DTPA 会干扰提取液中磷的比色测定[20,25]。

土壤有效锌、铜缺素临界值的范围与提取方法及供试作物有关（表 7 - 2）。

表 7 - 2　几种不同浸提剂条件下锌、铜缺素临界值（mg·kg^{-1}）

元素	浸提剂		
	DTPA - TEA	Mehlich Ⅰ - Ⅲ	DTPA - AB 或 0.1 mol·L^{-1} HCl
锌	0.5～1.0	0.8～1.0	1.0～1.5
铜	0.2	0.5	0.3～0.5

需要指出的是，尽管提取剂种类和试剂浓度相同，但各种资料中所介绍的方法提取的温度、时间、液土比不尽一致，这也导致测定结果的差异。另外样品的磨细程度、土壤的干燥过程也会影响土壤铜、锌的有效含量[21]。

（二）中性和石灰性土壤有效铜、锌的测定——DTPA - TEA 浸提- AAS 法[22]

1. 方法原理　DTPA 提取剂由 0.005 mol·L^{-1} DTPA（二乙基三胺五乙酸）、0.01 mol·L^{-1} $CaCl_2$ 和 0.1 mol·L^{-1} TEA（三

乙醇胺）组成，溶液 pH 为 7.30。DTPA 是金属螯合剂，它可以与很多金属（Zn、Mn、Cu、Fe）的离子螯合，形成的螯合物具有很高的稳定性，从而降低了溶液中金属离子的活度，使土壤固相表面结合的金属离子解吸而补充到溶液中，因此在溶液中积累的螯合金属离子的量是土壤中金属离子的活度（强度因素）的总和，这两种因素对测定土壤养分的有效性是十分重要的。DTPA 能与溶液中的 Ca^{2+} 螯合，从而控制溶液中 Ca^{2+} 的浓度。当提取剂被加到土壤中，使土壤溶液 pH 保持在 7.3 左右时，大约有 3/4 的 TEA 被质子化（TEAH$^+$），可将土壤中的代换态金属离子置换下来。在石灰性土壤中，则增大了溶液中 Ca^{2+} 的浓度，平均达 0.01 mol·L^{-1} 左右，进一步抑制了 $CaCO_3$ 的溶解，避免了一些对作物无效的隐蔽态的微量元素被释放出来。提取剂缓冲到 pH 为 7.3 时，锌、铁等的 DTPA 螯合物最稳定。由于这种螯合反应达到平衡的时间很长，需要一星期甚至一个月，实验操作过程规定为 2 h，实际是一个不平衡体系，提取量随时间的改变而改变，所以实验的操作条件必须标准化，如提取的时间、振荡强度、液土比例和提取温度等。提取液中的锌、铜等元素可直接用原子吸收分光光度法测定。

2. 主要仪器 往复式振荡机、100 mL 和 30 mL 塑料广口瓶、原子吸收分光光度计。

3. 试剂

（1）DTPA 提取剂（其成分为 0.005 mol·L^{-1} DTPA - 0.01 mol·L^{-1} $CaCl_2$ 和 0.1 mol·L^{-1} TEA，pH = 7.3）。称取 DTPA（二乙基三胺五乙酸，$C_{14}H_{23}N_3O_{10}$，分析纯）1.967 g 置于 1 L 容量瓶中，加入 TEA（三乙醇胺，$C_6H_{15}O_3N$）14.992 g，用水溶解，并稀释至 950 mL。再加 $CaCl_2·2H_2O$ 1.47 g，使其溶解。在 pH 计上用 6 mol·L^{-1} HCl 调节 pH 至 7.30（每升提取液约需要加 8.5 mL 6 mol·L^{-1} HCl），最后定容，储存于塑料瓶中。

（2）锌的标准溶液。100 $\mu g·mL^{-1}$ 和 10 $\mu g·mL^{-1}$ 锌，溶解纯金属锌 0.100 0 g 于 50 mL 1:1 HCl 溶液中，稀释定容至 1 L，得 100 $\mu g·mL^{-1}$ 锌标准溶液。将 100 $\mu g·mL^{-1}$ 锌标准溶液稀释 10 倍，即

$10~\mu g \cdot mL^{-1}$锌标准溶液。准确量取 $10~\mu g \cdot mL^{-1}$锌标准溶液 $0~mL$、$2~mL$、$4~mL$、$6~mL$、$8~mL$、$10~mL$ 置于 $100~mL$ 容量瓶中，定容，即得 $0~\mu g \cdot mL^{-1}$、$0.2~\mu g \cdot mL^{-1}$、$0.4~\mu g \cdot mL^{-1}$、$0.6~\mu g \cdot mL^{-1}$、$0.8~\mu g \cdot mL^{-1}$、$1.0~\mu g \cdot mL^{-1}$锌标准溶液。

（3）铜的标准溶液。$100~\mu g \cdot mL^{-1}$ 和 $10~\mu g \cdot mL^{-1}$铜，溶解纯铜 $0.100~0~g$ 于 $50~mL1 : 1HNO_3$ 溶液中，稀释定容至 $1~L$，得 $100~\mu g \cdot mL^{-1}$铜标准溶液。将 $100~\mu g \cdot mL^{-1}$铜标准溶液稀释 10 倍，即 $10~\mu g \cdot mL^{-1}$铜标准溶液。准确量取 $10~\mu g \cdot mL^{-1}$铜标准溶液 $0~mL$、$2~mL$、$4~mL$、$6~mL$、$8~mL$、$10~mL$ 置于 $100~mL$ 容量瓶中，定容，即得 $0~\mu g \cdot mL^{-1}$、$0.2~\mu g \cdot mL^{-1}$、$0.4~\mu g \cdot mL^{-1}$、$0.6~\mu g \cdot mL^{-1}$、$0.8~\mu g \cdot mL^{-1}$、$1.0~\mu g \cdot mL^{-1}$铜标准溶液。

4. 操作步骤　称取通过 $1~mm$ 筛的风干土 $25.00~g$ 放入 $100~mL$ 塑料广口瓶中，加 DTPA 提取剂 $50.0~mL$，$25~℃$条件下振荡 $2~h$，过滤。滤液、空白溶液和标准溶液中的锌、铜用原子吸收分光光度计测定。测定时仪器的操作参数选择见表 $7-3$。

表 7 - 3　原子吸收光谱法测定铜、锌的参数

参数名称	铜	锌
最适浓度范围/（$\mu g \cdot mL^{-1}$）	$0.20 \sim 10.00$	$0.05 \sim 2.00$
灵敏度/（$\mu g \cdot mL^{-1}$）	0.10	0.02
检测限/（$\mu g \cdot mL^{-1}$）	0.001	0.001
波长/nm	324.7	213.8
空气-乙炔火焰条件	氧化型	氧化型

最后分别绘制铜、锌标准曲线。

5. 结果计算

　　　土壤有效铜（锌）含量（$mg \cdot kg^{-1}$）$=\rho \cdot V/m$

　　式中：ρ——标准曲线查得待测液中铜（锌）的质量浓度（$\mu g \cdot mL^{-1}$）；

　　　　　V——DTPA 浸提剂的体积（mL）；

m——土壤样品的质量（g）。

（三）中性和酸性土壤有效铜、锌的测定——0.1 mol·L^{-1} HCl 浸提- AAS 法[26,27]

1. 方法原理　0.1 mol·L^{-1} HCl 浸提的土壤有效铜、锌，不但包括了土壤水溶态和交换态的铜、锌，还包括酸溶性化合物中的铜、锌，后者对作物的有效性较低。本法适用于中性和酸性土壤。浸提液中的铜、锌可直接用原子吸收分光光度计测定。

2. 主要仪器　同本章第一部分（三）的1的（2）。

3. 试剂

（1）0.1 mol·L^{-1}盐酸（HCl，优级纯）溶液。

（2）锌标准溶液。100 μg·mL^{-1}和 10 μg·mL^{-1}，同第五章第一部分（三）的1的（3）的②。

（3）铜标准溶液。100 μg·mL^{-1}和 10 μg·mL^{-1}，同第五章第一部分（三）的（3）的③。

4. 操作步骤　称取通过1 mm筛的风干土 10.00 g 放入 100 mL 塑料广口瓶中，加 0.1 mol·L^{-1} HCl 50.0 mL，25 ℃ 条件下振荡 1.5 h，过滤。滤液、空白溶液和标准溶液中的锌、铜用原子吸收分光光度计测定。测定时仪器的操作参数选择见表 7-3。

5. 结果计算

$$土壤有效铜（锌）含量（mg·kg^{-1}）=\rho·V/m$$

式中：ρ——标准曲线查得待测液中铜（锌）的质量浓度
　　　　　　（μg·mL^{-1}）；

　　　　V——DTPA 浸提剂的体积（mL）；

　　　　m——土壤样品的质量（g）。

第八章　土壤阳离子交换性能的测定

一、概述

土壤中阳离子的交换作用，早在19世纪50年代就已为土壤科学家所认识。当用一种盐溶液（如醋酸铵）淋洗土壤时，土壤具有吸附溶液中阳离子的能力，同时释放出等量的其他阳离子如Ca^{2+}、Mg^{2+}、K^+、Na^+等，它们称为交换性阳离子。在交换过程中还可能有少量的金属微量元素和铁、铝。Fe^{3+}、Fe^{2+}一般不作为交换性阳离子，因为它们的盐类容易水解生成难溶性的氢氧化物或氧化物。

土壤吸附阳离子的能力用吸附的阳离子总量表示，称为阳离子交换量（cation exchange capacity，CEC），其数值用厘摩每千克（$cmol \cdot kg^{-1}$）表示。土壤交换性能的分析包括土壤阳离子交换量的测定、交换性阳离子组成分析和盐基饱和度、石灰需要量、石膏需要量的计算。

土壤交换性能是土壤胶体的属性。土壤胶体有无机胶体和有机胶体。土壤有机胶体腐殖质的阳离子交换量为$2.00 \sim 4.00$ $cmol \cdot kg^{-1}$。无机胶体包括各种类型的黏土矿物，其中$2:1$型的黏土矿物如蒙脱石的阳离子交换量为$0.60 \sim 1.00$ $cmol \cdot kg^{-1}$，$1:1$型的黏土矿物如高岭石的阳离子交换量为$0.10 \sim 0.15$ $cmol \cdot kg^{-1}$。因此，不同土壤由于黏土矿物和腐殖质的性质和数量不同，阳离子交换量差异很大，例如东北的黑钙土的阳离子交换量为$0.30 \sim 0.50$ $cmol \cdot kg^{-1}$，而华南的红壤的阳离子交换量均小于0.10 $cmol \cdot kg^{-1}$，这是因为黑钙土的腐殖质含量高，黏土矿物以$2:1$型为主；而红壤的腐殖质含量低，黏土矿物以$1:1$型为主。

　　阳离子交换量的测定受多种因素影响，例如交换剂的性质、盐溶液的浓度和 pH 等，必须严格掌握操作技术才能获得可靠的结果。常用的指示阳离子有 NH_4^+、Na^+、Ba^{2+}，亦有选用 H^+ 作为指示阳离子的。各种离子的交换能力为 $Al^{3+} > Ba^{2+} > Ca^{2+} > Mg^{2+} > NH_4^+ > K^+ > Na^+$。$H^+$ 在一价阳离子中的交换能力最强。在交换过程中，土壤交换复合体的阳离子、溶液中的阳离子和指示阳离子互相作用，出现一个极其复杂的竞争过程，人们往往由于不了解这种作用而使交换不完全。交换剂溶液的 pH 是影响阳离子交换量的重要因素。阳离子交换量是由土壤胶体表面的净负电荷量决定的。无机、有机胶体的官能团产生的正负电荷和数量则因溶液的pH 和盐溶液浓度的改变而改变。在酸性土壤中，一部分负电荷可能被带正电荷的铁、铝氧化物所掩蔽，一旦溶液 pH 升高，铁、铝形成氢氧化物沉淀而增加土壤胶体负电荷。尽管在常规方法中，大多数都考虑了交换剂的缓冲性，例如酸性、中性土壤用 pH 为 7.0的缓冲溶液，石灰性土壤用 pH 为 8.2 的缓冲溶液，但是这种酸度与土壤（尤其是酸性土壤）原来的酸度可能相差较大，从而影响结果。

　　最早测定阳离子交换量的方法是用饱和 NH_4Cl 反复浸提，然后根据浸出液中 NH_4^+ 的减少量计算阳离子交换量，该方法在酸性非盐土中包括了交换性 Al^{3+}，即后来所称的酸性土壤的实际交换量（$Q_{+,E}$）。后来改用 $1\ mol \cdot L^{-1} NH_4Cl$ 淋洗，然后用水、乙醇除去土壤中过多的 NH_4Cl，再测定土壤中吸附的 NH_4^+[30]。当时还未意识到田间 pH 条件下，用非缓冲性盐测定土壤阳离子交换量更合适，尤其是对高度风化的酸性土，但根据其化学计算方法，已经发现土壤可溶性盐的存在影响测定结果。后来人们改用缓冲盐溶液如乙酸铵（pH=7.0）淋洗，并用乙醇除去多余的 NH_4^+ 以防止其水解。这一方法在国内应用得非常广泛，美国把它作为土壤分类时测定阳离子交换量的标准方法。但是，对于酸性土特别是高度风化的强酸性土壤，往往会测定值偏高。因为 pH=7.0 的缓冲盐体系提高了土壤的 pH，使土壤胶体负电荷增加。同理，对于碱性土壤则测定值偏低。

由于 $CaCO_3$ 的存在，在交换清洗过程中，部分 $CaCO_3$ 的溶解使石灰性土壤阳离子交换量的测定结果大大偏高，含有石膏的土壤也存在同样的问题。Mehlich 1942 年最早提出用 $0.1\ mol \cdot L^{-1}$ $BaCl_2$ - TEA（三乙醇胺）pH=8.2 的缓冲液来测定石灰性土壤的阳离子交换量，在这个缓冲体系中，因 $CaCO_3$ 的溶解受到抑制而不影响测定结果。但是，土壤中 SO_4^{2-} 的存在将消耗一部分 Ba^{2+} 使测定结果偏高。Bascomb 1964 年改进了这一方法，根据强迫交换的原理用 $MgSO_4$ 有效地代换被土壤吸附的 Ba^{2+}。平衡溶液中离子强度对阳离子交换量的测定有影响，因此在清洗过程中，固定溶液的离子强度非常重要。一般浸提溶液的离子强度应与田间条件下的土壤离子强度大致相同。经过几次改进后，$BaCl_2$ - $MgSO_4$ 强迫交换的方法能控制土壤溶液的离子强度，是酸性土壤阳离子测定的良好方法，也可用于其他各种类型土壤，目前它是国际标准方法。

二、酸性土阳离子交换量和交换性阳离子的测定

（一）酸性土阳离子交换量的测定

1. $BaCl_2$ - $MgSO_4$ 强迫交换法[32,33]

（1）方法原理。用 Ba^{2+} 饱和土壤复合体，反应方程如下。

$$\begin{bmatrix} 土 \\ 壤 \end{bmatrix}\begin{matrix} Ca^{2+} \\ Mg^{2+} \\ K^+ \\ Na^+ \end{matrix} + nBaCl_2 \rightleftharpoons \begin{bmatrix} 土 \\ 壤 \end{bmatrix}\begin{matrix} Ba^{2+} \\ Ba^{2+} \\ Ba^{2+} \\ Ba^{2+} \end{matrix} + CaCl_2 + MgCl_2 + KCl +$$

$$NaCl + (n-3)\ BaCl_2$$

经 Ba^{2+} 饱和的土壤用稀 $BaCl_2$ 溶液洗去大部分交换剂之后，离心称重，求出稀 $BaCl_2$ 溶液量，再用定量的标准 $MgSO_4$ 溶液交换土壤复合体中的 Ba^{2+}。

[土壤] $x\mathrm{Ba^{2+}} + y\mathrm{BaCl_2}$（残留量）$+ z\mathrm{MgSO_4} \rightleftharpoons$ [土壤] $x\mathrm{Mg^{2+}} + y\mathrm{MgCl_2} + (z-x-y)\mathrm{MgSO_4} + (x+y)\mathrm{BaSO_4} \downarrow$

调节交换后悬浊液的电导率使之与参比液离子强度一致，用加入 $\mathrm{Mg^{2+}}$ 的总量减去残留于悬浊液中的 $\mathrm{Mg^{2+}}$ 量，即得该样品的阳离子交换量。

（2）主要仪器。离心机、电导仪、pH 计。

（3）试剂。

① 0.1 mol · $\mathrm{L^{-1}}$ $\mathrm{BaCl_2}$ 交换剂。溶解 24.4 g $\mathrm{BaCl_2}$ · $2\mathrm{H_2O}$，用蒸馏水定容到 1 000 mL。

② 0.002 mol · $\mathrm{L^{-1}}$ $\mathrm{BaCl_2}$ 平衡溶液。溶解 0.488 9 g $\mathrm{BaCl_2}$ · $2\mathrm{H_2O}$，用蒸馏水定容到 1 000 mL。

③ 0.01 mol · $\mathrm{L^{-1}}$ $1/2\mathrm{MgSO_4}$ 溶液。溶解 $\mathrm{MgSO_4}$ · $7\mathrm{H_2O}$ 1.232 g，并定容到 1 000 mL。

④ 离子强度参比液（0.003 mol · $\mathrm{L^{-1}}$ $1/2\mathrm{MgSO_4}$）。溶解 0.370 0 g $\mathrm{MgSO_4}$ · $7\mathrm{H_2O}$ 于水中，定容到 1 000 mL。

⑤ 0.10 mol · $\mathrm{L^{-1}}$ $1/2\,\mathrm{H_2SO_4}$ 溶液。量取 $\mathrm{H_2SO_4}$（化学纯）2.7 mL，加蒸馏水稀释至 1 000 mL。

（4）测定步骤。称取风干土 2.00 g 于预先称重（m_0）的 30 mL 离心管中，加入 0.1 mol · $\mathrm{L^{-1}}$ $\mathrm{BaCl_2}$ 交换剂 20.0 mL，用胶塞塞紧，振荡 2 h。10 000 r · $\mathrm{min^{-1}}$ 离心，小心弃去上层清液。加入 0.002 mol · $\mathrm{L^{-1}}$ $\mathrm{BaCl_2}$ 平衡溶液 20.0 mL，用胶塞塞紧，先剧烈振荡，使样品充分分散，然后再振荡 1 h，离心，弃去清液。重复上述步骤两次，使样品充分平衡。在第 3 次离心之前，测定悬浊液的 pH（$\mathrm{pH_{BaCl_2}}$）。弃去第 3 次清液后，加入 0.01 mol · $\mathrm{L^{-1}}$ $1/2\mathrm{MgSO_4}$ 溶液 10.00 mL 进行强迫交换，充分搅拌后放置 1 h。测定悬浊液的电导率 EC_{susp} 和离子强度参比液 0.003 mol · $\mathrm{L^{-1}}$ $1/2\mathrm{MgSO_4}$ 溶液的电导率 EC_{ref}。若 $EC_{\mathrm{susp}} < EC_{\mathrm{ref}}$，逐渐加入 0.01 mol · $\mathrm{L^{-1}}$ $1/2\mathrm{MgSO_4}$ 溶液，直至 $EC_{\mathrm{susp}} = EC_{\mathrm{ref}}$，并记录加入 0.01 mol · $\mathrm{L^{-1}}$ $1/2\mathrm{MgSO_4}$ 溶液的总体积（V_2）。

若 $EC_{\mathrm{susp}} > EC_{\mathrm{ref}}$，测定悬浊液的 pH（$\mathrm{pH_{susp}}$），若 $\mathrm{pH_{susp}}$ 大于

pH_{BaCl_2}超过 0.2~3.0 个单位，滴加 0.10 mol·L^{-1}1/2H_2SO_4 溶液直至 pH 达到 pH_{BaCl_2}；加水并充分混合，放置过夜，直至两者电导率相等。如有必要，再次测定并调节 pH_{susp} 和 EC_{susp}，直至达到以上要求，准确称离心管加内容物的质量（m_1）。

（5）结果计算。

土壤阳离子交换量 Q_+（CEC，cmol·kg^{-1}）=100（加入 Mg 的总量—保留在溶液中的 Mg 的量）/土样质量

$$Q_+ = \frac{(0.1 + c_2V_2 - c_3V_3) \times 100}{m}$$

式中：Q_+——阳离子交换量（cmol·kg^{-1}）；

0.1——强迫交换时加入 0.01 mol·L^{-1}1/2$MgSO_4$ 溶液 10 mL，0.01×10=0.1；

c_2——调节电导率时，所用 0.01 mol·L^{-1}1/2$MgSO_4$ 溶液的浓度；

V_2——调节电导率时，所用 0.01 mol·L^{-1}1/2$MgSO_4$ 溶液的体积（mL）；

c_3——离子强度参比液的浓度（0.003 mol·L^{-1}）；

V_3——悬浊液的终体积（mL）；

m——烘干土样的质量（g）；

100——将 mol 换算为 cmol 的系数。

2. 1 mol·L^{-1}乙酸铵交换法（NY/T 1243—1999）[34]

（1）方法原理。用 1 mol·L^{-1}乙酸铵溶液（pH=7.0）反复处理土壤，使土壤成为 NH_4^+ 饱和土。用 950 mol·L^{-1}乙酸洗去多余的乙酸铵后，用水将土壤洗入凯氏瓶中，加固体氧化镁蒸馏。蒸馏出的氨用硼酸溶液吸收，然后用盐酸标准溶液滴定。根据 NH_4^+ 的量计算土壤阳离子交换量。

（2）试剂。

① 1 mol·L^{-1} 乙酸铵溶液（pH = 7.0）。称取乙酸铵（CH_3COONH_4，化学纯）77.09 g 用水溶解，稀释至近 1 L。如 pH 不为 7.0，则用 1∶1 氨水或稀乙酸调节至 pH=7.0，然后稀释至 1 L。

② 950 mol·L^{-1} 乙酸溶液（工业用，必须无 NH_4^+）。

③ 液体石蜡（化学纯）。

④ 甲基红-溴甲酚绿混合指示剂。称取溴甲酚绿 0.099 g 和甲基红 0.066 g 于玛瑙研钵中，加少量 950 mol·L^{-1} 乙酸，研磨至指示剂完全溶解为止，最后加 950 mol·L^{-1} 乙酸至 100 mL。

⑤ 20 g·L^{-1} 硼酸-指示剂溶液。称取硼酸（H_3BO_3，化学纯）20 g，溶于 1 L 水中。向每升硼酸溶液中加入甲基红-溴甲酚绿混合指示剂 20 mL，并用稀酸或稀碱调节至紫红色（葡萄酒色），此时该溶液的 pH 为 4.5。

⑥ 0.05 mol·L^{-1} 盐酸标准溶液。向每升水中注入浓盐酸 4.5 mL，充分混匀，用硼砂标定。标定剂硼砂（$Na_2B_4O_7$·$10H_2O$，分析纯）必须保存于相对湿度为 60%～70% 的空气中，以确保硼砂含 10 个结合水，通常可在干燥器的底部放置氯化钠和蔗糖的饱和溶液（并保证有二者的固体存在），密闭容器中空气的相对湿度即 60%～70%。

称取硼砂 2.382 5 g 溶于水中，定容至 250 mL，得 0.05 mol·L^{-1} $1/2Na_2B_4O_7$ 标准溶液。吸取上述溶液 25.00 mL 于 250 mL 的锥形瓶中，加 2 滴溴甲酚绿-甲基红指示剂（或 0.2% 甲基红指示剂），用配好的 0.05 mol·L^{-1} 盐酸溶液滴定至溶液变为酒红色为终点（甲基红的终点为由黄色突变为微红色）。同时做空白实验。盐酸标准溶液的浓度按下式计算，取 3 次标定结果的平均值。

$$c_1 = \frac{c_2 \times V_2}{V_1 - V_0}$$

式中：c_1——盐酸标准溶液的浓度（mol·L^{-1}）；

V_1——盐酸标准溶液的体积（mL）；

V_0——空白实验用去盐酸标准溶液的体积（mL）；

c_2——$1/2 Na_2B_4O_7$ 标准溶液的浓度（mol·L^{-1}）；

V_2——用去 $1/2 Na_2B_4O_7$ 标准溶液的体积（mL）。

⑦ pH=10 的缓冲溶液。称取氯化铵（化学纯）67.5 g 溶于无

二氧化碳的水中，加入新开瓶的浓氨水（化学纯，$\rho = 0.9 \, g \cdot mL^{-1}$，含氨25%）570 mL，用水稀释至 1 L，储于塑料瓶中，并注意防止吸收空气中的二氧化碳。

⑧ K-B指示剂。称取酸性铬蓝 K 0.5 g 和萘酚绿 B 1.0 g，与 105 ℃烘干过的氯化钠 100 g 一同研细磨匀，越细越好，储于棕色瓶中。

⑨ 固体氧化镁。将氧化镁（化学纯）放在镍蒸发皿或坩埚内，在 500～600 ℃高温电炉中灼烧 30 min，冷却后储藏在密闭的玻璃器皿内。

⑩ 纳氏试剂。称取氢氧化钾（KOH，分析纯）134 g 溶于 460 mL水中。另称碘化钾（KI，分析纯）20 g 溶于 50 mL 水中，加入碘化汞（HgI_2，分析纯）大约 3 g，使溶解至饱和状态，然后将两溶液混合即成。

（3）主要仪器。电动离心机（转速为 3 000～4 000 r · min^{-1}）、离心管（100 mL）、凯氏瓶（150 mL）、蒸馏装置。

（4）测定步骤。

① 称取通过 2 mm 筛的风干土样 2.0 g，质地较轻的土壤称 5.0 g，放入 100 mL 离心管，沿离心管壁加少量 1 mol · L^{-1}乙酸铵溶液，用橡皮头玻璃棒搅拌土样，使其成为均匀的泥浆状态。再加入 1 mol · L^{-1}乙酸铵溶液至总体积约为 60 mL，并充分搅拌均匀，然后用 1.0 mol · L^{-1}乙酸铵溶液洗净橡皮头玻璃棒，将溶液收于离心管内。

② 将离心管成对放在粗天平的两个盘上，用乙酸铵溶液使之平衡。将平衡好的离心管对称地放入离心机[①]，离心 3～5 min，转速为 3 000～4 000 r · min^{-1}，如不测定交换性盐基，将离心后的清液弃去，如需测定交换性盐基，将每次离心后的清液收集在 250 mL 容量瓶中，如此用 1 mol · L^{-1}乙酸铵溶液处理 3～5 次，直到最后浸出

——————————

① 　如无离心机也可改用淋洗法。

液中无钙离子反应①。最后用 1 mol·L⁻¹乙酸铵溶液定容，留着测定交换性盐基。

③ 往载土的离心管中加少量 950 mol·L⁻¹乙酸溶液，用橡皮头玻璃棒搅拌土样，使之成为均匀的泥浆状态。再加 950 mol·L⁻¹乙酸溶液约 60 mL，用橡皮头玻璃棒充分搅匀，以便洗去土粒表面多余的乙酸铵，切不可有小土团存在②。然后将离心管成对放在粗天平的两个盘上，用 950 mol·L⁻¹乙酸溶液使之平衡，并对称地放入离心机，离心 3～5 min，转速为 3 000～4 000 r·min⁻¹，弃去乙酸溶液。如此反复用乙酸洗 3～4 次，直至最后 1 次乙酸溶液中无铵离子，用纳氏试剂检查铵离子。

④ 洗净多余的铵离子后，用水冲洗离心管的外壁，往离心管内加少量水，并搅拌成糊状，用水把泥浆洗入 150 mL 凯氏瓶，并用橡皮头玻璃棒擦洗离心管的内壁，使全部土样转入凯氏瓶内，洗入水的体积应控制在 50～80 mL。蒸馏前往凯氏瓶内加液状石蜡 2 mL 和氧化镁 1 g，立即把凯氏瓶装在蒸馏装置上。

⑤ 将盛有 20 g·L⁻¹硼酸-指示剂溶液 25 mL 的锥形瓶 (250 mL) 放置在用缓冲管连接的冷凝管的下端。打开螺丝夹（蒸汽发生器内的水要先加热至沸），通入蒸汽，随后摇动凯氏瓶使其内部的溶液混合均匀。打开凯氏瓶下的电炉电源，接通冷凝系统的流水。用螺丝夹调节蒸汽流速度，使其一致，蒸馏约 20 min，馏出液约 80 mL 以后，应检查蒸馏是否完全。检查方法：取下缓冲管，在冷凝管的下端取几滴馏出液于白瓷比色板的凹孔中，立即往馏出液内加 1 滴甲基红-溴甲酚绿混合指示剂，呈紫红色则表示氨已蒸完，呈蓝色则需继续蒸馏（如加滴纳氏试剂，无黄色反应，则表示蒸馏完全）。

---

① 检查钙离子的方法。取最后一次乙酸铵浸出液 5 mL 放在试管中，加 pH=10 的缓冲液 1 mL，加少许 K-B 指示剂。如溶液呈蓝色，表示无钙离子；如溶液呈紫红色，表示有钙离子，还要用乙酸铵继续浸提。

② 用少量乙醇冲洗并回收橡皮头玻璃棒上附着的黏粒。

⑥ 将缓冲管连同锥形瓶内的吸收液一起取下，用水冲洗缓冲管的内外壁（洗入锥形瓶内），然后用盐酸标准溶液滴定。同时做空白实验。

（5）结果计算。

$$Q_+ = \frac{c \times (V - V_0)}{m} \times 100$$

式中：Q_+——阳离子交换量（$cmol \cdot kg^{-1}$）；

$\qquad$ c——盐酸标准溶液的浓度（$mol \cdot L^{-1}$）；

$\qquad$ V——消耗盐酸标准溶液的体积（mL）；

$\qquad$ V_0——空白实验消耗盐酸标准溶液的体积（mL）；

$\qquad$ m——烘干土样的质量（g）；

$\qquad$ 100——mol 换算为 cmol 的系数。

3. 交换性阳离子加和法

（1）方法原理。用中性乙酸铵浸提法测得的交换性盐基阳离子总量（Ca^{2+}、Mg^{2+}、K^+、Na^+）与氯化钾交换-中和滴定法测得的交换性酸总量（H^+、Al^{3+}）之和表示酸性土壤的实际阳离子交换量（$Q_{+,E}$）。

（2）分析步骤。分别见交换性钙、镁、钾、钠的测定和交换酸的测定。

（3）结果计算。

$$Q_{+,E} = Q_{+,B} + Q_{+,A}$$

式中：$Q_{+,E}$——土壤实际阳离子交换量（$cmol \cdot kg^{-1}$）；

$\qquad$ $Q_{+,B}$——交换性盐基总量（$cmol \cdot kg^{-1}$）；

$\qquad$ $Q_{+,A}$——交换性酸总量（$cmol \cdot kg^{-1}$）。

（二）土壤交换性盐基及其组成的测定

土壤交换性盐基是指土壤胶体吸附的碱金属离子和碱土金属离子（K^+、Na^+、Ca^{2+}、Mg^{2+}）。各种离子的总和为交换性盐基总量，它与阳离子交换量之比即土壤盐基饱和度。盐基饱和度是土壤的特性，可为土壤改良利用和土壤分类提供重要依据。

测定交换性盐基的方法有很多。NH_4OAC 法是测定交换性盐基最常用的方法，NH_4OAC 淋出液含有土壤可交换的 K^+、Na^+、Ca^{2+}、Mg^{2+}，直接用火焰光度法测定 K^+、Na^+，用原子吸收光度法测定 Ca^{2+}、Mg^{2+}，这样可以了解盐基组成的相对含量和盐基总量，有快速方便的特点；亦可将溶液蒸干灼烧后制成含盐基离子的溶液，用 EDTA 络合滴定法测定 Ca^{2+}、Mg^{2+} 含量。不需要测定盐基成分时，可采用中和滴定法测定蒸干灼烧后的残渣的盐基总量。

1. 交换性盐基总量的测定（LY/T 1244—1999）[3]

（1）方法原理。用中性 $1\ mol \cdot L^{-1} NH_4OAC$ 处理后的土壤浸出液，包含全部交换性盐基，它们都以醋酸盐的状态存在。将浸出液蒸干、灼烧，碱金属和碱土金属的盐最后大部分转化为碳酸盐、氧化物，用过量的 $0.1\ mol \cdot L^{-1}$ 盐酸溶液灼烧残渣，用 $0.05\ mol \cdot L^{-1}$ 氢氧化钠滴定过的酸，按实际耗酸量计算交换性盐基总量。

（2）试剂。

① $1.0\ g \cdot L^{-1}$ 甲基红指示剂。

② $0.05\ mol \cdot L^{-1}$ 氢氧化钠（NaOH）标准溶液。称取氢氧化钠（分析纯）$2.0\ g$ 用无二氧化碳的水定容至 $1\ L$，摇匀过夜。用邻苯二甲酸氢钾标定。

称取 $110\ ℃$ 烘干的邻苯二甲酸氢钾（$KHC_8H_4O_4$，分析纯）$2.552\ 8\ g$ 溶于水，定容至 $250\ mL$ 得 $0.050\ 0\ mol \cdot L^{-1}$ 邻苯二甲酸氢钾标准溶液。吸取该溶液 $25\ mL$ 于 $150\ mL$ 锥形瓶中，加入 $5\ g \cdot L^{-1}$ 酚酞指示剂 $1\sim2$ 滴，用待标定的 $0.05\ mol \cdot L^{-1}$ 氢氧化钠溶液滴定至溶液由无色变为浅红色，并以 $30\ s$ 内不褪色为终点。同时做空白实验。按下式计算氢氧化钠的浓度。取 3 次标定结果的平均值。

$$c_1 = \frac{c_2 \times V_2}{V_1 - V_0}$$

式中：c_1——氢氧化钠溶液的浓度（$mol \cdot L^{-1}$）；

V_1——标定时用去氢氧化钠溶液的体积（mL）；

V_0——空白实验用去氢氧化钠溶液的体积（mL）；

c_2——邻苯二甲酸氢钾溶液的浓度（mol·L^{-1}）；

V_2——邻苯二甲酸氢钾溶液的体积（mL）。

③ 0.1 mol·L^{-1}盐酸标准溶液。取浓盐酸 9 mL，用水定容至 1 L。吸取该溶液 15 mL，以酚酞作为指示剂，用已标定好的 0.05 mol·L^{-1}氢氧化钠标准溶液标定其准确浓度。

$$c_3 = \frac{c_1 \times V_1}{V_3}$$

式中：c_3——盐酸标准溶液的浓度（mol·L^{-1}）；

V_3——盐酸标准溶液的体积（mL）；

c_1——氢氧化钠溶液的浓度（mol·L^{-1}）；

V_1——标定时用去氢氧化钠标准溶液的体积（mL）。

（3）主要仪器。高温电炉、瓷蒸发皿（100 mL）。

（4）测定步骤。吸取 1 mol·L^{-1}乙酸铵处理土壤的浸出液 50～100 mL 放入瓷蒸发皿中，在水浴锅上蒸干。将蒸干后的瓷蒸发皿放入 470～500 ℃高温电炉中灼烧 15 min，冷却后加 0.1 mol·L^{-1}盐酸标准溶液 10.00 mL，用橡皮头玻璃棒小心擦洗瓷蒸发皿的内壁并搅匀，使残留物溶解，慎防产生的二氧化碳气体溅失溶液，加热 5 min，冷却后，加甲基红指示剂 1 滴，用 0.05 mol·L^{-1}氢氧化钠标准溶液滴定至突变为黄色。

（5）结果计算。

$$交换性盐基总量（Q_{+,B}, \text{cmol} \cdot \text{kg}^{-1}）=$$
$$\frac{(c_1 \times V_1 - c_2 \times V_2) \times ts}{m_1 \times k_2} \times 100$$

式中：c_1——盐酸标准溶液的浓度（mol·L^{-1}）；

V_1——盐酸标准溶液的体积（mL）；

c_2——氢氧化钠标准溶液的浓度（mol·L^{-1}）；

V_2——氢氧化钠标准溶液的体积（mL）；

ts——分取倍数，$ts = \dfrac{浸出液总体积(\text{mL})}{吸取浸出液体积(\text{mL})} = \dfrac{250}{50\sim100}$；

m_1——风干土样的质量（g）；

k_2——将风干土样换算成烘干土的水分换算系数；

100——将 mol 换算为 cmol 的系数。

2. 土壤交换性钙和镁的测定——1 mol·L^{-1}乙酸铵交换-原子吸收分光光度法

（1）方法原理。以 1 mol·L^{-1}乙酸铵为土壤交换剂，用原子吸收分光光度法测定土壤交换性钙、镁时，所用的钙、镁标准溶液中应加入等量的1 mol·L^{-1}乙酸铵溶液，以消除基体效应。此外，在土壤浸出液中，还应加入释放剂锶（Sr），以消除铝、磷、硅、钙的干扰。

（2）试剂。

① 1 000 μg·mL^{-1}钙（Ca）标准溶液。称取碳酸钙（CaCO$_3$，分析纯，110 ℃烘 4 h）2.497 2 g溶于 1 mol·L^{-1}盐酸溶液中，煮沸赶走二氧化碳，用水洗入 1 L 容量瓶中，定容。

② 1 000 μg·mL^{-1}镁（Mg）标准溶液。称取金属镁（光谱纯）1.000 0 g溶于少量 6 mol·L^{-1}盐酸溶液中，用水洗入 1 L 容量瓶中，定容。

③ 钙、镁标准系列混合溶液（含钙 1～24 μg·mL^{-1}，含镁 0～6 μg·mL^{-1}）。分别吸取不同量的 1 000 μg·mL^{-1}钙和 1 000 μg·mL^{-1}镁标准溶液，用 1 mol·L^{-1}乙酸铵溶液定容配制成含钙 1 μg·mL^{-1}、4 μg·mL^{-1}、8 μg·mL^{-1}、12 μg·mL^{-1}、16 μg·mL^{-1}、20 μg·mL^{-1}、24 μg·mL^{-1}和含镁 0.5 μg·mL^{-1}、1 μg·mL^{-1}、2 μg·mL^{-1}、3 μg·mL^{-1}、4 μg·mL^{-1}、5 μg·mL^{-1}、6 μg·mL^{-1}的混合溶液。各混合溶液中应先加入 30 g·L^{-1}氯化锶（SrCl$_2$·6H$_2$O）溶液，使配制的溶液中锶含量为1 000 μg·mL^{-1}。

④ 1 mol·L^{-1}乙酸铵溶液（pH 为 7.0）。同称取乙酸铵（化学纯）77.09 g用水溶解，稀释至近 1 L。如 pH 不为 7.0，用 1:1 氨水或稀乙酸调节至 pH=7.0，然后稀释至 1 L。

（3）主要仪器。原子吸收分光光度计。

（4）测定步骤。吸取 1 mol·L^{-1}乙酸铵溶液处理土壤的浸出

液［本部分（一）的 2 的（4）］20.00 mL 于 25 mL 容量瓶中，加
30 g・L^{-1}氯化锶溶液 2.5 mL，用 1 mol・L^{-1}乙酸铵溶液定容。定
容后的溶液直接在选定工作条件的原子吸收分光光度计上在
422.7 nm（钙）和 285.2 nm（镁）波长处测定吸收值。在成批样
品的测定过程中，要按一定时间间隔用标准溶液校正仪器。

先用标准系列溶液在相同条件下测定吸收值，绘制浓度-吸收
值工作曲线。根据待测液中钙、镁的吸收值，分别在工作曲线上查
得钙、镁的质量浓度（μg・mL^{-1}）。

（5）结果计算。

$$土壤交换性钙（1/2Ca^{2+}，cmol・kg^{-1}）=$$
$$\frac{\rho \times V \times ts}{m \times 20.04 \times 1\,000} \times 100$$

$$土壤交换性镁（1/2Mg^{2+}，cmol・kg^{-1}）=$$
$$\frac{\rho \times V \times ts}{m \times 12.153 \times 1\,000} \times 100$$

式中：ρ——从工作曲线上查得待测液的钙（镁）的质量浓度
（μg・mL^{-1}）；

V——浸出液体积（mL）；

ts——分取倍数，$ts=\dfrac{浸出液总体积（mL）}{吸取浸出液体积（mL）}=\dfrac{250}{20}$；

m——烘干土样的质量（g）；

20.04——1/2Ca^{2+}的摩尔质量（g・moL^{-1}）；

12.153——1/2Mg^{2+}的摩尔质量（g・moL^{-1}）；

1 000——将 μg 换算成 mg 的除数；

100——将 mol 换算为 cmol 的系数。

3. 土壤交换性钾和钠的测定

1 mol・L^{-1}乙酸铵溶液交换-火焰光度法（LY/T 1246—
1999）[36]

（1）方法原理。用 1 mol・L^{-1}乙酸铵溶液交换的土壤浸出液，
直接在火焰光度计上测定钾和钠，从工作曲线上查得相应的浓度
（mg・L^{-1}）。

钾和钠的标准溶液必须用 1 mol·L⁻¹乙酸铵溶液配制。

（2）试剂。

① 1 000 mg·L⁻¹钠标准溶液。准确称取氯化钠（NaCl，分析纯，105 ℃烘 4 h）2.542 2 g，溶于水，定容至 1 L。

② 1 000 mg·L⁻¹钾标准溶液。准确称取氯化钾（KCl，分析纯，105 ℃烘 4 h）1.906 8 g，溶于水，定容至 1 L。

③ 钾、钠标准混合溶液。分别吸取不同量的 1 000 mg·L⁻¹钾和 1 000 mg·L⁻¹钠的标准溶液，用 1 mol·L⁻¹乙酸铵溶液稀释配制成钾和钠浓度为 5 μg·L⁻¹、10 μg·L⁻¹、15 μg·L⁻¹、20 μg·L⁻¹、30 μg·L⁻¹、50 μg·L⁻¹的混合溶液。

（3）主要仪器。火焰光度计。

（4）测定步骤。将配制好的钾、钠标准混合溶液，用最大浓度确定火焰光度计上检流计的满度，然后从低浓度到高浓度进行测定，记录检流计读数，以检流计读数为纵坐标，以钾（钠）浓度为横坐标，绘制工作曲线。

用 1 mol·L⁻¹乙酸铵溶液处理土壤的浸出液，直接在火焰光度计上测定钾和钠，记录检流计读数，然后从工作曲线上查得待测液的钾（钠）的浓度。

（5）结果计算。

$$土壤交换性钾（K^+，cmol·kg^{-1}）=\frac{\rho\times V}{m_1\times 39.1\times 1\,000}\times 100$$

$$土壤交换性钠（Na^+，cmol·kg^{-1}）=\frac{\rho\times V}{m_1\times 23.0\times 1\,000}\times 100$$

式中：ρ——从工作曲线上查得待测液的钾（钠）的质量浓度（μg·mL⁻¹）；

V——浸出液体积（250 mL）；

m_1——烘干土样质量（g）；

39.1——K⁺的摩尔质量（g·moL⁻¹）；

23.0——Na⁺的摩尔质量（g·moL⁻¹）；

1 000——将 μg 换算成 mg 的除数；

100——将 mol 换算为 cmol 的系数。

4. 土壤盐基饱和度的计算　用"Q_+"表示阳离子交换总量，用"$Q_{+,B}$"表示交换性盐基总量，用"S"表示盐基饱和度，用"S_i"表示某一盐基成分的饱和度，用"$Q_{+,A}$"表示交换性酸。盐基饱和度的计算公式为

$$S\% = \frac{Q_{+,B}}{Q_+} \times 100 \text{ 或 } S\% = \frac{Q_+ - Q_{+,A}}{Q_+} \times 100 \text{ 或}$$

$$S_{1/2Ca^{2+}}\% = \frac{Q_{+,1/2Ca^{2+}}}{Q_+} \times 100$$

（三）土壤活性酸、交换性酸的测定[6,7]

1. 土壤活性酸（pH）的测定——电位法

土壤胶体上吸附的 H^+ 为潜在酸，溶液中的 H^+ 为活性酸，它们处于动态平衡中。其关系式如下：

$$[土壤] H^+ \Longleftrightarrow 溶液 H^+$$

潜在酸　　　活性酸

（交换性酸）

活性酸常以 pH 表示，是一种强度因素。潜在酸可以用标准碱溶液滴定。

pH 是土壤溶液中 H^+ 活度的负对数，用水（或 0.01 mol·L^{-1} $CaCl_2$ 溶液）处理土壤制成悬浊液，测定悬浊液的 pH。

pH 的测定可分为比色法、电位法两大类。由于科学的发展，适用于各种情况的形式多样的 pH 玻璃电极和精密的现代化测量仪器，使电位法有准确（0.001pH）、快速、方便等优点。比色法有简便、不需要贵重仪器、受测量条件限制较少、便于野外调查使用等优点，但准确度低。目前也有多种适合田间或野外工作的微型 pH 计，准确度可达 0.01 个 pH 单位。

影响土壤 pH 测定的因素有很多，其中有些属于土壤本身的问题，有些是方法和仪器方面的问题，有些是由环境因素的变化引起

的，现就其中一些问题分析如下。

水土比例：对于中性和酸性土壤，一般情况是悬液越稀水土比越大，pH 越高。大部分土壤从脱黏点到水土比为 10∶1 时，pH 增加 0.3～0.7 个单位。所以，为了使测定结果能够互相比较，在测定 pH 时，应该固定水土比。国际土壤学会规定水土比为 2.5∶1，在我国的例行分析中 1∶1、2.5∶1、5∶1 较多。为了使测定的 pH 更接近田间的实际情况，水土比为 1∶1 或 2.5∶1 甚至水分饱和的饱和土浆较好[①]。

提取与平衡时间：在制备悬液时，土壤与提取剂的浸提平衡时间不够将影响土壤胶体扩散层与自由溶液之间的 H^+ 分布状况，因而引起误差。在现行的各种方法中，有搅拌 1～2 min 放置 0.5 h 的，有搅拌 1 min 平衡 5 min 的，有振荡 1 h 后平衡 0.5 h 的，还有其他的处理方法。对不同土壤，搅拌与放置平衡时间要求不同。对我国大多数土壤而言，1 h 的平衡时间一般已足够，时间过长可能会因微生物活动而产生误差。

液接电位的影响：当甘汞电极与土壤悬液接触时，就会产生电位，称为液接电位。液接电位可引起土壤 pH 的测定误差。当玻璃电极在悬液上下不同位置时，测定值亦有差异，这种差异的大小取决于土壤的种类和 pH。当 pH 低于 5 时，差异很小，而当 pH 在 6.5～7.5 时，可增加 0.2～0.3 个 pH 单位。对红壤进行测定时若搅动溶液可降低 0.03～0.30 个 pH 单位。因此，常规测定中，甘汞电极在清液层，玻璃电极与泥糊接触，清液测量可以取得较为稳定的读数。

(1) 方法原理。用 pH 计测定土壤悬液的 pH 时，由于玻璃电极内外溶液 H^+ 活度的不同产生电位差，$E = 0.059\,1\,\log\dfrac{a_1}{a_2}$，$a_1$＝玻璃电极内溶液的 H^+ 活度（固定不变），a_2＝玻璃电极外溶液活度（即待测液 H^+ 活度），电位计上读数转换成 pH 后在刻度

[①] 采用 1∶1 的水土比，碱性土壤和酸性土壤均能得到较好的结果，特别是碱性土壤。

盘上直接读出 pH。

（2）主要仪器。pH 酸度计或 pH 离子计、pH 玻璃电极、参比电极[①]。

（3）试剂。

① 饱和（25 ℃）酒石酸氢钾（pH＝3.567）。将过量的酒石酸氢钾与水一起振荡后，保存待用。使用前过滤或用倾注法取清液使用。

② 0.05 mol·L^{-1} 邻苯二甲酸氢钾，pH＝4.018。将结晶的邻苯二甲酸氢钾在 110 ℃ 条件下干燥 1 h，在干燥器中冷却后，称取 2.53 g 溶于水后稀释至 250 mL（25 ℃）。

③ 0.025 mol·L^{-1} 磷酸氢二钠、0.025 mol·L^{-1} 磷酸二氢钾，pH＝6.875（25 ℃）。最好用无结晶水的试剂并在 120 ℃ 条件下干燥 2 h（温度不能过高，避免生成缩合磷酸盐），在干燥器中冷却后，称取 Na_2HPO_4 3.53 g 和 KH_2PO_4 3.39 g，溶于水后稀释至 1 L。

④ 0.01 mol·L^{-1} 四硼酸钠，pH 为 9.18（25 ℃）。将试剂放在盛有蔗糖和 NaCl 饱和溶液的干燥器中，平衡数天后，称取 3.80 g $Na_2B_4O_7$·$10H_2O$，溶于水后稀释至 1 L。

（4）操作步骤。

① 仪器校准。用标准缓冲溶液检查 pH 计时，必须用两个不同 pH 的缓冲溶液，一个为 pH＝4，另一个为 pH＝7。先将电极插进 pH＝4 的缓冲溶液，开启电源，调节零点和温度补偿后，将挡板拨至 pH 挡，用"定位"调节指针至缓冲溶液的 pH。这次调节的是电极不对称电位，经过第一次缓冲溶液校正后，如电极完好或仪器已在正常情况下工作，则用第二个缓冲溶液 pH＝7 检查，允

---

① 玻璃电极（包括 pH 和 pNa）敏感膜，必须形成水化凝胶层后才能正常进行反应，所以用前需用蒸馏水和稀盐酸浸泡 12～24 h。但长期浸泡会因玻璃溶解而导致功能减退，因此长期不用时，应洗净后保存。市售甘汞电极的 KCl 有饱和 KCl（4.2 mol·L^{-1}）、1 mol·L^{-1} KCl 和 0.01 mol·L^{-1} KCl 数种。氯离子的浓度直接影响标准电位。使用前检查电极内 KCl 溶液是否充满腔体（饱和 KCl 甘汞电极应有少量 KCl 结晶）、盐桥内是否有气泡。

许的偏差在 0.02 个 pH 单位以内（pH＝7±0.02）。如果产生较大的偏差，则必须更换电极或检查原因。

② 测定。称取 10 g 通过 1 mm 筛的风干土样置于 25 mL 烧杯中，加蒸馏水（或 0.01 mol·L^{-1}CaCl$_2$）10 mL 混匀[1][2]，静置 30 min，用校正过的 pH 计测定悬液的 pH。测定时将玻璃电极球部（或底部）浸入悬液泥层中，并将甘汞电极侧孔上的塞子拔去，将甘汞电极浸在悬液上部清液中，测读 pH。

土样若是新鲜土或水田土，应减少加液量，减少的体积应与土壤含水量相当。

2. 土壤交换性酸的测定——1 mol·L^{-1}KCl 交换中和滴定法

土壤交换性酸为用一种盐溶液（如 KCl、0.2 mol·L^{-1}CaCl$_2$）处理土壤样品，然后用标准碱溶液滴定获得的总酸度，它包括潜在酸和活性酸，它代表土壤的酸容量。测定土壤酸容量的方法有很多，有偏碱性的（pH＝8.2）Ba（OH）$_2$-TEA 法、Ca（OH）$_2$-Ba（OAc）$_2$法、BaCl$_2$-TEA 法、中性的 NH$_4$OAC 法及 CaCl$_2$法、KCl 法等。除 CaCl$_2$ 和 KCl 外，其他的都是具有缓冲作用的浸提剂。随着缓冲液 pH 的升高这些浸提剂提取的酸有增加的趋势。由于各方法提取的总酸量不同，又把 BaCl$_2$-TEA 法测得的酸度称为土壤潜在总酸度，把 1 mol·L^{-1}中性 NH$_4$OAC 提取的酸称为交换酸总量，而把 KCl 提取的酸称为盐可提取的酸度。KCl 溶液平衡交换或淋洗法，由于溶液中 Al^{3+}不可能被 KCl 完全交换，平衡提取的测定结果即使乘上经验系数 1.75，也只能部分地符合某些类型的土壤的情况，淋洗法适用于所有酸性土壤，相对误差在 5％以下。

（1）方法原理。在酸性土壤中，土壤胶体上可交换的 H$^+$ 及 Al^{3+}在用 KCl 淋洗时，被 H$^+$ 交换替代而进入溶液。

---

① 用 0.01 mol·L^{-1}CaCl$_2$ 溶液作提取剂有几个好处：能消除悬液效应的影响；受稀释的影响不大；它虽是盐溶液，但与非盐化土壤溶液中的实际电解质浓度近似，所以用它测出的 pH 更接近田间状态；用 CaCl$_2$ 提取较易澄清，便于测定。

② 采用 1∶1 的水土比，碱性土壤和酸性土壤均能得到较好的结果，特别是碱性土壤。

$$\begin{bmatrix} 土 \\ 壤 \end{bmatrix} \begin{matrix} Ca^{2+} \\ Mg^{2+} \\ H^+ \\ Al^{3+} \end{matrix} + nKCl \Longrightarrow \begin{bmatrix} 土 \\ 壤 \end{bmatrix} 8K^+ + CaCl_2 + MgCl_2 + KCl +$$

$$AlCl_3 + (n-8) KCl$$

同时可溶解的有机胶体及有机胶体上可交换的 H^+ 亦随淋洗而进入溶液。用标准 NaOH 溶液滴定浸出液:

$$H^+ + OH^- \longrightarrow H_2O$$

$$\overset{O}{\underset{\|}{R-C-OH}} + OH^- \longrightarrow \overset{O}{\underset{\|}{R-C-O^-}} + H_2O$$

$$Al (OH^-)_{3-n}^{n+} + nOH^- \longrightarrow Al (OH)_2$$

由标准 NaOH 的消耗量可以得到交换酸的含量。

从浸出液中另取一份溶液加入足够的 NaF,F^- 与 Al^{3+} 络合成 $[AlF6]^{3-}$,它对酚酞是中性的。制止了 $AlCl_3$ 水解之后,再用标准 NaOH 溶液滴定,所消耗 NaOH 的量即交换性 H^+ 的量,两者之差即交换性 Al^{3+} 的量。

(2) 试剂。

① $1 \text{ mol} \cdot L^{-1}$ 氯化钾溶液。称取 KCl 74.6 g,用蒸馏水溶解并稀释至 1 000 mL。

② $0.2 \text{ mol} \cdot L^{-1}$ 标准碱溶液 (NaOH)。称取 NaOH 约 0.8 g,溶于 1 000 mL 无 CO_2 蒸馏水中,用邻苯二甲酸氢钾标定浓度。

③ $10 \text{ g} \cdot L^{-1}$ 酚酞。称取酚酞 1 g,溶于 100 mL 乙醇中。

④ $35 \text{ g} \cdot L^{-1}$ NaF 溶液。称取 NaF (化学纯) 3.5 g 溶于 80 mL 无 CO_2 蒸馏水中,以酚酞为指示剂,用稀 NaOH 或 HCl 调节至微红色 (pH=8.3),稀释至 100 mL,储于塑料瓶中。

(3) 操作步骤。称取风干土样 (过 1 mm 筛) 5.00 g 放在已铺好滤纸的漏斗内,用 $1 \text{ mol} \cdot L^{-1}$ KCl 溶液少量多次地淋洗土样,将滤液承接在 250 mL 容量瓶中,至近刻度时,用 $1 \text{ mol} \cdot L^{-1}$ KCl

溶液定容①。

吸取滤液 100 mL 于 250 mL 三角瓶中，煮沸 5 min 赶出 CO_2，加入酚酞指示剂 5 滴，趁热用 0.2 mol·L^{-1} NaOH 标准溶液滴定至微红色，记下 NaOH 溶液用量（V_1）。

另一份 100 mL 滤液于 250 mL 三角瓶中煮沸 5 min 赶出 CO_2，趁热加入过量 35 g·L^{-1}NaF 溶液（约 1 mL）②，冷却后加入酚酞指示剂 5 滴，用 0.2 mol·L^{-1} NaOH 标准溶液滴定至微红色，记下 NaOH 溶液用量（V_2）。

同上做空白实验，分别记取 NaOH 溶液用量（V_0 和 V_0'）。

（4）结果计算。

土壤交换性铝（1/3 Al^{3+}，cmol·kg^{-1}）$= Q_{+,A} - Q_{+,H^+}$

$$土壤交换性酸总量（Q_{+,A}，cmol·kg^{-1}）=$$

$$\frac{(V_1-V_0)\times c\times ts}{m}\times100$$

$$土壤交换性酸总量（Q_{+,H^+}，cmol·kg^{-1}）=$$

$$\frac{(V_2-V_0')\times c\times ts}{m}\times100$$

式中：c——NaOH 标准溶液的浓度（mol·L^{-1}）；

ts——分取倍数，250/100＝2.5；

m——烘干土样的质量（g）；

100——将 mol 换算为 cmol 的系数。

---

① 淋洗 250 mL 可以把交换性 H^+、Al^{3+} 基本洗出来，若淋洗体积过大或时间过长，有可能把部分非交换酸淋洗出来。

② NaF 溶液用量应根据计算取用：

$$35\ g·L^{-1}NaF\ 加入量（mL）=\frac{V\times c\times6}{0.85\times3}$$

式中：c、V——滴定交换酸总量时所用 NaOH 的浓度（mol·L^{-1}）和体积（mL）；

0.85——35 g·L^{-1}NaF 的近似浓度；

6——AlF_6^{3-} 络离子中 Al^{3+} 与 F^- 的比值；

3——Al^{3+} 变为 1/3 Al^{3+} 基本单元的换算系数。

· 132 ·

3. 石灰需要量的测定与计算——0.2 mol·L^{-1} CaCl$_2$ 交换-中和滴定法[37]

酸性土壤石灰需要量是指把土壤从其初始酸度中和到一个选定的中性或微酸性状态，或使土壤盐基饱和度从其初始饱和度增至所选定的盐基饱和度需要的石灰或其他碱性物质的量。石灰的加入提高了土壤溶液的 pH 而使酸性土壤中某些原来浓度已达到毒害程度的元素的溶解度降低，消除了它们的毒害作用，但若加入太多，往往可把铁、锰有效度降得过低而使铁、锰缺乏。因此，应用一种准确、可行的测定方法测定土壤石灰需要量，指导施用石灰控制土壤酸碱度，是极其有价值的土壤管理措施。

测定土壤石灰需要量的方法有很多。田间试验法，利用田间对比试验研究决定石灰施用量，是一种校正实验室测定方法的参比法；土壤-石灰培养法，它是把若干份供试土壤样品按递增量添加石灰，在一定湿度下培养之后测定 pH 的变化，从而决定中和到规定 pH 的石灰需要量；酸碱滴定法，常用的有交换酸中和法，其中 CaCl$_2$ - Ca (OH)$_2$ 中和滴定法模拟了土壤施入石灰时所引起反应的大致情况，同时在测定时由于 CaCl$_2$ 盐的指示作用，使滴定终点明显。在国际上还流行一种土壤-缓冲溶液平衡法，简称 SMP 法，它是一种弱酸与其盐组成的缓冲液，能使土壤酸度在比较低而且近于恒定的 pH 下逐渐中和，利用缓冲液的 pH 的变化决定石灰用量。测定石灰需要量的方法都有局限性，因此利用测定值指导石灰施用时，必须考虑土壤盐离子交换量和盐基饱和度、土壤质地和有机质的含量、土壤酸存在的主要形式、石灰的种类和施用方法，同时还要考虑可能带来的其他不利影响，例如土壤微量元素养分的平衡供应等。

（1）方法原理。用 0.2 mol·L^{-1} CaCl$_2$ 溶液交换土壤胶体上的 H$^+$ 和 Al^{3+}，使其进入溶液中，用 0.015 mol·L^{-1} Ca (OH)$_2$ 标准溶液滴定，用 pH 酸度计指示终点。根据 Ca (OH)$_2$ 的用量计算石灰施用量。

（2）主要仪器。pH 酸度计、调速磁力搅拌器。

（3）试剂。

① 0.2 mol·L⁻¹CaCl₂ 溶液。称取 CaCl₂·6H₂O（化学纯）44 g 溶于水中，稀释至 1 000 mL，用 0.015 mol·L⁻¹Ca(OH)₂ 或 0.1 mol·L⁻¹HCl 调节 pH 为 7.0（用 pH 酸度计测量）。

② 0.015 mol·L⁻¹Ca(OH)₂ 标准溶液。称取 920 ℃灼烧半小时的 CaO（分析纯）4 g 溶于 200 mL 无 CO₂ 蒸馏水中，搅拌后放置澄清，将上部清液倒入试剂瓶中，用装有苏打-石灰管及虹吸管的橡皮塞塞紧。用苯二甲酸氢钾或 HCl 标准溶液标定浓度。

③ 操作步骤。称取风干土（过 1 mm 筛）10.00 g 放在 100 mL 烧杯中，加入 0.2 mol·L⁻¹CaCl₂ 溶液 40 mL，在磁力搅拌器上充分搅拌1 min，调节至慢速①，放 pH 玻璃电极及饱和甘汞电极，在缓速搅拌下用 0.015 mol·L⁻¹Ca(OH)₂ 滴定至 pH＝7.0 为终点，记录 Ca(OH)₂ 溶液用量。

（4）结果计算。

$$石灰施用量\ [CaO,\ kg·hm^{-2}] = \frac{c \times V}{m} \times 0.028 \times 2\ 250\ 000 \times 1/2$$

式中：c、V——滴定时 Ca(OH)₂ 标准溶液的浓度（mol·L⁻¹）和消耗体积（mL）；

m——风干土样的质量（g）；

0.028——1/2CaO 的摩尔质量（kg·mol⁻¹）②；

2 250 000——每公顷耕层土壤的质量（kg·hm⁻²）；

1/2——实验室测定值与田间实际情况的差异系数③。

三、石灰性土壤交换量的测定

石灰性土壤含游离碳酸钙和镁，是盐基饱和（主要是钙饱和）的土壤，一般只进行交换量的测定。从土壤分类与土壤肥力方面考

---

① 搅拌器速度太快会因土壤粒子的冲击损坏玻璃电极，亦不利于电极平衡和测定。
② 若施用 CaCO₃ 则应改乘 0.05。
③ 施用的石灰是 CaO 时，作用强烈，所以差异系数小于 1（一般选用 0.5），施用的石灰为 CaCO₃ 时，其作用温和，差异系数大于 1（一般选用 1.3）。

虑，也需进行交换性阳离子组成的测定[38]。

测定石灰性土壤交换量的最大困难是交换剂对碳酸钙、碳酸镁的溶解。由于 Ca^{2+}、Mg^{2+} 始终在溶液中参与平衡的调节，阻碍它们被完全交换，因此，交换剂的选择是测定石灰性土壤交换量的首要问题。

石灰性土壤在大气 CO_2 分压下的平衡 pH 接近 8.2。在 pH 为 8.2 时，许多交换剂对石灰质的溶解度很低。所以用于石灰性土壤的交换剂往往采用 pH 为 8.2 的缓冲液。有些应用碳酸铵溶液，但因它对 $MgCO_3$ 的溶解度较高，不适用于含白云石类的土壤。表 8-1 中列出了几种交换剂对碳酸钙、碳酸镁的溶解度，作为选用时的参考。

表 8-1　几种交换剂对石灰质的溶解度

交换剂	方解石 ($CaCO_3$)	白云石 ($CaCO_3 \cdot MgCO_3$)	菱镁矿 ($MgCO_3$)
1 mol · L^{-1} pH=7 的 NaCl	0.053 4		0.414 0
1 mol · L^{-1} pH=7 的 NH$_4$Cl	0.577 5		
1 mol · L^{-1} pH=7 的 (NH$_4$)$_2$CO$_3$	0.855 0	0.432 0	0.060 4
1 mol · L^{-1} pH=8.2 的 NaOAC	0.053 1	0.035 4	0.063 0
1 mol · L^{-1} pH=8.2 的 BaCl$_2$-TEA	0.060 0		

以 NH_4OAC 为交换剂是目前国内测定石灰性土壤和碱性土壤交换量广泛使用的一个常规方法。NH_4OAC 对 $CaCO_3$ 的溶解度较小，但对 $MgCO_3$ 的溶解度较大，测定的交换性镁往往有一定的正误差（<0.01 cmol · kg^{-1}），含蛭石黏土矿物的土壤，其内层阳离子能被 Na^+ 取代而保持在内层的 Na^+ 又能被置换，因此，NaOAC 不会像 NH_4OAC 那样降低阳离子交换量。

pH 为 8.2 的 $BaCl_2$-TEA 作为石灰性土壤的交换剂，它的最大优点在于 Ba^{2+} 在石灰质表面形成 $BaCO_3$ 沉淀，包裹石灰颗粒，避免进一步溶解，从而有利于降低溶液中 Ca^{2+} 的浓度，使交换作用更加完全。pH 为 7 的 1 mol · L^{-1} NH_4OAC 对石灰质的溶解性太强，一般不适用，但可先用 1 mol·L^{-1}NH$_4$Cl 分解石灰，然后用 NH$_4$OAC 进行交换。同位素示踪法具有明显的优点，因为土壤中的指示离子饱和之后既不需要除尽多余的盐溶液，也不需要作更多的其他处理，用 CaCl$_2$ 溶液处理土壤中饱和的 Ca^{2+}，然后用 1.85×10^{4}Bq^{45}Ca 溶液平衡土壤，达到平衡时：

$$\frac{[土壤]\,Ca^{2+}}{溶液\,Ca^{2+}} = \frac{[土壤]^{45}Ca^{2+}}{溶液^{45}Ca^{2+}}$$

$$[土壤]\,Ca^{2+} = \frac{[土壤]^{45}Ca^{2+}}{溶液^{45}Ca^{2+}} × 溶液\,Ca$$

根据上述公式，只要测定离心液中钙的浓度（EDTA 滴定）和离心液的放射性强度，即可计算阳离子交换量，Ca^{2+} 浓度是用原始溶液放射性总强度减去离心液的放射性强度。

■ 第九章 土壤水溶性盐的测定

一、概述

土壤水溶性盐的测定与分析具有现实意义：①了解水盐动态及其对作物的危害，为土壤盐分的预测、预报提供参考，以便采取有力措施，保证作物正常生长。②了解综合治理盐渍土的措施所产生的效果。③根据土壤含盐量及其组成进行盐渍土分类，并进行合理规划，以达到合理种植、合理灌溉及合理排水的目的。④进行灌溉水的品质鉴定，测定灌溉水中的盐分含量，以便合理利用水利资源，开垦荒地，防止土壤盐渍化。

土壤水溶性盐是盐碱土的一个重要属性，是限制作物生长的障碍因素。我国盐碱土的分布广、面积大、类型多。在干旱、半干旱地区，盐渍化土壤中的盐分以水溶性的氯化物和硫酸盐为主。滨海地区由于受海水浸渍，生成滨海盐土，所含盐分以氯化物为主。在我国南方（福建、广东、广西等地）沿海还分布着一种"反酸"盐土。

盐土中含有大量水溶性盐类，影响作物生长，同一浓度的不同盐分危害作物的程度也不一样。盐分中碳酸钠的危害最大，增加土壤碱度和恶化土壤物理性质，使作物受害，其次是氯化物，氯化物中 $MgCl_2$ 的毒害作用较大，另外，Cl^- 和 Na^+ 的作用也不一样。

土壤（及地下水）中水溶性盐的分析，是研究盐渍土盐分动态的重要方法之一，对了解盐分对种子发芽和作物生长的影响以及拟订改良措施都是十分必要的。土壤中水溶性盐的分析一般包括对 pH、全盐量、阴离子（Cl^-、SO_4^{2-}、CO_3^{2-}、HCO_3^-、NO_3^- 等）和阳离子（Na^+、K^+、Ca^{2+}、Mg^{2+}）含量的测定，并常以离子组成作为盐碱土分类、利用和改良的依据。

　　盐碱土是对水溶性盐含量较高的土壤的统称，包括盐土、碱土和盐碱土。美国农业部盐碱土研究室以饱和土浆电导率和土壤的pH与交换性钠为依据，对盐碱土进行了分类（表9-1）。我国滨海盐土则以盐分总含量为指标进行分类（表9-2）。

表9-1　美国盐碱土分类

	饱和泥浆浸出液 电导率/（dS·m^{-1}）	pH	交换性钠占交换量百分数/%	水溶性钠占阳离子总量百分数/%
盐土	>4	<8.5	<15	<50
盐碱土	>4	<8.5	>15	>50
碱土	<4	>8.5	>15	>50

表9-2　我国滨海盐土的分类标准

盐分总含量/（g·kg^{-1}）	盐土类型	盐分总含量/（g·kg^{-1}）	盐土类型
1.0～2.0	轻度盐化土	2.0～4.0	中度盐化土
4.0～6.0	强度盐化土	≥6.0	盐　土

　　在分析土壤盐分的同时，需要对地下水进行鉴定（表9-3）。当地下水矿化度达到2 g·L^{-1}时，土壤比较容易盐渍化。所以，地下水矿化度的大小可以作为土壤盐渍化程度和改良难易的依据。

表9-3　地下水矿化度的分类标准

类别	矿化度/（g·L^{-1}）	水质
淡水	<1	优质水
弱矿化水	1～2	可用于灌溉*
半咸水	2～3	一般不宜用于灌溉
咸水	≥3	不宜用于灌溉

　　注：*表示用于灌溉的水，其导电率为0.10～0.75 dS·m^{-1}。

　　测定土壤全盐量可以用不同类型的电感探测器在田间直接进

行，如四联电极探针、素陶多孔土壤盐分测定器以及其他电磁装置，但测定土壤盐分的化学组成，还需要用土壤水浸出液进行系统分析。

二、土壤水溶性盐的浸提

土壤水溶性盐的测定主要分为两步：①水溶性盐的浸提。②测定浸出液中盐分的浓度。制备盐渍土水浸出液的水土比有多种，如 $1:1$、$2:1$、$5:1$、$10:1$ 和饱和土浆浸出液等。一般来讲，水土比例越大，分析操作越容易，但与作物生长的相关性越差。因此，为了研究盐分对作物生长的影响，最好在田间湿度情况下获得土壤浸出液；如果研究土壤中盐分的运动规律或某种改良措施对盐分变化的影响，则可用较大的水土比（$5:1$）浸提土壤水溶性盐。

浸出液中各种盐分的绝对含量和相对含量受水土比的影响很大，有些成分随水分的增加而增加，有些则相反。一般来讲，全盐量随水分的增加而增加。含石膏的土壤用 $5:1$ 的水土比浸提出来的 Ca^{2+} 和 SO_4^{2-} 量是用 $1:1$ 的水土比的 5 倍，这是因为水的增加使石膏的溶解量也增加。含 $CaCO_3$ 的盐碱土，水增加，Na^+ 和 HCO_3^- 的量也增加，Na^+ 的增加是因为 $CaCO_3$ 溶解，Ca^{2+} 把胶体上的 Na^+ 置换下来。$5:1$ 的水土比浸出液中的 Na^+ 比 $1:1$ 水土比浸出液中的多 2 倍。Cl^- 和 NO_3^- 差别不大。对碱化土壤来说，用高的水土比浸提对 Na^+ 的测定影响较大，故 $1:1$ 的土壤浸出液更适合用于碱土化学性质分析方面的研究。

水土比、振荡时间和浸提方式对盐分的溶出量都有一定的影响。实验证明，像 $Ca(HCO_3)_2$ 和 $CaSO_4$ 这样的中等溶性和难溶性盐，随着水土比的增大和浸泡时间的延长，溶出量逐渐增大，致使水溶性盐的分析结果产生误差。为了使各地分析资料便于交流比较，必须采用统一的水土比、振荡时间和提取方法，并在资料交流时加以说明。

我国普遍采用 $5:1$ 浸提法，在此重点介绍 $1:1$、$5:1$ 浸提法和饱和土浆浸提法，以便在不同情况下选择使用。

（一）主要仪器

主要仪器有布氏漏斗装置（图 9 - 1）或其他类似抽滤装置、平底漏斗、抽气装置、抽滤瓶等。

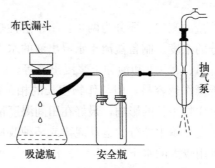

图 9 - 1　布氏漏斗装置

（二）试剂

$1 g \cdot L^{-1}$ 六偏磷酸钠溶液。称取 $(NaPO_3)_6 0.1 g$ 溶于 $100 L$ 蒸馏水中。

（三）操作步骤

1. 1 : 1 水土比浸出液的制备　称取通过 $1 mm$ 筛相当于 $100.0 g$ 烘干土的风干土，如风干土含水量为 3%，则称取 $103 g$ 风干土放入 $500 mL$ 的三角瓶中，加煮沸过冷却至室温的蒸馏水 $97 mL$，则水土比为 $1 : 1$。盖好瓶塞，在振荡机上振荡 $15 min$。

用直径为 $11 cm$ 的瓷漏斗和密实的滤纸过滤，倾倒土壤浸出液时应摇浑泥浆，在抽气的情况下缓缓倾入漏斗中心，当滤纸全部湿润并与漏斗底部紧密贴合时再继续倒入土液，这样可避免滤液浑浊，如果滤液出现浑浊应倒回漏斗，重新过滤或弃去浊液。如果过滤时间长，用薄玻璃片盖上以防水分蒸发。

将上清液收集在 $250 mL$ 细口瓶中，每 $250 mL$ 加 $1 g \cdot L^{-1}$ 六

偏磷酸钠 1 滴，储存在 4 ℃冰箱中备用。

2.5：1 水土比浸出液的制备 称取通过 1 mm 筛相当于 50.0 g 烘干土的风干土，放在 500 mL 的三角瓶中，加水 250 mL（如果土壤含水量为 3％，加水量应加以校正）[1][2]。

盖好瓶塞，在振荡机上振荡 3 min，或用手摇荡 3 min[3]，然后将布氏漏斗与抽气系统相连，铺上与漏斗直径大小一致的紧密滤纸，缓缓抽气，使滤纸与漏斗紧贴，先倒少量土液于漏斗中心，使滤纸湿润并完全贴在漏斗底部，再将悬浊土浆缓缓倒入，直至抽滤完毕。如果滤液开始浑浊应倒回重新过滤或弃去浊液。将清亮滤液收集备用[4]。

如果遇到碱性土壤、分散性很强或质地黏重的土壤，难以得到清亮滤液，最好用素陶瓷中孔（巴斯德）吸滤管减压过滤（图 9-2）[5]，或用改进的抽滤装置过滤（图 9-3）。如用巴氏滤管过滤应加大土液量，过滤时可将几个吸滤瓶连接在一起。

3. 饱和土浆浸出液的制备 本提取方法长期得不到广泛应用的主要原因是手工加水混合难以确定一个正确的饱和点，重现性差，特别是对于质地细和含钠量高的土壤，要确定一个正确的饱和点是比较困难的。现介绍一种比较容易掌握的加水混合法，操作步骤如下：称取风干土样（过 1 mm 筛）20.0～25.0 g，用毛管吸水饱和

---

① 水土比的大小直接影响土壤可溶性盐分的提取，因此提取的水土比不要随便更改，否则无法对比分析结果。

② 空气中的 CO_2 分压以及蒸馏水中溶解的 CO_2 都会影响碳酸钙、碳酸镁和硫酸钙的溶解度，相应地影响着水浸出液的盐分，因此，必须使用无 CO_2 的蒸馏水来提取样品。

③ 关于土壤可溶性盐分浸提（振荡）时间问题，实验证明，水土作用 2 min，即可使土壤中可溶性的氯化物、碳酸盐与硫酸盐等全部溶于水中，如果延长时间，将有中溶性盐和难溶性盐（硫酸钙和碳酸钙等）进入溶液。因此，建议采用振荡 3 min 立即过滤的方法，振荡和放置时间越长，可溶性盐的分析结果误差也越大。

④ 待测液不可在室温下放置过长时间（一般不得超过一天），否则会影响钙、镁、碳酸根和重碳酸根的测定。可以将滤液储存在 4 ℃条件下备用。

⑤ 对于难以过滤的碱化度高或质地黏重的土壤可用巴氏滤管抽滤。巴氏滤管用不同细度的陶瓷制成，其微孔大小分为 6 级，号数越大，微孔越小，土壤盐分过滤可用 G3 或 G4。也有的巴氏滤管微孔大小分为粗、中、细 3 级，土壤盐分过滤可用粗号或中号。

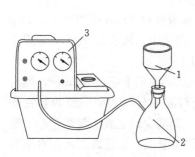

图 9-2 吸滤管减压过滤

1. 布氏漏斗 2. 吸滤瓶 3. 真空泵

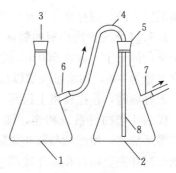

图 9-3 抽滤瓶

1. 抽滤瓶 1 2. 抽滤瓶 2 3. 橡皮塞 1
4. 抽滤管 5. 橡皮塞 2 6. 进样口 7. 出
样口 8. 导流管

法制成饱和土浆，放在 105～110 ℃烘箱中烘干、称重。计算饱和土浆含水量。

制备饱和土浆浸出液所需的土样质量与土壤质地有关。一般制备 25～30 mL 饱和土浆浸出液需要土样质量：壤质沙土 400～600 g，沙壤土 250～400 g，壤土 150～250 g，粉沙壤土和黏土 100～150 g，黏土 50～100 g。根据此标准，称取一定量的风干土样，放入一个带盖的塑料杯中，加入计算好的所需水量，充分混合成糊状，加盖防止蒸发。放在低温处过夜（14～16 h），次日再充分搅拌。将此饱和土浆 4 000 r·min^{-1}离心，提取土壤溶液，或移入预先铺有滤纸的砂芯漏斗或平瓷漏斗中（用密实的滤纸，先加少量泥浆湿润滤纸，抽气使滤纸紧贴在漏斗上，继续倒入泥浆），减压抽滤，将滤液收集在一个干净的瓶中，加塞塞紧，供分析用。浸出液的 pH、CO_3^{2-}、HCO_3^- 和电导率应当立即测定。其余的浸出液，每 25 mL 加 1 g·L^{-1}六偏磷酸钠 1 滴，以防在静置时产生 $CaCO_3$沉淀。塞紧瓶口，留待分析用。

三、土壤可溶性盐总量的测定

测定土壤可溶性盐总量有电导法和残渣洪干法。

电导法比较简便、方便、快速。残渣烘干法比较准确，但操作烦琐、费时。也可用阴阳离子总量相加的方法计算土壤可溶性盐总量。

（一）电导法[39]

1. 方法原理 土壤可溶性盐是强电解质，其水溶液具有导电作用。以测定电解质溶液的电导率为基础的分析方法，称为电导分析法。在一定浓度范围内，溶液的含盐量与电导率正相关。因此，土壤浸出液的电导率能反映土壤含盐量的高低，但不能反映混合盐的组成。如果土壤溶液中几种盐类彼此间的比值比较固定，则用电导率反映总盐分浓度的高低是相当准确的。土壤浸出液的电导率可用电导仪测定，并可直接用电导率的数值来表示土壤含盐量的高低。

将连接电源的两个电极插入土壤浸出液（电解质溶液），构成一个电导池。阴阳离子在电场作用下发生移动，并在电极上发生电化学反应而传递电子，因此电解质溶液具有导电作用。

根据欧姆定律，当温度一定时，电阻与电极间的距离（L）成正比，与电极的截面积（A）成反比。

$$R=\rho\frac{L}{A}$$

式中：R——电阻（Ω）；

ρ——电阻率。

当 $L=1\,m$、$A=1\,cm^2$ 时 $R=\rho$，此时测得的电阻为电阻率。

溶液的电导率是电阻的倒数，溶液的电阻率（EC）则是电阻率的倒数。

$$EC=\frac{1}{\rho}$$

电阻率的单位为 $S\cdot m^{-1}$（西·米$^{-1}$）。土壤溶液的电阻率一般小于 $1\,S\cdot m^{-1}$，因此常用 $dS\cdot m^{-1}$（分西·米$^{-1}$）表示。

两电极片间的距离和电极片的截面积难以精确测量，一般可用标准 KCl 溶液（其电导率在一定温度下是已知的）求电极常数。

$$\frac{KEC_{KCl}}{S_{KCl}}=K$$

K 为电极常数，EC_{KCl} 为标准 KCl 溶液（0.02 mol·L^{-1}）的电阻率（dS·m^{-1}），18 ℃时 EC_{KCl} 为 2.397 dS·m^{-1}，25 ℃时 EC_{KCl} 为 2.765 dS·m^{-1}。S_{KCl} 为同一电极在相同条件下实际测得的电导度。那么，待测液的电导度乘以电极常数就是待测液的电导率。

$$EC=KS$$

大多数电导仪有电极常数调节装置，可以直接读出待测液的电阻率，无须再考虑用电极常数进行计算。

2. 仪器

（1）电导仪。目前在科研、生产中应用较普遍的是 DDSJ-308 型电导仪。此外还有适用于野外工作的袖珍电导仪。

（2）电导电极。一般用上海雷磁仪器厂生产的 DJS-1C 型电导电极。这种电极使用前后应浸在蒸馏水内，以防止铂黑惰化。如果发现镀铂黑的电极失灵，可浸在 1∶9 的硝酸或盐酸溶液中 2 min，然后用蒸馏水冲洗再行测量。如情况无改善，则应重镀铂黑，将镀铂黑的电极浸入王水中，电解数分钟，每分钟改变电流方向一次，铂黑即溶解，铂片恢复光亮。用重铬酸钾、浓硫酸的温热混合溶液浸洗，使其彻底洁净，再用蒸馏水冲洗。将电极插入 100 mL 由 3 g 氯化铂和 0.02 g 醋酸铅配成的水溶液中，接在 1.5 V 的干电池上电解 10 min，5 min 改变电流方向 1 次，就可得到均匀的铂黑层，用水冲洗电极，不用时浸在蒸馏水中。

3. 试剂

（1）0.01 mol·L^{-1} 的氯化钾溶液。称取 0.745 6 g 干燥分析纯 KCl 溶于煮沸后冷却至室温的蒸馏水中，25 ℃条件下稀释至 1 L，储于塑料瓶中备用。这一参比标准溶液在 25 ℃时的电阻率是 1.412 dS·m^{-1}。

（2）0.02 mol·L^{-1} 的氯化钾溶液。称取 1.491 1 g KCl，同上法配成 1 L，则 25 ℃时的电阻率是 2.765 dS·m^{-1}。

4. 操作步骤 吸取土壤浸出液或水样 30~40 mL，放在 50 mL 的小烧杯中，如果土壤只用电导仪测定总盐量，可称取 4 g 风干土放在 25 mm×200 mm 的大试管中，加水 20 mL，盖紧橡皮塞，振荡 3 min，静置澄清后，不必过滤，直接测定。测量液体温度。如果测一批样品,应每隔 10 min 测一次液温,在 10 min 内所测样品可用前后两次液温的平均温度或者在 25 ℃恒温水浴中测定。将电极用待测液淋洗1~2 次(如待测液少或不易取出可用水冲洗,用滤纸吸干),再将电极插入待测液中,使铂片全部浸没在液面下,并尽量插在液体的中心部位。按电导仪说明书调节电导仪,测定待测液的电导度(S),记下读数。每个样品应重读 2~3 次,以防出现误差。测定流程见图 9-4。

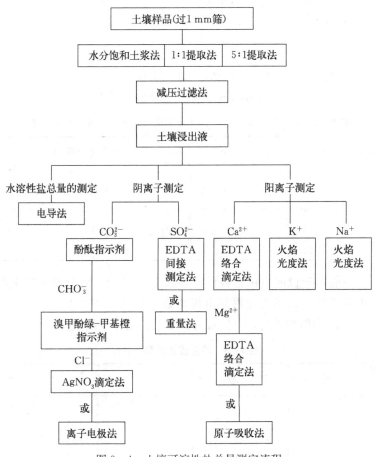

图 9-4 土壤可溶性盐总量测定流程

测定一个样品后及时用蒸馏水冲洗电极，如果电极上附着有水滴，可用滤纸吸干，以备测下一个样品继续使用。

5. 结果计算

（1）土壤浸出液的电导率 EC_{25}＝电导度（S）×温度校正系数（f_t）×电极常数（K）。

电极常数 K 的测定。电极的铂片面积与距离不一定是标准的，因此必须测定电极常数 K。测定方法：用电导电极来测定已知电导率的 KCl 标准溶液的电导度，即可算出电极常数 K。不同温度时 KCl 标准溶液的电导率如表 9-4 所示。

$$K=\frac{EC}{S}$$

式中：EC——KCl 标准溶液的电导率；

S——测得的 KCl 标准溶液的电导度。

表 9-4　0.020 00 mol·L^{-1}KCl 标准溶液在不同温度下的电导度

温度/℃	电导度	温度/℃	电导度	温度/℃	电导度	温度/℃	电导度
11	2.043	16	2.294	21	2.553	26	2.819
12	2.093	17	2.345	22	2.606	27	2.873
13	2.142	18	2.397	23	2.659	28	2.927
14	2.193	19	2.449	24	2.712	29	2.981
15	2.243	20	2.501	25	2.765	30	3.036

一般电导仪的电极常数值已在仪器上补偿，故只要乘以温度校正系数即可，不需要再乘电极常数。温度校正系数（f_t）可查表 9-5。粗略校正时，可按每升高 1℃、电导度约增加 2% 计算。

表 9-5　温度校正系数（f_t）

温度/℃	校正系数	温度/℃	校正系数	温度/℃	校正系数	温度/℃	校正系数
3.0	1.709	20.0	1.112	25.0	1.000	30.0	0.907
4.0	1.660	20.2	1.107	25.2	0.996	30.2	0.904
5.0	1.663	20.4	1.102	25.4	0.992	30.4	0.901
6.0	1.569	20.6	1.097	25.6	0.988	30.6	0.897

（续）

温度/℃	校正系数	温度/℃	校正系数	温度/℃	校正系数	温度/℃	校正系数
7.0	1.528	20.8	1.092	25.8	0.983	30.8	0.894
8.0	1.488	21.0	1.087	26.0	0.979	31.0	0.890
9.0	1.448	21.2	1.082	26.2	0.975	31.2	0.887
10.0	1.411	21.4	1.078	26.4	0.971	31.4	0.884
11.0	1.375	21.6	1.073	26.6	0.967	31.6	0.880
12.0	1.341	21.8	1.068	26.8	0.964	31.8	0.877
13.0	1.309	22.0	1.064	27.0	0.960	32.0	0.873
14.0	1.277	22.2	1.060	27.2	0.956	32.2	0.870
15.0	1.247	22.4	1.055	27.4	0.953	32.4	0.867
16.0	1.218	22.6	1.051	27.6	0.950	32.6	0.864
17.0	1.189	22.8	1.047	27.8	0.947	32.8	0.861
18.0	1.163	23.0	1.043	28.0	0.943	33.0	0.858
18.2	1.157	23.2	1.038	28.2	0.940	34.0	0.843
18.4	1.152	23.4	1.034	28.4	0.936	35.0	0.829
18.6	1.147	23.6	1.029	28.6	0.932	36.0	0.815
18.8	1.142	23.8	1.025	28.8	0.929	37.0	0.801
19.0	1.136	24.0	1.020	29.0	0.925	38.0	0.788
19.2	1.131	24.2	1.016	29.2	0.921	39.0	0.775
19.4	1.127	24.4	1.012	29.4	0.918	40.0	0.763
19.6	1.122	24.6	1.008	29.6	0.914	41.0	0.750
19.8	1.117	24.8	1.004	29.8	0.911		

当溶液温度在 17～35 ℃时，液温与标准液温 25 ℃每差 1 ℃，则电导率约增减 2%，所以 EC_{25} 也可按下式直接算：

$$EC_t = S_t \times K$$

$$EC_{25} = EC_t - (t-25) \times 2\% \times EC_t =$$

$$EC_t [1 - (t-25) \times 2\%] = KS_t [1 - (t-25) \times 2\%]$$

（2）标准曲线法（或回归法）计算土壤全盐量。根据土壤含盐量与电导率的相关曲线或回归方程查算土壤全盐量（% 或 $g \cdot kg^{-1}$）。

标准曲线的绘制：溶液的电导度不仅与溶液中盐分的浓度有关，还受盐分组成的影响。因此要使电导度的数值符合土壤溶液中盐分的浓度，那就必须预先取所测地区盐分的不同浓度的代表性土样若干个（如 20 个或更多一些），用残渣烘干法测得土壤水溶性盐总量（％），再以电导法测其土壤溶液的电导度，换算成电导率（EC_{25}），在方格坐标纸上，以电导率为纵坐标，以土壤水溶性盐总量（％）为横坐标，划出各个散点，根据有关点作出曲线，或者求出回归方程[①]。

有了这条曲线或方程就可以把同一地区的土壤溶液盐分用同一型号的电导仪测得其电导度，换算成电导率，查出土壤水溶性盐总量（％）。

（3）直接用土壤浸出液的电导率来表示土壤水溶性盐总量。目前国内多采用 5 ∶ 1 水土比的浸出液做电导率的测定，不少单位正在进行浸出液的电导率与土壤盐渍化程度及作物生长关系的指标研究和曲线拟定。

美国用水饱和的土浆浸出液的电导率来估计土壤全盐量，其结果较接近田间情况，并已有明确的应用指标（表 9-6）。

表 9-6　土壤饱和浸出液的电导率与盐分和作物生长的关系

饱和浸出液 $EC_{25}/(dS \cdot m^{-1})$	盐分/ $(g \cdot kg^{-1})$	盐渍化程度	作物反应
0~2	<1.0	非盐渍化土壤	不受影响
2~4	1.0~3.0	盐渍化土壤	对盐分极敏感的作物产量可能受到影响
4~8	3.0~5.0	中度盐土	对盐分敏感的作物产量受到影响，但耐盐作物（苜蓿、棉花、甜菜、高粱、谷子）受影响不大
8~16	5.0~10.0	重盐土	只有耐盐作物有收成，但影响种子发芽，而且出现缺苗，严重影响产量
≥16	≥10.0	极重盐土	只有极少数耐盐作物能生长，如牧草、灌木、乔木等

　① 许多研究者发现盐的含量与溶液电导率不是简单的直线关系，若以盐含量对应电导率的对数值作图或进行回归统计，可以取得更理想的线性效果。

（二）残渣烘干——质量法[6]

1. 方法原理　吸取一定量的土壤浸出液放在瓷蒸发皿中，水浴蒸干，用过氧化氢氧化有机质，然后在 105～110 ℃烘箱中烘干，称重，即得烘干残渣质量。

2. 试剂　150 g·L^{-1}过氧化氢溶液。

3. 操作步骤　吸收 5∶1 土壤浸出液或水样 20～50 mL（根据盐分取样，一般应使盐分重量在 0.02～0.20 g）[①]放在 100 mL 已知烘干质量的瓷蒸发皿内，水浴蒸干，不必取下蒸发皿，用滴管沿蒸发皿四周加 150 g·L^{-1}过氧化氢溶液，使残渣湿润，继续蒸干，如此反复用过氧化氢处理，使有机质完全氧化，此时干残渣全为白色[②]，蒸干后把残渣和蒸发皿放在 105～110 ℃烘箱中烘干 1～2 h，取出冷却，用分析天平称重，记下质量。将蒸发皿和残渣再次烘干 0.5 h，取出放在干燥器中冷却。前后两次质量之差不得大于 1 mg[③]。

4. 结果计算

$$土壤水溶性盐总量（g·kg^{-1}）=\frac{m_1}{m_2}\times 1\ 000$$

式中：m_1——烘干残渣的质量（g）；

　　　m_2——烘干土样的质量（g）；

　　　1 000——g·g^{-1}换算为 g·kg^{-1}的系数。

（三）用阳离子和阴离子总量计算土壤或水样中的总盐量

土壤水溶性盐总量（g·kg^{-1}）等于 8 种离子的质量分数

---

①　吸取待测液的量应根据盐分的多少确定，如果含盐量＞5.0 g·kg^{-1}，则吸取 25 mL；如果含盐量＜5.0 g·kg^{-1}，则吸取 50 mL 或 100 mL，保持盐分量在 0.02～0.20 g。

②　加过氧化氢去除有机质时，使残渣湿润即可，这样可以避免过氧化氢分解时泡沫过多，使盐分溅失，因而必须少量多次地反复处理，直至残渣完全变白。但溶液中有铁存在而出现黄色氧化铁时，不可误认为是有机质的颜色。

③　由于盐分（特别是镁盐）在空气中容易吸水，故应在相同的时间和条件下冷却称重。

$(g \cdot kg^{-1})$之和。

四、土壤中阳离子的测定

土壤水溶性盐中的阳离子包括 Ca^{2+}、Mg^{2+}、K^+、Na^+。目前 Ca^{2+} 和 Mg^{2+} 的测定普遍应用的是 EDTA 滴定法，它可不经分离而同时测定 Ca^{2+}、Mg^{2+} 含量，符合准确和快速分析的要求。近年来广泛应用的原子吸收光谱法也是测定 Ca^{2+}、Mg^{2+} 的好方法。K^+、Na^+ 的测定目前普遍使用火焰光度法。

（一）钙和镁的测定——EDTA 滴定法

1. 方法原理　EDTA 能与许多金属离子 Mn^{2+}、Cu^{2+}、Zn^{2+}、Ni^{2+}、Co^{2+}、Ba^{2+}、Sr^{2+}、Ca^{2+}、Mg^{2+}、Fe^{2+}、Al^{3+} 等配合反应，形成微离解的无色稳定性配合物。

但在土壤水溶液中除 Ca^{2+} 和 Mg^{2+} 外，能与 EDTA 配合的其他金属离子极少，可不考虑。因而可用 EDTA 在 pH 为 10 时直接测定 Ca^{2+} 和 Mg^{2+} 的量。

干扰离子加掩蔽剂消除，待测液中锰、铁、铝等金属含量高时，可加三乙醇胺掩蔽。1∶5 的三乙醇胺溶液 2 mL 能掩蔽 5～10 mg铁、10 mg 铝、4 mg 锰。

当待测液中含有大量 CO_3^{2-} 或 HCO_3^- 时，应预先酸化，加热除去 CO_2，否则用 NaOH 溶液调节待测溶液 pH 至 12 以上时会有 $CaCO_3$沉淀形成，用 EDTA 滴定时，由于 $CaCO_3$ 逐渐离解而使滴定终点拖长。

单独测定钙时，如果待测液含 Mg^{2+} 超过 Ca^{2+} 的 5 倍，用 EDTA滴定 Ca^{2+} 时应先稍加过量的 EDTA，使 Ca^{2+} 先和 EDTA 配合，防止碱化形成的 Mg $(OH)_2$ 沉淀被吸附。最后再用 $CaCl_2$ 标准溶液回滴过量的 EDTA。

单独测定钙时，使用的指示剂有紫脲酸铵、钙指示剂（NN）或酸性铬蓝 K 等。测定钙、镁含量时使用的指示剂有铬黑 T、酸性铬蓝 K 等。

2. 主要仪器 磁性搅拌器、10 mL 半微量滴定管。

3. 试剂

（1）4 mol·L^{-1}氢氧化钠。溶解氢氧化钠 40 g 于水中，稀释至 250 mL，储于塑料瓶中，备用。

（2）铬黑 T 指示剂。溶解铬黑 T 0.2 g 于 50 mL 甲醇中，储于棕色瓶中备用，此液每月配制 1 次，或者溶解铬黑 T 0.2 g 于 50 mL 二乙醇胺中，储于棕色瓶中。这样配制的溶液比较稳定，可用数月。或者称铬黑 T 0.5 g 与 100 g 干燥分析纯 NaCl 共同研细，储于棕色瓶中，用毕即刻盖好，可长期使用。

（3）酸性铬蓝 K - 萘酚绿 B 混合指示剂（K - B 指示剂）。称取 0.5 g 酸性铬蓝 K 和 1 g 萘酚绿 B 与 100 g 干燥分析纯 NaCl 共同研磨成细粉，储于棕色瓶或塑料瓶中，用毕即刻盖好。可长期使用。或者称取酸性铬蓝 K 0.1 g、萘酚绿 B 0.2 g，溶于 50 mL 水中备用，此液每月配制 1 次。

（4）浓 HCl（化学纯，$\rho=1.19$ g·mL^{-1}）。

（5）1∶1HCl。取 1 份盐酸加 1 份水。

（6）pH 为 10 的缓冲溶液。称取氯化铵（化学纯）67.5 g 溶于无 CO$_2$ 的水中，加入新开瓶的浓氨水（化学纯，$\rho=0.9$ g·mL^{-1}，含氨 25%）570 mL，用水稀释至 1 L，储于塑料瓶中，并注意防止吸收空气中的 CO$_2$。

（7）0.01 mol·mL^{-1}钙标准溶液。准确称取在 105 ℃ 条件下烘 4～6 h 的分析纯 CaCO$_3$0.500 4 g 溶于 25 mL 0.5 mol·mL^{-1} HCl，煮沸除去 CO$_2$，用无 CO$_2$ 蒸馏水洗入 500 mL 容量瓶，并稀释至刻度。

（8）0.01 mol·mL^{-1} EDTA 标准溶液。取 EDTA 二钠盐 3.720 g 溶于无 CO$_2$ 的蒸馏水中，微热溶解，冷却后定容至 1 000 mL。用标准 Ca^{2+}溶液标定，储于塑料瓶中，备用。

4. 操作步骤

（1）钙的测定。吸取土壤浸出液或水样 10～20 mL（含钙

0.02~0.20 mol）放在 150 mL 烧杯中，加 1：1 HCl 两滴，加热 1 min，除去 CO_2，冷却，将烧杯放在磁搅拌器上，杯下垫一张白纸，以便观察颜色变化。向此溶液中加 3 滴 4 mol·mL^{-1} 的氢氧化钠溶液中和 HCl，然后每 5 mL 待测液再加 1 滴氢氧化钠溶液和适量 K‑B 指示剂，搅动以使 Mg（OH）$_2$ 沉淀。

用 EDTA 标准溶液滴定，其终点为由紫红色变为蓝绿色。接近终点时，应放慢滴定速度，5~10 s 加 1 滴。如果无磁性搅拌器应充分搅动，谨防滴定过量，否则将会得不到准确终点。记下 EDTA 用量（V_1）。

（2）钙、镁含量的测定。吸取土壤浸出液或水样 1~20 mL（每份含钙和镁 0.01~0.10 mol）放在 150 mL 的烧杯中，加 2 滴 1：1HCl 摇动，加热煮沸 1 min，除去 CO_2，冷却。加 3.5 mL pH 为 10 的缓冲液，加 1~2 滴铬黑 T 指示剂，用 EDTA 标准溶液滴定，终点颜色由深红色变为天蓝色，如加 K‑B 指示剂则终点颜色由紫红色变为蓝绿色，记录消耗 EDTA 的量（V_2）。

5. 结果计算

$$土壤水溶性钙（1/2Ca^{2+}）含量（cmol·kg^{-1}）=$$
$$\frac{c（EDTA）\times V_1 \times 2 \times ts}{m}\times 100$$

$$土壤水溶性钙（Ca^{2+}）含量（g·kg^{-1}）=$$
$$\frac{c（EDTA）\times V_1 \times ts \times 0.040}{m}\times 1\,000$$

$$土壤水溶性镁（1/2Mg^{2+}）含量（cmol·kg^{-1}）=$$
$$\frac{c（EDTA）\times（V_2-V_1）\times 2 \times ts}{m}\times 100$$

$$土壤水溶性镁（Mg^{2+}）含量（g·kg^{-1}）=$$
$$\frac{c（EDTA）\times（V_2-V_1）\times ts \times 0.024\,4}{m}\times 1\,000$$

式中：V_1——滴定 Ca^{2+} 时所用 EDTA 的体积（mL）；

V_2——滴定时 Ca^{2+}、Mg^{2+} 时所用 EDTA 的体积（mL）；

c（EDTA）——EDTA 标准溶液的浓度（mol·mL^{-1}）；

　　ts——分取倍数；

　　m——烘干土壤样品的质量（g）；

　　100——mol·kg^{-1}转换为 cmol·kg^{-1}的系数；

　　1 000——g·g^{-1}转换为 g·kg^{-1}的系数。

（二）钙和镁的测定——原子吸收分光光度法

1. 主要仪器　原子吸收分光光度计（附 Ca、Mg 空心阴极灯）。

2. 试剂

（1）50 g·L^{-1}LaCl$_3$·7H$_2$O 溶液。称 13.40 g LaCl$_3$·7H$_2$O 溶于 100 mL 水中，此为 50 g·L^{-1}镧溶液。

（2）100 μg·mL^{-1}钙标准溶液。称取 CaCO$_3$（分析纯，110 ℃烘 4 h）溶于 1 mol·L^{-1}HCl，煮沸赶去 CO$_2$，用水洗入 1 000 mL 容量瓶，定容。此溶液 Ca^{2+}浓度为 1 000 μg·mL^{-1}，再稀释成 100 μg·mL^{-1}钙标准溶液。

（3）25 μg·mL^{-1}镁标准溶液。称金属镁（化学纯）0.100 0 g 溶于少量 6 mol·L^{-1}HCl 溶剂，用水洗入 1 000 mL 容量瓶，此溶液 Mg^{2+}浓度为 100 μg·mL^{-1}，再稀释成 250μg·mL^{-1}镁标准溶液。

将以上两种标准溶液配制成钙、镁混合标准溶液，含 Ca^{2+} 0～20 μg·mL^{-1}、Mg^{2+} 0.0～1.0 μg·mL^{-1}，最后应含有与待测液相同浓度的 HCl 和 LaCl$_3$。

3. 操作步骤　吸取一定量的土壤浸出液于 50 mL 量瓶中，加 50 g·L^{-1}LaCl$_3$溶液 5 mL，定容。在选定工作条件的原子吸收分光光度计上分别在 422.7 nm（钙）及 285.2 nm（镁）波长处测定。可用自动进样系统或手动进样系统，读取记录标准溶液和待测液的结果。并在标准曲线上查出（或用回归法求出）待测液的测定结果。在批量测定中，应按照一定时间间隔用标准溶液校正仪器，以保证测定结果的正确性。

4. 结果计算

土壤水溶性钙含量（1/2Ca^{2+}，g·kg^{-1}）＝ρ（Ca^{2+}）×50×ts×10^3/m

土壤水溶性钙含量（$1/2Ca^{2+}$，$cmol \cdot kg^{-1}$）＝Ca^{2+}含量（$g \cdot kg^{-1}$）/0.020

土壤水溶性镁含量（$1/2Mg^{2+}$，$g \cdot kg^{-1}$）＝ρ（Mg^{2+}）×50× $ts×10^{-3}/m$

土壤水溶性镁含量（$1/2Mg^{2+}$，$cmol \cdot kg^{-1}$）＝Mg^{2+}（$g \cdot kg^{-1}$）/0.012 2

式中：ρ（Ca^{2+}）或ρ（Mg^{2+}）——钙或镁的质量浓度（$\mu g \cdot mL^{-1}$）；

ts——分取倍数；

50——待测液体积（mL）；

0.020 和 0.012 2——1/2 Ca^{2+} 和 1/2 Mg^{2+} 的摩尔质量（$kg \cdot mol^{-1}$）；

m——土壤样品的质量（g）；

10^{-3}——μg 转换为 g 的系数。

（三）钾和钠的测定——火焰光度法

1. 方法原理 钾、钠元素通过火焰燃烧容易激发而放出不同能量的谱线，用火焰光度计测出来，以确定土壤溶液中的钾、钠含量。为抵销钾、钠二者的相互干扰，可把钾、钠配成混合标准溶液，而待测液中的钙对钾干扰不大，但对钠影响较大。当钙达 $400 mg \cdot kg^{-1}$时对钾测定无影响，而钙在 $20 mg \cdot kg^{-1}$ 时对钠就有干扰，可用 $Al_2(SO_4)_3$ 抑制钙的激发减少干扰，Fe^{3+} 为 $200 mg \cdot kg^{-1}$、Mg^{2+} 为 $500 mg \cdot kg^{-1}$时对钾、钠测定皆无干扰，在一般情况下（特别是水浸出液）上述元素均未达到此限度。

2. 仪器 火焰光度计。

3. 试剂

（1）$0.1 mol \cdot L^{-1}1/6 Al_2(SO_4)_3$ 溶液。称取 $Al_2(SO_4)_3$ 34 g 或 $Al_2(SO_4)_3 \cdot 18H_2O$ 66 g 溶于水中，稀释至 1 L。

（2）钾标准溶液。称取 1.906 9 g 105 ℃烘干 4～6 h 的分析纯 KCl 溶于水中，定容至 1 000 mL，则含钾量为 $1 000 \mu g \cdot mL^{-1}$，吸取

此液 100 mL，定容至 1 000 mL，则得 100 μg·mL^{-1} 钾标准溶液。

（3）钠标准溶液。称取 2.542 g 105 ℃烘干 4～6 h 的分析纯 NaCl 溶于水中，定容至 1 000 mL，则含钠量为 1 000 μg·mL^{-1}，吸取此液 250 mL，定容至 1 000 mL，则得 250 μg·mL^{-1} 钠标准溶液。

将钾、钠标准溶液按照需要可配成不同浓度和比例的混合标准溶液（如将 100 μg·mL^{-1} 钾标准溶液和 250 μg·mL^{-1} 钠标准溶液等量混合则得 50 μg·mL^{-1} 钾和 125 μg·mL^{-1} 钠的混合标准溶液），储存在塑料瓶中备用。

4. 操作步骤 吸取土壤浸出液 10～20 mL，放在 50 mL 量瓶中，加 Al$_2$(SO$_4$)$_3$ 溶液 1 mL，定容。然后在火焰光度计上测定（每测一个样品都要用水或被测液充分吸洗喷雾系统），记录检流计读数，在标准曲线上查出它们的浓度，也可利用带有回归功能的计算器算出待测液的浓度。

标准曲线的制作。吸取钾、钠混合标准溶液 0 mL、2 mL、4 mL、6 mL、8 mL、10 mL、12 mL、16 mL、20 mL，分别移入 9 个 50 mL 的量瓶中，加 Al$_2$(SO$_4$)$_3$ 1 mL，定容，则分别含钾 0 μg·mL^{-1}、2 μg·mL^{-1}、4 μg·mL^{-1}、6 μg·mL^{-1}、8 μg·mL^{-1}、10 μg·mL^{-1}、12 μg·mL^{-1}、16 μg·mL^{-1}、20 μg·mL^{-1} 和含钠 0 μg·mL^{-1}、5 μg·mL^{-1}、10 μg·mL^{-1}、15 μg·mL^{-1}、20 μg·mL^{-1}、25 μg·mL^{-1}、30 μg·mL^{-1}、40 μg·mL^{-1}、50 μg·mL^{-1}。

用上述系列标准溶液，在火焰光度计上用各自的滤光片分别测出钾和钠在检流计上的读数。以检流计读数为纵坐标，在直角坐标纸上绘出钾、钠的标准曲线，或输入带有回归功能的计算器，获得回归方程。

5. 结果计算

土壤水溶性 K$^+$、Na$^+$ 含量（g·kg^{-1}）$=\rho \times 50 \times ts \times 10^{-3}/m$

式中：ρ——钾或钠的质量浓度（μg·mL^{-1}）；

$\quad\quad ts$——分取倍数；

$\quad\quad$50——待测液体积（mL）；

m——土壤样品的质量（g）；

10^{-3}——μg 转换为 g 的系数。

五、土壤中阴离子的测定

在盐土分类中，常根据阴离子的种类和含量进行划分，所以在盐土的化学分析中，须进行阴离子的测定。在阴离子分析中除 SO_4^{2-} 外，多采用半微量滴定法。SO_4^{2-} 测定的标准方法是 $BaSO_4$ 重量法，但常用的是比浊法，或半微量 EDTA 间接配合滴定法或差减法。

（一）碳酸根和重碳酸根的测定——双指示剂-中和滴定法

在盐土中常有大量 HCO_3^-，而在盐碱土或碱土中不仅有 HCO_3^-，还有 CO_3^{2-}。盐碱土或碱土中的 OH^- 很少，但在地下水或受污染的河水中有 OH^- 的存在。

在盐土或盐碱土中由于淋洗作用而使 Ca^{2+} 或 Mg^{2+} 在土壤下层形成 $CaCO_3$ 和 $MgCO_3$ 或 $CaSO_4 \cdot 2H_2O$ 和 $MgSO_4 \cdot H_2O$ 沉淀，致使土壤上层 Ca^{2+}、Mg^{2+} 减少，$Na^+ : (Ca^{2+} + Mg^{2+})$ 增大，土壤胶体对 Na^+ 的吸附增加，这样就会导致碱土的形成，同时土壤中就会出现 CO_3^{2-}。这是因为土壤胶体吸附的钠水解形成 NaOH，而 NaOH 又吸收土壤空气中的 CO_2 形成 Na_2CO_3。因而 CO_3^{2-} 和 HCO_3^- 是盐碱土或碱土中的主要成分。

$$土壤 Na^+ + H_2O \Longleftrightarrow 土壤 H^+ + NaOH$$
$$2NaOH + CO_2 \longrightarrow Na_2CO_3 + H_2O$$
$$Na_2CO_3 + CO_2 + H_2O \Longleftrightarrow 2NaHCO_3$$

1. 方法原理　土壤水浸出液的碱度主要取决于碱金属和碱土金属的碳酸盐及重碳酸盐。溶液中同时存在碳酸根和碳酸氢根时，可以应用双指示剂进行滴定。

$Na_2CO_3 + HCl = NaHCO_3 + NaCl$（pH=8.3 为酚酞终点）

$Na_2CO_3 + 2HCl = 2NaCl + CO_2 + H_2O$（pH=4.1 为溴酚蓝终点）

　　由标准酸的两步用量可分别求得土壤中 CO_3^{2-} 和 HCO_3^- 的含量。滴定时标准酸如果采用 H_2SO_4，则滴定后的溶液可以继续测定 Cl^- 的含量。质地黏重、碱度较高或有机质含量高的土壤，溶液会带有黄棕色，终点很难确定，可采用电位滴定法（即采用电位指示滴定终点）。

2. 试剂

　　（1）$5 g \cdot L^{-1}$ 酚酞指示剂。称取酚酞指示剂 $0.5 g$，溶于 $100 mL$ $600 mL \cdot L^{-1}$ 的乙醇中。

　　（2）$1 g \cdot L^{-1}$ 溴酚蓝（bromophenol blue）指示剂。称取溴酚蓝 $0.1 g$，在少量 $950 mL \cdot L^{-1}$ 的乙醇中研磨溶解，然后用乙醇稀释至 $100 mL$。

　　（3）$0.01 mol \cdot L^{-1}$ $1/2 H_2SO_4$ 标准溶液。量取浓 H_2SO_4（$\rho = 1.84 g \cdot mL^{-1}$）$2.8 mL$ 加水至 $1 L$，将此溶液再稀释 10 倍，再用标准硼砂标定其准确浓度。

3. 操作步骤　　吸取两份 $10 \sim 20 mL$ 水土比为 $5 : 1$ 的土壤浸出液，放入 $100 mL$ 的烧杯中。

　　把烧杯放在磁性搅拌器上开始搅拌，或用其他方式搅拌，加酚酞指示剂 $1 \sim 2$ 滴（每 $10 mL$ 加指示剂 1 滴），如果有紫红色出现，即表示有碳酸盐存在，用 H_2SO_4 标准溶液滴定至浅红色开始消失即为终点，记录所用 H_2SO_4 溶液的体积（V_1）。

　　向溶液中再加溴酚蓝指示剂 $1 \sim 2$ 滴（每 $5 mL$ 加指示剂 1 滴），在搅拌过程中继续用标准 H_2SO_4 溶液滴定至蓝紫色刚褪去为终点，记录加溴酚蓝指示剂后所用 H_2SO_4 标准溶液的体积（V_2）。

4. 结果计算

$$土壤中水溶性 1/2 CO_3^{2-} \text{的质量摩尔浓度}(cmol \cdot kg^{-1}) = \frac{2V_1 \times c \times ts}{m} \times 100$$

$$土壤中水溶性 CO_3^{2-} \text{的质量浓度}（g \cdot kg^{-1}）=$$
$$CO_3^{2-} \text{的质量摩尔浓度}（cmol \cdot kg^{-1}）\times 0.030 0$$

　　式中：c——标准 $1/2 H_2SO_4$ 标准溶液的浓度；

　　　　　ts——分取倍数；

m——风干土样的质量（g）；

100——mol 换算为 cmol 的系数。

（二）氯离子的测定（硝酸银滴定法）

土壤中普遍含有 Cl$^-$，Cl$^-$ 的来源有许多，但在盐碱土中它的来源主要是含氯矿物的风化、地下水的供给、海水浸漫等。由于 Cl$^-$ 在盐土中的含量很高，有时高达水溶性盐总量的 80%，所以常被用来表示盐土的盐化程度，作为盐土分类和改良的主要参考指标。因而盐土分析中 Cl$^-$ 是必须测定的项目之一，甚至有些情况下只测定 Cl$^-$ 就可以判断盐化程度。

以二苯卡巴肼为指示剂的硝酸汞滴定法和以 K$_2$CrO$_4$ 为指示剂的硝酸银滴定法（莫尔法），都是测定 Cl$^-$ 的好方法。前者滴定终点明显，灵敏度较高，但需调节溶液酸度，步骤较烦琐。后者应用较广，方法简便快速，滴定在中性或微酸性介质中进行，尤其适用于盐渍化土壤中 Cl$^-$ 的测定，待测液如有颜色可用电位滴定法。Cl$^-$ 选择性电极法也被广泛使用。

1. 方法原理 用 AgNO$_3$ 标准溶液滴定 Cl$^-$ 以 K$_2$CrO$_4$ 为指示剂，其反应如下：

$$Cl^- + Ag^+ \longrightarrow AgCl \downarrow （白色）$$
$$CrO_4^{2-} + 2Ag^+ \longrightarrow Ag_2CrO_4 \downarrow （棕红色）$$

AgCl 和 Ag$_2$CrO$_4$ 虽然都是沉淀，但在室温条件下，AgCl 的溶解度（1.5×10^{-3} g·L^{-1}）比 Ag$_2$CrO$_4$ 的溶解度（2.5×10^{-3} g·L^{-1}）低，所以当向溶液中加入 AgNO$_3$ 时，Cl$^-$ 首先与 Ag$^+$ 作用形成白色 AgCl 沉淀，溶液中 Cl$^-$ 全被 Ag$^+$ 沉淀后，则 Ag$^+$ 就与 K$_2$CrO$_4$ 指示剂起作用，形成棕红色 Ag$_2$CrO$_4$ 沉淀，此时即达终点。

用 AgNO$_3$ 滴定 Cl$^-$ 应在中性溶液中进行，因为在酸性环境中会发生如下反应：

$$CrO_4^{2-} + H^+ \longrightarrow HCrO_4^-$$

因而降低了 K$_2$CrO$_4$ 指示剂的灵敏性，如果在碱性环境中则发生如下反应：

$$Ag^+ + OH^- \longrightarrow AgOH\downarrow$$

而 AgOH 饱和溶液中的 Ag^+ 浓度比 Ag_2CrO_4 饱和液中的小，所以 AgOH 将先于 Ag_2CrO_4 沉淀出来，因此，虽达 Cl^- 的滴定终点但无棕红色沉淀出现，这样就会影响 Cl^- 的测定。所以用测定 CO_3^{2-} 和 HCO_3^- 以后的溶液进行 Cl^- 的测定比较合适。在黄色光下滴定，终点更易辨别。

如果从苏打盐土中得到的浸出液颜色发暗不易辨别终点颜色变化，用电位滴定法进行测定。

2. 试剂

（1）$50\ g \cdot L^{-1}$ 铬酸钾指示剂。溶解 $5\ g\ K_2CrO_4$ 于约 $75\ mL$ 水中，滴加饱和的 $AgNO_3$ 溶液，直到出现棕红色 Ag_2CrO_4 沉淀为止，再避光放置 $24\ h$，倾清或过滤除去 Ag_2CrO_4 沉淀，将半清液稀释至 $100\ mL$，储存在棕红瓶中，备用。

（2）$0.025\ mol \cdot L^{-1}$ 硝酸银标准溶液。将 $105\ ℃$ 烘干的 $AgNO_3$ $4.246\ 8\ g$ 溶解于水中，稀释至 $1\ L$。必要时用 $0.01\ mol \cdot L^{-1}\ KCl$ 溶液标定其准确浓度。

3. 操作步骤　用滴定碳酸盐和重碳酸盐以后的溶液继续滴定 Cl^-。如果不用这个溶液，可另取两份新的土壤浸出液，用饱和 NaHCO$_3$ 溶液或 $0.05\ mol \cdot L^{-1}\ H_2SO_4$ 溶液调至酚酞指示剂红色褪去。

每 $5\ mL$ 溶液加 K_2CrO_4 指示剂 1 滴，在磁性搅拌器上，用 $AgNO_3$ 标准溶液滴定。无磁性搅拌器时，滴加 $AgNO_3$ 时应随时搅拌或摇动，直到出现棕红色沉淀且不再消失为止。

4. 结果计算

土壤中水溶性 Cl^- 的质量摩尔浓度（$cmol \cdot kg^{-1}$）$= \dfrac{V \times c \times ts}{m} \times 100$

$$土壤中水溶性\ Cl^-\ 的质量浓度（g \cdot kg^{-1}）=$$
$$Cl^-\ 的质量摩尔浓度 \times 0.035\ 45$$

式中：V——消耗的 $AgNO_3$ 标准溶液的体积（mL）；

c——$AgNO_3$ 物质的量浓度（$mol \cdot L^{-1}$）；

ts——分取倍数；

m——烘干土样的质量（g）；

0.035 45——Cl^- 的摩尔质量（$kg \cdot mol^{-1}$）；

100——mol 转换成 cmol 的系数。

（三）硫酸根的测定

在干旱地区的盐土中易溶性盐往往以硫酸盐为主。硫酸根分析是水溶性盐分析中难度较高的测定项目。经典方法是硫酸钡沉淀重量法，但由于步骤烦琐而妨碍了它的广泛使用。近几十年来，随着滴定方法的发展，特别是 EDTA 滴定方法的出现，硫酸钡重量法有被取代之势。硫酸钡比浊法测定 SO_4^{2-} 虽然快速、方便，但受沉淀条件的影响，测定结果准确性较差。硫酸-联苯胺比浊法虽然精度差，但在野外快速测定硫酸根还是比较方便的。用铬酸钡测定 SO_4^{2-}，可以用硫代硫酸钠滴定法，也可以用 CrO_4^{2-} 比色法，前者比较麻烦，后者较快速，但精确度较差，四羟基醌（二钠盐）可以快速测定 SO_4^{2-}，四羟基醌（二钠盐）是一种 Ba^{2+} 的指示剂，在一定条件下，四羟基醌与溶液中的 Ba^{2+} 形成红色络合物，所以可以用 $BaCl_2$ 滴定来测定 SO_4^{2-}。

下面介绍 EDTA 间接络合滴定法和 $BaSO_4$ 比浊法。

1. EDTA 间接络合滴定法

（1）方法原理。用过量 $BaCl_2$ 将溶液中的 SO_4^{2-} 完全沉淀。为了防止 $BaCO_3$ 沉淀的产生，在加入 $BaCl_2$ 溶液之前，待测液必须酸化，同时加热至沸以赶出 CO_2，趁热加入 $BaCl_2$ 溶液以促进 $BaSO_4$ 沉淀，形成较大颗粒。

在 pH 为 10 时，以铬黑 T 为指示剂，用 EDTA 标准溶液滴定过量的 Ba^{2+} 及待测液中原有的 Ca^{2+} 和 Mg^{2+}。为了使终点明显，应添加一定量的 Mg^{2+}。用加入 Ba^{2+}、Mg^{2+} 所消耗 EDTA 的量（用空白标定求得）和同体积待测液中原有 Ca^{2+}、Mg^{2+} 所消耗 EDTA 的量之和减去待测液中原有 Ca^{2+}、Mg^{2+} 以及与 SO_4^{2-} 作用

后剩余 Ba^{2+} 及 Mg^{2+} 所消耗 EDTA 的量，即消耗于沉淀 SO_4^{2-} 的 Ba^{2+} 量，从而可求出 SO_4^{2-} 的量。如果待测液中 SO_4^{2-} 浓度过大，则应减少用量。

（2）试剂。

① 钡镁混合液。称 $BaCl_2 \cdot 2H_2O$（化学纯）2.44 g 和 $MgCl_2 \cdot 6H_2O$（化学纯）2.04 g 溶于水中，稀释至 1 L，此溶液中 Ba^{2+} 和 Mg^{2+} 的浓度均为 $0.01\ mol \cdot L^{-1}$，每毫升约可沉淀 1 mg SO_4^{2-}。

② HCl（1∶4）溶液。一份浓盐酸（HCl，$\rho \approx 1.19\ g \cdot mL^{-1}$，化学纯）与 4 份水混合。

③ $0.01\ mol \cdot L^{-1}$ EDTA 二钠盐标准溶液。取 EDTA 二钠盐 3.720 g 溶于无 CO_2 的蒸馏水中，微热溶解，冷却定容至 1 000 mL。用标准 Ca^{2+} 溶液标定，方法同滴定 Ca^{2+}。将此液储于塑料瓶中备用。

④ pH＝10 的缓冲溶液。称取氯化铵（NH_4Cl，分析纯）33.75 g 溶于 150 mL 蒸馏水，加氨水 285 mL，用蒸馏水稀释至 500 mL。

⑤ 铬黑 T 指示剂。溶解 0.2 g 铬黑 T 于 50 mL 甲醇中，储于棕色瓶中备用。此液每月配制 1 次，或者溶解 0.2 g 铬黑 T 于 50 mL 二乙醇胺中，储于棕色瓶中。这样配制的溶液比较稳定，可用数月。或者称 0.5 g 铬黑 T 与 100 g 干燥分析纯 NaCl 共同研细，储于棕色瓶中，用毕即刻盖好，可长期使用。

⑥ 酸性铬蓝 K - 萘酚绿 B 混合指示剂（K - B 指示剂）。称取 0.5 g 酸性铬蓝 K 和 1 g 萘酚绿 B 与 100 g 干燥分析纯 NaCl 共同研磨成细粉，储于棕色瓶中或塑料瓶中，用毕即刻盖好。可长期使用。或者称取 0.1 g 酸性铬蓝 K、0.2 g 萘酚绿 B，溶于 50 mL 蒸馏水备用，此液每月配制 1 次。

（3）操作步骤。

① 滴定。吸取 25.00 mL 水土比为 5∶1 的土壤浸出液于 150 mL 三角瓶中，加 HCl（1∶4）5 滴，加热至沸，趁热用移液管缓缓地准确加入过量 25%～100% 的钡镁混合液（5～10 mL）继续

沸腾 5 min，然后放置 2 h 以上。

加 pH＝10 的缓冲溶液 5 mL，加铬黑 T 指示剂 1～2 滴，或加 K－B 指示剂 1 小勺（约 0.1 g），摇匀。用 EDTA 标准溶液滴定至由酒红色变为纯蓝色。如果终点前颜色太浅，可补加一些指示剂，记录 EDTA 标准溶液的体积（V_1）。

②空白标定。取 25 mL 蒸馏水，加入 HCl（1∶4）5 滴、钡镁混合液 5 mL 或 10 mL（用量与上述待测液相同）、pH＝10 的缓冲溶液 5 mL 和铬黑 T 指示剂 1～2 滴或 K－B 指示剂 1 小勺（约 0.1 g），摇匀后，用 EDTA 标准溶液滴定至由酒红色变为纯蓝色，记录 EDTA 标准溶液的体积（V_2）。

③土壤浸出液中 Ca^{2+}、Mg^{2+} 含量的测定。如土壤中 Ca^{2+}、Mg^{2+} 含量已知，可免去此步骤。

吸取土壤浸出液或蒸馏水样 1～20 mL（每份含 Ca^{2+} 和 Mg^{2+} 0.01～0.1 mol）放在 150 mL 的烧杯中，加 2 滴 1∶1 HCl 摇动，加热至沸 1 min，除去 CO_2，冷却。加 3.5 mL pH＝10 的缓冲液，加 1～2 滴铬黑 T 指示剂，用 EDTA 标准溶液滴定，终点颜色由深红色变为天蓝色，如加 K－B 指示剂则终点颜色由紫红色变为蓝绿色，记录消耗 EDTA 的量（V_3）。

由于土壤中 SO_4^{2-} 含量变化较大，有些土壤 SO_4^{2-} 含量很高，可用下式判断所加沉淀剂 $BaCl_2$ 是否足量。

$V_2＋V_3－V_1＝0$，表明土壤中无 SO_4^{2-}。$V_2＋V_3－V_1＜0$，表明操作错误。

如果 $V_2＋V_3－V_1＝A$（mL），$A＋A×25\%$ 小于所加 $BaCl_2$ 体积，表明所加沉淀剂足量。$A＋A×25\%$ 大于所加 $BaCl_2$ 体积，表明所加沉淀剂不够，应重新少取待测液，或者多加沉淀剂测定 SO_4^{2-}。

（4）结果计算。

$$土壤中水溶性 1/2SO_4^{2-} 含量（cmol \cdot kg^{-1}）=$$

$$\frac{(V_2＋V_3－V_1) \times c \times ts \times 2}{m} \times 100$$

土壤中水溶性 SO_4^{2-} 含量（g·kg^{-1}）＝

1/2SO_4^{2-} 含量（cmol·kg^{-1}）×0.048 0

式中：V_1——待测液中原有 Ca^{2+}、Mg^{2+} 以及 SO_4^{2-} 作用后剩余钡镁剂所消耗的总 EDTA 溶液的体积（mL）；

　　　V_2——钡镁剂（空白标定）所消耗的 EDTA 溶液的体积（mL）；

　　　V_3——同体积待测液中原有 Ca^{2+}、Mg^{2+} 所消耗的 EDTA 溶液的体积（mL）；

　　　c——EDTA 标准溶液的物质的量浓度（cmol·L^{-1}）；

　　　ts——分取倍数；

　　　m——烘干土样质量（g）；

　0.048 0——1/2 SO_4^{2-} 的摩尔质量（kg·mol^{-1}）；

　　　100——mol 转换成 cmol 的系数。

2. 硫酸钡比浊法（GB 5749—2006）

（1）方法原理。在一定条件下，向试液中加入氯化钡（BaCl$_2$）晶粒，使之与 SO_4^{2-} 形成的硫酸钡（BaSO$_4$）沉淀分散成较稳定的悬浊液，用比色计或比浊计测定其浊度（吸光度）。同时绘制工作曲线，由未知浊液的浊度查曲线，即可求得 SO_4^{2-} 浓度。

（2）试剂。

① SO_4^{2-} 标准溶液。称取硫酸钾（分析纯，110 ℃烘 4 h）0.181 4 g 溶于蒸馏水，定容至 1 L。此溶液含 SO_4^{2-} 100μg·mL^{-1}。

② 稳定剂。将 75.0 g 氯化钠（分析纯）溶于 300 mL 蒸馏水中，加入 30 mL 浓盐酸和 100 mL 950 mL·L^{-1}乙醇，再加入 50 mL 甘油，充分混合均匀。

③ 氯化钡晶粒。将氯化钡（BaCl$_2$·2H$_2$O，分析纯）结晶磨细过筛，取粒度为 0.25～0.50 mm 的晶粒备用。

（3）主要仪器。量勺（容量为 0.3 cm^3，盛 1.0 g 氯化钡）、分光光度计或比浊计。

（4）测定步骤。

① 根据预测结果。吸取 25.00 mL 土壤浸出液（SO_4^{2-} 浓度在

土壤环境指标测定方法与分析指导

$40\,\mu g \cdot mL^{-1}$ 以上者应减少用量，并用蒸馏水准确稀释至 $25.00\,mL$），放在 $50\,mL$ 锥形瓶中。准确加入 $1.0\,mL$ 稳定剂和 $1.0\,g$ 氯化钡晶粒（可用量勺量取），立即转动锥形瓶至晶粒溶解完全为止。将上述浊液在 $15\,min$ 内于 $420\,nm$ 或 $480\,nm$ 处进行比色或比浊（比色或比浊前须逐个摇匀浊液）。用同一土壤浸出液（$25\,mL$ 中加 $1\,mL$ 稳定剂，不加氯化钡），调节比色计或比浊计吸收值"0"点，或测定吸收值后在土样浊液吸收值中减去之，从工作曲线上查得 $25\,mL$ 比浊液中的 SO_4^{2-} 的量（mg）。记录测定时的室温。

② 工作曲线的绘制。分别准确吸取含 SO_4^{2-} $100\,\mu g \cdot mL^{-1}$ 的标准溶液 $0\,mL$、$1\,mL$、$2\,mL$、$4\,mL$、$6\,mL$、$8\,mL$、$10\,mL$，各放在 $25\,mL$ 容量瓶中，加蒸馏水定容，即成 $25\,mL$ 蒸馏水中含 SO_4^{2-} $0\,mg$、$0.1\,mg$、$0.2\,mg$、$0.4\,mg$、$0.6\,mg$、$0.8\,mg$、$1.0\,mg$ 的标准系列溶液。按上述与待测液相同的步骤，加 $1\,mL$ 稳定剂和 $1\,g$ 氯化钡晶粒比色或比浊和测定吸取值后绘制工作曲线。

测定土样和绘制工作曲线时，必须严格按照规定的沉淀和比浊条件操作，以免产生较大的误差。

（5）结果计算。

$$\text{土壤水溶性 } 1/2SO_4^{2-} \text{ 含量（\%）} = \frac{m_1}{m_2} \times 100\%$$

$$\text{土壤水溶性 } 1/2SO_4^{2-} \text{ 含量（g · kg}^{-1}\text{）} = \frac{m_1}{m_2} \times 10^{-3}$$

$$\text{土壤水溶性 } 1/2SO_4^{2-} \text{ 的含量（cmol · kg}^{-1}\text{）} =$$
$$\frac{\text{水溶性 } 1/2SO_4^{2-} \text{ 含量（g · kg}^{-1}\text{）}}{0.0480} \times 100$$

式中：m_1——由工作曲线查得 $25\,mL$ 浸出液中的 SO_4^{2-} 的量（mg）；

m_2——相当于分析时所取浸出液体积的干土质量（mg）；

0.0480——$1/2SO_4^{2-}$ 的摩尔质量（kg · mol^{-1}）；

10^{-3}——mg · mg^{-1} 转换成 g · kg^{-1} 的系数；

100——mol 转换成 cmol 的系数。

第十章　土粒密度、土壤容重(土壤密度)和孔隙度的测定

一、测定意义

土壤基质是土壤的固体部分，它是保持和传导物质（水、溶质、空气）和能量（热量）的介质，它的作用主要取决于土壤固体颗粒的性质和土壤孔隙状况。土粒密度指单位体积土粒的质量；土壤容重指单位容积原状土壤干土的质量；孔隙度是单位容积土壤中孔隙所占的百分比。土粒密度、土壤容重、孔隙度是反映土壤固体颗粒和孔隙状况最基本的参数，土粒密度反映了土壤固体颗粒的性质；土粒密度的大小与土壤中矿物质的组成和有机质的数量有关，利用土粒密度和土壤容重可以计算土壤孔隙度，在测定土壤粒径分布时也需要知道土粒密度；土壤容重综合反映了土壤固体颗粒和土壤孔隙的状况，一般来讲，土壤容重小，表明土壤比较疏松、孔隙多，土壤容重大，表明土体比较紧实，结构性差，孔隙少；土壤孔隙状况与土壤团聚体直径、土壤质地及土壤中有机质的含量有关，它们对土壤中的水、肥、气、热状况和农业生产有显著影响。

习惯上，常用基质中的三相物质比表达土壤三相之间的关系（图 10 - 1），并定义土壤的一些物理参数，常以质量或容积为基础表示。

二、土粒密度的测定（比重瓶法）

严格来讲，土粒密度应称为土壤固相密度或土粒平均密度，用

符号 ρ_s 表示。其含义是

$$\rho_s = \frac{m_s}{V_s}$$

绝大多数矿质土壤的 ρ_s 在 $2.6 \sim 2.7\ \mathrm{g \cdot cm^{-3}}$，常规工作中多取平均值 $2.65\ \mathrm{g \cdot cm^{-3}}$。这一数值很接近沙质土壤中存在量丰富的石英的密度，各种铝硅酸盐黏粒矿物的密度也与此相近。土壤中氧化铁和各种重矿物含量多时 ρ_s 升高，有机质含量高时 ρ_s 降低。

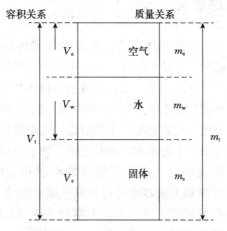

图 10-1 土壤三相关系示意图

注：图右侧表示固、液、气三相的质量，用 m 表示，图左侧表示各相位置的容积，用 V 表示。s、w、a 表示土壤的固相、液相和气相，m_t 和 V_t 分别表示土壤基质的总质量和总容积。

（一）方法选择

测定土粒密度通常采用比重瓶法。

（二）测定原理

将已知质量的土样放入水中（或其他液体），排尽空气，求出由土壤置换出的液体的体积。用烘干土质量（105 ℃）除以求得的土壤固相体积，即得土粒密度。

（三）仪器和设备

天平（感量为 0.001 g），比重瓶（容积为 50 mL），电热板，真空干燥器，真空泵，烘箱。

（四）操作步骤

（1）称取通过 2 mm 筛的风干土样约 10 g（精确至 0.001 g），倾入 50 mL 的比重瓶内，另称 10.0 g 土样测定吸湿水含量，由此可求出倾入比重瓶内的烘干土样的质量（m_s）。

（2）向装有土样的比重瓶中加入蒸馏水，至瓶内容积约一半处，然后徐徐摇动比重瓶，驱逐土壤中的空气，使土样充分湿润，与蒸馏水均匀混合。

（3）将比重瓶放于砂盘上，在电热板上加热，保持沸腾 1 h。煮沸过程中要摇动比重瓶，驱逐土壤中的空气，使土样和水充分接触混合。注意，煮沸时温度不可过高，否则易使土液溅出。

（4）从砂盘上取下比重瓶，稍冷却，再把预先煮沸排除空气的蒸馏水加入比重瓶，至比重瓶水面略低于瓶颈为止。待比重瓶内悬液澄清且温度稳定后，加满已经煮沸排除空气并冷却的蒸馏水。然后塞好瓶塞，使多余的水自瓶塞毛细管中溢出，用滤纸擦干后称重（精确到 0.001 g），同时用温度计测定瓶内的水温 t_1（精确到 0.1 ℃），求得 m_{bws1}。

（5）将比重瓶中的土液倾出，洗净比重瓶，注满冷却的无气水，测量瓶内水温 t_2。加水至瓶口，塞上毛细管塞，擦干瓶外壁，称取 t_2 时的瓶、水合重（m_{bw2}）。若每个比重瓶事先都经过校正，在测定时可省去此步骤，直接由 t_1 在比重瓶的校正曲线上求得 t_1 时这个比重瓶的瓶、水合重 m_{bw1}，否则要根据 m_{bw2} 计算 m_{bw1}。

（6）含可溶性盐及活性胶体较多的土样，须用惰性液体（如煤油、石油）代替蒸馏水，用真空抽气法排除土样中的空气。抽气时间不得少于 0.5 h，并搅动比重瓶，直至无气泡逸出。停止抽气后仍须在干燥器中静置 15 min 以上。

（7）真空抽气也可代替煮沸法排除土壤中的空气，并且可以避免在煮沸过程中由于土液溅出而引起的误差，较煮沸法快。

（8）风干土样都含有不同量的水分，须测定土样的风干含水量；用惰性液体测定比重的土样，须用烘干土而不是风干土进行测定，且所用液体须经真空除气。

（9）如无比重瓶也可用 50 mL 容量瓶代替，这时应加水至标线。

（五）结果计算

1. 用蒸馏水测定 可按下式计算：

$$\rho_s = \frac{m_s}{m_s + m_{bw1} - m_{bws1}} \times \rho_{w1}$$

式中：ρ_s—— 土粒密度（$g \cdot cm^{-3}$）；

ρ_{w1}—— 温度为 t_1 时蒸馏水的密度（$g \cdot cm^{-3}$）；

m_s—— 烘干土样质量（g）；

m_{bw1}—— 温度为 t_1 时比重瓶的质量＋水的质量（g）；

m_{bws1}—— 温度为 t_1 时比重瓶的质量＋水的质量＋土样的质量（g）。

当 $t_1 \neq t_2$ 时，必须将温度为 t_2 时的瓶、水合重（m_{bw2}）校正至温度为 t_1 时的瓶、水合重（m_{bw1}）。

由表 10-1 查得温度为 t_1 和 t_2 时水的密度，忽略温度变化所引起的比重瓶的胀缩，温度为 t_1 和 t_2 时水的密度差乘以比重瓶容积（V）即得由 t_2 换算到 t_1 时比重瓶中水重的校正数。比重瓶的容积由下式求得：

$$V = \frac{m_{bw2} - m_b}{\rho_{w2}}$$

式中：m_b—— 比重瓶质量（g）；

ρ_{w2}—— t_2 时水的密度（$g \cdot cm^{-3}$）。

表 10 - 1 不同温度下水的密度（g·cm^{-3}）

温度/℃	密度/(g·cm^{-3})	温度/℃	密度/(g·cm^{-3})	温度/℃	密度/(g·cm^{-3})
0.0~1.5	0.999 9	20.5	0.998 1	30.5	0.995 5
2.0~6.5	1.000 0	21.0	0.998 0	31.0	0.995 4
7.0~8.0	0.999 9	21.5	0.997 9	31.5	0.995 2
8.5~9.5	0.999 8	22.0	0.997 8	32.0	0.995 1
10.0~10.5	0.999 7	22.5	0.997 7	32.5	0.994 9
11.0~11.5	0.999 6	23.0	0.997 6	33.0	0.994 7
12.0~12.5	0.999 5	23.5	0.997 4	33.5	0.994 6
13.0	0.999 4	24.0	0.997 3	34.0	0.994 4
13.5~14.0	0.999 3	24.5	0.997 2	34.5	0.994 2
14.5	0.999 2	25.0	0.997 1	35.0	0.994 1
15.0	0.999 1	25.5	0.996 9	35.5	0.993 9
15.5~16.0	0.999 0	26.0	0.996 8	36.0	0.993 7
16.5	0.998 9	26.5	0.996 7	36.5	0.993 5
17.0	0.998 8	27.0	0.996 5	37.0	0.993 4
17.5	0.998 7	27.5	0.996 4	37.5	0.993 2
18.0	0.998 6	28.0	0.996 3	38.0	0.993 0
18.5	0.998 5	28.5	0.996 1	38.5	0.992 8
19.0	0.998 4	29.0	0.996 0	39.0	0.992 6
19.5	0.998 3	29.5	0.995 8	39.5	0.992 4
20.0	0.998 2	30.0	0.995 7	40.0	0.992 2

2. 用惰性液体测定 按下式计算：

$$\rho_s = \frac{m_s}{m_s + m_{bk} - m_{bk1}} \times \rho_k$$

式中：ρ_s——土粒密度（g·cm^{-3}）；

ρ_k——温度为 t_1 时煤油或其他惰性液体的密度（g·cm^{-3}）；

m_s——烘干土样质量（g）；

m_{bk}——温度为 t_1 时比重瓶的质量＋煤油的质量（g）；

m_{bk1}——温度为 t_1 时比重瓶的质量＋煤油的质量＋土样的质量（g）。

用煤油或其他惰性液体而不知其密度时，可将此液体注满比重瓶称重，并测定液体温度，以液体质量除以比重瓶容积，便可求得此液体在该温度下的密度。

（六）测定允许误差

样品须进行两次平行测定，取其算术平均值，保留两位小数。两次平行测定结果允许差为 0.02。

（七）比重瓶的校正

1. 仪器　比重瓶（容量为 50 mL），天平（精度为 0.001 g），温度计（±0.01 ℃），电热板，恒温槽。

2. 操作步骤

（1）洗净比重瓶，置于烘箱中（105 ℃）烘干，取出放入干燥器中，冷却后称其质量（精确至 0.001 g）。

（2）向比重瓶内加入煮沸过并已冷却的蒸馏水或煤油，使液面至近刻度。

（3）将盛液体的比重瓶全部放入恒温水槽中，控制温度，使槽中液体的温度自 5 ℃逐步升高到 35 ℃。在不同温度下，调整各比重瓶液面到标准刻度或达到瓶塞口，然后塞紧瓶塞，擦干比重瓶外部，称其质量（精确至 0.001 g）。

（4）用称得的各不同温度下相应的瓶＋水（或煤油）质量的数值作纵坐标，以温度为横坐标，绘制比重瓶校正曲线。每一比重瓶都必须做相应的校正曲线。

三、土壤容重的测定

土壤容重为自然土体环境中单位体积土壤的干重，用符号 ρ_s 表示，其含意是干土质量与总容积之比：

$$\rho_s = \frac{m_s}{V_t} = \frac{m_s}{V_s + V_w + V_a}$$

总容积 V_t 包括基质和孔隙的容积，大于 V_s，因而 ρ_b 必然小于 ρ_s。若土壤孔隙 V_p 占土壤总容量 V_t 的一半，则 ρ_b 为 ρ_s 的一半，为 $1.30\sim1.35\ g\cdot cm^{-3}$。压实的沙土 ρ_b 可达 $1.60\ g\cdot cm^{-3}$，不过即使最紧实的土壤 ρ_b 也显著低于 ρ_s，因为土粒不可能将全部孔隙堵实，土壤基质仍保持多孔体的特征。松散的土壤，如有团粒结构的土壤或耕翻耙碎的表土，ρ_b 可低至 $1.10\sim1.00\ g\cdot cm^{-3}$。泥炭土和膨胀的黏土 ρ_b 较低。所以 ρ_b 可以作为土壤松紧程度的一项评价指标。

（一）方法选择

测定土壤容重通常用环刀法。此外，还有蜡封法、水银排出法、填沙法和射线法（双放射源）等。蜡封法和水银排出法主要测定一些呈不规则形状的坚硬和易碎土壤的容重。填沙法比较复杂费时，除非是石质土壤，一般测定都不采用此法。射线法需要特殊仪器和防护设施，不易被广泛使用。

（二）测定原理

用一定容积的环刀（一般为 $100\ cm^3$）切割未搅动的自然状态土样，使土样充满其中，烘干后称量计算单位容积的烘干土重量。本法适用于一般土壤，对坚硬和易碎的土壤不适用。

（三）仪器

环刀组件（容积为 $100\ cm^3$）（图 10-2），天平（精度为 $0.01\ g$），

盖

环刀

底

环刀托

环刀压入土壤的状态

图 10-2 环刀组件及使用示意图

烘箱，修土刀，钢丝锯，干燥器。

（四）操作步骤

（1）在田间选择挖掘土壤剖面的位置，按使用要求挖掘土壤剖面。一般如只测定耕层土壤容重，则不必挖土壤剖面。

（2）用修土刀修平土壤剖面，并记录剖面的形态特征，按剖面层次分层取样，耕层取 4 个，下面层次每层取 3 个。

（3）将环刀托放在已知重量的环刀上，在环刀内壁稍擦凡士林，将环刀刃口向下垂直压入土中，直至环刀筒中充满土样。

（4）用修土刀切开环刀周围的土样，取出已充满土的环刀，细心削平环刀两端多余的土，并擦净环刀外面的土。同时在同层取样处用铝盒采样，测定土壤含水量。

（5）在装有土样的环刀的两端立即加盖，以免水分蒸发。随即称重（精确到 0.01 g），并记录。

（6）将装有土样的铝盒烘干称重（精确到 0.01 g），测定土壤含水量。或者直接从环刀筒中取出土样测定土壤含水量。

（五）结果计算

$$\rho_b = \frac{m}{V\ (1+\theta_m)}$$

式中：ρ_b——土壤容重；

m——环刀内湿样质量；

V——环刀容积，一般为 $100\ cm^3$；

θ_m——样品含水量（质量含水量，%）。

（六）测定误差

允许平行绝对误差<0.03 g，取算术平均值。

土壤孔隙度也称孔度，指单位容积土壤中孔隙容积所占的分数或百分数，可用下式计算：

$$f = \frac{V_t - V_s}{V_t} = \frac{V_p}{V_t}$$

式中：V_t——单位体积土壤总容积（cm^3）；

$\quad\quad\quad V_s$——土壤颗粒总容积（cm^3）；

$\quad\quad\quad V_p$——孔隙容积（cm^3）。

大体上，粗质地土壤孔隙度较低，但粗孔隙较多，细质地土壤正好相反。团聚性较好的土壤和松散的土壤（容重较低）孔隙度较高，前者粗细孔的比例适合作物的生长。土粒分散和紧实的土壤，孔隙度较低且细孔隙较多。

土壤孔隙度一般都不直接测定，而是由土粒密度和容重计算求得。由上式可得

$$f=\frac{V_p}{V_t}=1-\frac{\rho_b}{\rho_s}$$

式中：ρ_s——土壤容重（$g \cdot cm^{-3}$）。

判断土壤孔隙状况优劣，最重要的是看土壤孔径分布，即大小孔隙的搭配情况，土壤孔径分布在土壤水分保持和运动以及土壤对植物的供水研究中有非常重要的意义。

■ 第十一章　土壤粒径分布和分析

一、分析意义

　　土壤粒径分析过去也称机械分析，是土壤科学最古老的测定技术之一。土壤基质由不同比例的、粒径粗细不一、形状和组成各异的颗粒（通称土粒）组成。

　　石砾是最粗的土粒，在我国主要农区土壤中并不多见，在土石区、近河滩的山坡土壤中才有石砾，石砾会影响土壤的基质特征。

　　粗沙的比表面积小，表面只能吸附少量水分子（包括水汽分子），在其表面形成极薄的水分子通道。粗沙粒间的孔隙较粗，大多超过毛管孔径，所以它所保持的水是在粗沙粒间的接触点，为弯月面力所保持，在与作物根接触时也能被吸收。这种情况在沙砾混合或以砾为主时更为明显。

　　细沙和粗粉粒的矿物组成与沙粒类似，两者的性质相近。它们已有明显的表面吸附能力，颗粒间孔隙的孔径表现为最活跃的毛管作用，毛管水上升迅速，上升高度可达 $2\sim3$ m。中、细粉粒的矿物组成仍与沙粒相同，但表面积增大，表现出不同程度的属黏粒范围的若干性质。表面吸附水分子的能力和毛管力都较强，毛管水上升运动缓慢，上升高度可能相当高，但时间很长、速度过慢。

　　黏粒是土壤中最细的部分，黏粒矿物是扁平的片状或盘状，具有极大的比表面积，黏粒表面有负电荷与其邻近的土壤水中的阳离子形成的双电层。巨大的表面积和表面负荷使黏粒有极强的吸附水分子的能力，形成与其粒径比较相对厚一些的水层或水膜。黏粒间的孔隙极细，黏粒吸附的水膜就有可能充满或堵塞这些极细的孔隙。黏粒孔隙在吸附水膜外侧可能还有少许空间借助毛管作用保持少量水分，在水膜不堵塞孔隙的前提下，孔隙越细毛管力越强。黏粒在一定含水量范围内表现出极强的黏结性、黏着性和可塑性，干缩湿胀的程度极高，湿润后的干黏粒容易出现较厚的结皮，并且形成坚硬的坷垃和土块，需要极大的力量才能将结皮敲破打碎，因而需要很高的耕作技术才能得到较高的耕作质量。所有黏粒含量较高的土壤，尽管有较多的作物养分却很难管理。但在田间情况下，除碱土外，黏粒大多会团聚成复粒或团粒，可以在一定程度上缓解耕作难的情况。

粒径分析的目的就是测定不同直径土壤颗粒的组成，进而确定土壤的质地。土壤颗粒组成在土壤形成和土壤的农业利用中具有重要意义。农业实践表明，土壤质地直接影响土壤水、肥、气、热的保持和运动，并与作物的生长发育有密切的关系。

二、土粒的粒级和土壤的质地

(一) 土粒的粒级

土壤基质中土粒的粗细不同，不但比表面积有巨大差异，而且土粒间孔隙的孔径也有明显区别。土粒由粗到细是连续变化的，并没有分明的界限，为了研究和应用方便，人们按自己的目的将土粒分为若干级别，每一粒径范围称为一个粒级，21世纪以来粒级的划分才逐渐有明确的尺度。粒级的划分是人为的，因研究者目的的不同而不同，因而就有不同的划分标准，如在水利、建筑和地质学科就有与土壤学科不完全相同的划分标准。另外，有两点必须注意：①各粒级的界限并不是绝对的，即不是超出这个界限边缘的土粒就有完全不同的性质和组成，而是在这个界限范围内的绝大部分土粒具有某些特定的性质和组成；②土粒的形状级别不规则，已知黏粒是扁平状的，粗一些的土粒则形状各异。在实际工作中，粗土粒（粒径>0.25 mm）用不同孔径的筛加以分离；细土粒（粒径<0.25 mm）用其在静态介质（水）中的沉降速度加以区分。土粒在水中的沉降速度因其大小、形状而异，而土粒的形状多样而复杂，

因此其计算都是采用与土粒沉降速度相同的球体的直径作为其粒径，即当量粒径。同理，区分粗土粒的筛孔的孔径也是区分它们的界限，但在文献中常不这样明确说明。

世界各国大都按土粒粗细分为石砾、沙粒、粉粒和黏粒4个粒级，但具体界限和每个粒级的进一步划分有一定关联。我国自20世纪30年代引进近代实验科学的土壤学以来，因种种原因未能进行土粒分级的基础研究，而是借用美国、苏联（卡钦斯基制）和国际土壤学会通过的分级方案，1975年，中国科学院南京土壤研究所制定了一个暂行的粒级分级方案，其划分尺度见表11-1。

表 11 - 1　国际制、美国制、卡钦斯基制和中国制（暂行）
的土壤粒级划分方案

国际制		美国制		卡钦斯基制		中国制（暂行）	
粒级名称	粒级/mm	粒级名称	粒级/mm	粒级名称	粒级/mm	粒级名称	粒级/mm
石砾	>2	石块	>3	石块	>3		
		粗砾	3~2	石砾	3~1	石砾	3~1
		极粗沙粒	2~1				
		粗沙粒	1~0.5	粗沙粒	1~0.5	粗沙粒	1~0.25
粗沙	2~0.2	中沙粒	0.5~0.25	中沙粒	0.5~0.25	细沙粒	0.25~
细沙	0.2~0.02	细沙粒	0.25~0.1	细沙粒	0.25~0.05		0.05
		极细沙粒	0.1~0.05				
				粗粉粒	0.05~0.01	粗粉粒	0.05~
粉（沙）粒	0.02~0.002	粉（沙）粒	0.05~0.002	中粉粒	0.01~0.005		0.01
				细粉粒	0.005~0.001	细粉粒	0.01~0.05
				粗黏粒（黏质的）	0.001~0.000 5	粗黏粒	0.005~0.001
黏粒	<0.002	黏粒	<0.002	细黏粒（胶质的）	0.000 5~0.000 1	黏粒	<0.001
				胶体	<0.000 1		

（二）土壤质地

在西方国家，沙粒、粉粒和黏粒的质量比是确定土壤质地的基础。美国农业部的土壤质地分组和西欧大多数国家的土壤质地分组都是按照它们各自粒径分级的标准划分的，西欧所采用的国际制土粒分级已将黏粒的上限放宽为$50\,\mu m$，与美国相同。针对这两种质地分组的具体数值，美欧工作者们很早就提出了他们各自的质地三角图（图11-1、图11-2）。

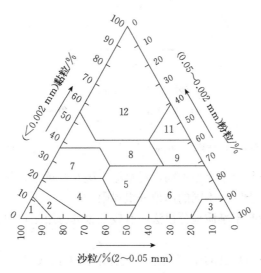

图 11-1　美国农业部土壤质地三角图

1. 沙土　2. 壤沙土　3. 粉土　4. 沙壤　5. 壤土　6. 粉壤
7. 沙黏壤　8. 黏壤　9. 粉黏壤　10. 沙黏壤　11. 粉黏壤　12. 黏土

我国自20世纪50年代初以来广泛应用苏联卡钦斯基的简化质地分组法。这个分组法的特点有：①卡钦斯基认为，粒径小于$10\,\mu m$的土粒已明显表现胶体的许多性质，故将土粒分为两级，粒径小于$10\,\mu m$的为化学性黏粒，粒径大于$10\,\mu m$的为物理性沙粒（表11-1）。②按化学性黏粒或物理性沙粒的数量进行质地分组，而不是像西方国家按沙、粉、黏粒3个粒级的质量比分组。③质地

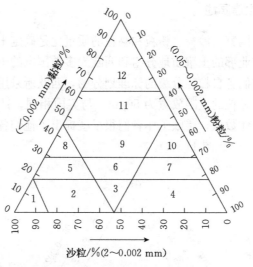

图 11 - 2 国际制土壤质地三角图

1. 沙土及壤沙土 2. 沙壤 3. 壤土 4. 粉壤 5. 沙质黏壤 6. 黏壤
7. 粉沙黏壤 8. 沙黏土 9. 壤黏土 10. 粉黏土 11. 黏土 12. 重黏土

分组中考虑到土壤类型不同，对草原土壤及红黄壤、灰化土类和碱化及强碱化土壤有不同的质地分组界限。

卡钦斯基土壤质地分组法还有较细致的分组法，但在我国未被经常引用。

目前我国自己的土壤质地分组标准尚未正式出台，1975 年中国科学院南京土壤研究所等单位在总结我国群众经验的基础上，拟定了我国土壤质地分组暂行方案（表 11 - 1），这里不再详细介绍。

本书未详细介绍国际制土粒分级标准及其测定方法。若需增加粒级分析，可根据斯托克斯公式计算另外增加粒级的吸取时间进行分析测定。

三、土粒粒径分析

土壤含有不同数量的各级土粒，完善的方法是用粒径分布曲线表示，曲线横坐标为粒径，一般用对数坐标。纵坐标为单位质量土壤中小于某一粒级土粒含量的累积百分含量，现以黏土、粉沙壤土和沙壤土为例（图11-3）。

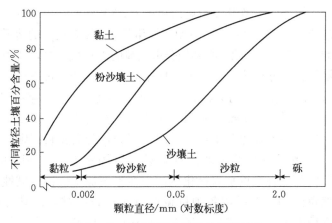

图11-3　土壤粒径与百分含量的关系

（一）方法选择的依据

粒径分析目前最常用的方法是吸管法。吸管法操作烦琐，但较精确；比重计法操作较简单，适用于大批量测定，但精度略差，计算也较麻烦。

近年来也有用离心法或其他方法进行土粒粒径分析的，并有不少这类仪器附有计算机等先进设备，但使用范围并不广泛。

（二）分析原理

无论是吸管法还是比重计法，土粒的粒径分析大致分为分散、筛分和沉降3个步骤。

1. 土粒分散　田间或自然土壤，除风沙土和碱性土外，绝大部分或全部都是相互团聚成粒径不同的团粒，微团粒是由黏粒直接凝聚而成的，粗团粒则主要由腐殖质和某些情况下土壤的石灰物质、游离铁的作用胶结而成。在中性土壤中主要是交换性 Ca^{2+} 起作用，在酸性土壤中还有交换性 Al^{3+} 的作用，土壤溶液中盐类溶质浓度高也促进黏粒团聚。因此传统的分散处理包括用 H_2O_2 - HCl 处理和添加含 Na^+ 的化合物作为分散剂。H_2O_2 的作用是破坏有机质，稀 HCl 的作用是溶解游离的 $CaCO_3$ 和其他胶结剂，并用 H^+ 代换有凝聚作用的 Ca^{2+}、Al^{3+} 等和淋洗土壤溶液中的溶质。交换性 H^+ 也有凝聚作用，必须用分散黏粒的 Na^+ 代换之，所用 Na^+ 的数量不能超过土壤的交换量。且在稀 HCl 淋洗的过程中，还可能淋出一部分黏粒的组分，如无定形的二氧化物、三氧化物和水合氧化硅等。因此需要收集稀 HCl 淋洗液进行化学分析。更重要的是腐殖质和碳酸盐也是土壤固相的一部分，若去除它们则与田间情况不一致。因此近年来常直接投入可固定 Ca^{2+}、Al^{3+} 的 Na 盐，通常是酸性土壤加氢氧化钠，中性土壤加草酸钠，碱性土壤加六偏磷酸钠，然后用各种机械的方法进行搅拌，使其分散完全。常用的方法是煮沸法，还有振荡法或用高于大气压的气流激荡的方法。由于土样的分散处理尚无统一规定，因此分析报告中必须说明。

2. 粗土粒的筛分　粒径大于 0.6 mm 的粗土粒，用孔径粗细不同的筛相继筛分经分散处理的土样悬液，可得到不同粒径的土粒数量。根据标准筛的情况，筛孔＞0.6 mm 允许 5% 的筛孔偏离规定值，筛孔孔径在 0.6～0.125 mm 允许 7.5% 的筛孔偏离规定值，筛孔孔径＜0.125 mm 允许 10% 的筛孔偏离规定值。所以，常规粒径分析应该只对＞0.25mm 的土粒进行筛分，但由于＞0.1 mm 的颗粒在水中的沉降速度太快，用吸管吸取悬液常常得不到好的效果，因此筛分范围可放宽到 0.1 mm，即对＞0.1 mm 的土粒进行筛分[40]。

3. 细土粒的沉降分离　吸管法沉降分离的原理：筛分的细土粒（＜0.1 mm），依据斯托克斯定律，根据土粒在水中沉降的快慢将其区分为不同粒径的土粒。颗粒在真空中沉降不受任何阻力作用，在水中沉降除重力作用外还受与重力方向相反的摩擦力作用，斯托克斯指出，摩擦力 F_r 的计算公式如下：

$$F_r = 6\pi\eta rv \qquad (11-1)$$

式中：η——水的黏滞系数（$g \cdot cm^{-1} \cdot s^{-1}$）；

　　　r——颗粒半径（cm）；

　　　v——颗粒沉降速度（$cm \cdot s^{-1}$）。

颗粒开始沉降，沉降速度随时间增大，摩擦力 F_r 也随之增加，当颗粒所受摩擦力与所受重力在数量上相等时，沉降速度不再增加，颗粒以均匀的速度沉降，这时的沉降速度称为终端速度，颗粒所受重力 F_g 可由下式计算：

$$F_g = 4/3\pi r^3 \ (\rho_s - \rho_f) \ g \qquad (11-2)$$

式中：$4/3\pi r^3$——球体颗粒的体积；

　　　ρ_s——颗粒密度（$g \cdot cm^{-3}$）；

　　　ρ_f——流体的密度（$g \cdot cm^{-3}$）；

　　　g——重力加速度（$981 \ cm \cdot s^{-2}$）。当 $F_r = F_g$ 时可得

$$v_t = \frac{d^2 \ (\rho_s - \rho_f) \ g}{18\eta} \qquad (11-3)$$

式中：v_t——终端速度（$cm \cdot s^{-1}$）；

　　　d——颗粒直径（cm）。

假定沉降速度几乎在终端过程一开始立即达到，则可计算一定直径颗粒沉降到深度 L（cm）所需时间：

$$t = \frac{18L\eta}{d^2 \ (\rho_s - \rho_f) \ g} \qquad (11-4)$$

例：求在 20 ℃时，直径 $d = 0.05$ mm 的土壤颗粒在水中沉降 25 cm 所需的时间 t。

土粒比重 $\rho_s = 2.65 \ g \cdot cm^{-3}$；水的比重 $\rho_f = 0.998 \ 23 \ g \cdot cm^{-3}$；重力加速度 $g = 981 \ cm \cdot s^{-2}$；水的黏滞系数 $\eta = 0.010 \ 05 g \cdot cm^{-1} \cdot s^{-1}$。

代入公式（11-4）得 $t = 112$ s

根据上例方法和表 11-2、表 11-3 所列，就可算出不同直径土粒在水中沉降 25 cm、10 cm 的速率和在不同温度下所需的时间（表 11-4）。

表 11 - 2　水的黏滞系数（η）

温度/℃	η/ (g·cm^{-1}·s^{-1})	温度/℃	η/ (g·cm^{-1}·s^{-1})	温度/℃	η/ (g·cm^{-1}·s^{-1})
4	0.015 67	13	0.012 03	22	0.009 579
5	0.015 19	14	0.011 71	23	0.009 358
6	0.014 73	15	0.011 40	24	0.009 142
7	0.014 28	16	0.011 11	25	0.008 937
8	0.013 86	17	0.010 83	26	0.008 737
9	0.013 46	18	0.010 56	27	0.008 545
10	0.013 08	19	0.010 30	28	0.008 360
11	0.012 71	20	0.010 05	29	0.008 180
12	0.012 36	21	0.009 810	30	0.008 007

　　利用沉降法进行粒径分析，应注意以下几点假设。①颗粒是坚固的球体且表面光滑。②所有颗粒密度相同。③颗粒直径应大到不受流体（水）布朗运动的影响。④供沉降分析的悬液必须稀释到与颗粒沉降互不干扰，即每一个颗粒的沉降都不受相邻颗粒的影响。⑤环绕颗粒的液体（水）保持层流运动，没有颗粒的过快沉降引起流体的紊流运动。

　　以上几点，除③、④可以大致满足外，⑤很难完全保证，①、②根本无法满足。细土粒不是球形的（大多为扁平状），表面也不光滑，其密度也不相同，只有大多数硅酸盐的密度在 2.6～2.7 g·cm^{-3}，其他重矿物和氧化铁的密度可达到 5.0 g·cm^{-3}或更高，所以以粒径分析只能给出近似的结果。

　　具体测定各级细土粒的方法，可根据斯托克斯定律，按公式 11 - 4 计算某一粒径的土粒沉降到深度 L（L 一般取 10 cm）所需时间。在测定前用特制的搅拌棒均匀地搅拌颗粒悬液，从沉降开始计时，按公式 11 - 4 计算的沉降时间用移液管在深度 L 处缓慢吸取一定量的悬液，烘干称重，由此可计算小于某一相应粒径土粒的累积量。两次测定的累积量相减可得某一粒径范围的土粒量。

表 11-3　水的比重表　($g \cdot cm^{-3}$)

温度/℃	0.0	0.1	0.2	0.3	0.4	0.5	0.6	0.7	0.8	0.9
0.0	0.999 867 9	0.999 874 6	0.999 881 1	0.999 887 4	0.999 893 5	0.999 899 5	0.999 905 3	0.999 910 9	0.999 916 3	0.999 921 6
1.0	0.999 926 7	0.999 931 5	0.999 936 3	0.999 940 8	0.999 945 2	0.999 949 4	0.999 953 5	0.999 957 3	0.999 961 0	0.999 964 5
2.0	0.999 967 9	0.999 971 1	0.999 974 1	0.999 976 9	0.999 979 6	0.999 982 1	0.999 984 4	0.999 986 6	0.999 988 7	0.999 990 5
3.0	0.999 992 2	0.999 993 7	0.999 995 1	0.999 996 2	0.999 997 3	0.999 998 1	0.999 998 8	0.999 999 4	0.999 999 8	1.000 000 0
4.0	1.000 000 0	0.999 999 9	0.999 999 6	0.999 999 2	0.999 998 6	0.999 997 9	0.999 997 0	0.999 996 0	0.999 994 7	0.999 993 4
5.0	0.999 991 9	0.999 990 2	0.999 988 3	0.999 986 4	0.999 984 2	0.999 981 9	0.999 979 5	0.999 976 9	0.999 974 1	0.999 971 2
6.0	0.999 968 1	0.999 964 9	0.999 961 6	0.999 958 1	0.999 954 4	0.999 950 6	0.999 946 7	0.999 942 6	0.999 938 4	0.999 934 0
7.0	0.999 929 5	0.999 924 8	0.999 920 0	0.999 915 0	0.999 909 9	0.999 904 6	0.999 899 2	0.999 893 6	0.999 887 9	0.999 882 1
8.0	0.999 876 2	0.999 870 1	0.999 863 8	0.999 857 4	0.999 850 9	0.999 844 2	0.999 837 4	0.999 830 5	0.999 823 4	0.999 816 2
9.0	0.999 808 8	0.999 801 3	0.999 793 6	0.999 785 9	0.999 778 0	0.999 769 9	0.999 761 7	0.999 753 4	0.999 745 0	0.999 736 4
10.0	0.999 727 7	0.999 718 9	0.999 709 9	0.999 700 8	0.999 691 5	0.999 682 0	0.999 672 4	0.999 662 7	0.999 652 9	0.999 642 8
11.0	0.999 632 8	0.999 622 5	0.999 612 1	0.999 601 7	0.999 591 1	0.999 580 3	0.999 569 4	0.999 558 5	0.999 547 3	0.999 536 1
12.0	0.999 524 7	0.999 513 2	0.999 501 6	0.999 489 8	0.999 478 0	0.999 466 0	0.999 453 8	0.999 441 5	0.999 429 1	0.999 416 6
13.0	0.999 404 0	0.999 391 3	0.999 378 4	0.999 365 5	0.999 352 4	0.999 339 1	0.999 325 8	0.999 312 3	0.999 298 7	0.999 285 0
14.0	0.999 271 2	0.999 257 2	0.999 243 2	0.999 229 0	0.999 214 7	0.999 200 3	0.999 185 8	0.999 171 1	0.999 156 4	0.999 141 5
15.0	0.999 126 5	0.999 111 3	0.999 096 1	0.999 080 8	0.999 065 3	0.999 049 7	0.999 034 0	0.999 018 2	0.999 002 3	0.998 986 2
16.0	0.998 970 1	0.998 953 8	0.998 937 4	0.998 920 9	0.998 904 3	0.998 887 6	0.998 870 7	0.998 853 8	0.998 836 7	0.998 819 5
17.0	0.998 802 2	0.998 784 8	0.998 767 3	0.998 749 7	0.998 731 9	0.998 714 1	0.998 696 1	0.998 678 1	0.998 659 9	0.998 641 6
18.0	0.998 623 2	0.998 604 6	0.998 586 1	0.998 567 3	0.998 548 5	0.998 529 5	0.998 510 5	0.998 491 3	0.998 472 0	0.998 452 6
19.0	0.998 433 1	0.998 413 6	0.998 393 8	0.998 374 0	0.998 354 1	0.998 334 1	0.998 314 0	0.998 293 7	0.998 273 3	0.998 252 9
20.0	0.998 262 3	0.998 211 7	0.998 190 9	0.998 170 1	0.998 149 0	0.998 128 0	0.998 106 8	0.998 085 5	0.998 064 1	0.998 042 6

（续）

温度/℃	0.0	0.1	0.2	0.3	0.4	0.5	0.6	0.7	0.8	0.9
21.0	0.998 0210	0.997 999 3	0.997 977 5	0.997 955 6	0.997 933 5	0.997 911 4	0.997 889 2	0.997 866 9	0.997 844 4	0.997 821 9
22.0	0.997 799 3	0.997 776 5	0.997 753 7	0.997 730 8	0.997 707 7	0.997 684 6	0.997 661 3	0.997 638 0	0.997 614 5	0.997 591 0
23.0	0.997 567 4	0.997 543 7	0.997 519 8	0.997 495 9	0.997 471 8	0.997 447 7	0.997 423 5	0.997 399 1	0.997 374 7	0.997 350 2
24.0	0.997 325 6	0.997 300 9	0.997 276 0	0.997 251 1	0.997 226 1	0.997 201 0	0.997 175 8	0.997 150 5	0.997 125 0	0.997 099 5
25.0	0.997 073 9	0.997 048 2	0.997 022 5	0.996 996 6	0.996 970 6	0.996 944 5	0.996 918 4	0.996 892 1	0.996 865 7	0.996 839 8
26.0	0.996 812 8	0.996 786 1	0.996 759 4	0.996 732 6	0.996 705 7	0.996 678 6	0.996 651 5	0.996 624 3	0.996 597 0	0.996 569 6
27.0	0.996 542 1	0.996 514 6	0.996 486 9	0.996 459 1	0.996 431 3	0.996 403 3	0.996 375 3	0.996 347 2	0.996 319 0	0.996 290 7
28.0	0.996 262 3	0.996 233 8	0.996 205 2	0.996 176 6	0.996 147 8	0.996 119 0	0.996 090 1	0.996 061 0	0.996 031 9	0.996 002 7
29.0	0.995 973 5	0.995 944 0	0.995 914 6	0.995 885 0	0.995 855 4	0.995 825 7	0.995 795 8	0.995 765 9	0.995 735 9	0.995 705 9
30.0	0.995 675 6	0.995 645 4	0.995 615 1	0.995 584 6	0.995 554 1	0.995 523 5	0.995 492 8	0.995 462 0	0.995 431 2	0.995 400 2
31.0	0.995 369 2	0.995 338 0	0.995 306 8	0.995 275 5	0.995 244 2	0.995 212 7	0.995 181 2	0.995 149 5	0.995 117 8	0.995 086 1
32.0	0.995 054 2	0.995 022 2	0.994 990 1	0.994 958 0	0.994 925 8	0.994 893 5	0.994 861 2	0.994 828 6	0.994 796 1	0.994 763 5
33.0	0.994 730 8	0.994 698 0	0.994 665 1	0.994 632 1	0.994 599 1	0.994 566 0	0.994 532 8	0.994 499 5	0.994 466 1	0.994 432 7
34.0	0.994 399 1	0.994 365 5	0.994 331 9	0.994 298 1	0.994 264 3	0.994 230 3	0.994 196 3	0.994 162 2	0.994 128 0	0.994 093 8
35.0	0.994 059 4	0.994 025 1	0.993 990 6	0.993 956 0	0.993 921 4	0.993 886 7	0.993 851 8	0.993 817 0	0.993 782 0	0.993 747 0
36.0	0.993 711 9	0.993 676 7	0.993 641 4	0.993 606 1	0.993 570 7	0.993 535 1	0.993 499 6	0.993 463 9	0.993 428 2	0.993 392 4
37.0	0.993 356 5	0.993 320 6	0.993 284 6	0.993 248 4	0.993 212 3	0.993 176 0	0.993 139 7	0.993 103 2	0.993 066 8	0.993 030 2
38.0	0.992 993 6	0.992 956 8	0.992 920 1	0.992 883 3	0.992 846 3	0.992 809 3	0.992 772 2	0.992 735 1	0.992 697 8	0.992 660 5
39.0	0.992 623 2	0.992 585 7	0.992 548 2	0.992 510 6	0.992 473 0	0.992 435 2	0.992 397 4	0.992 359 5	0.992 321 6	0.992 283 6
40.0	0.992 245 5									

表 11 - 4　土壤颗粒分析中各级土粒吸取时间

温度/℃	<0.05 mm		<0.01 mm	<0.005 mm	<0.001 mm
	25 cm	10 cm	(10 cm)	(10 cm)	(10 cm)
4	2′54″	1′10″	29′03″	1h56′10″	48h24′16″
5	2′50″	1′08″	28′09″	1h52′37″	46h55′19″
6	2′44″	1′06″	27′18″	1h49′12″	45h30′03″
7	2′39″	1′04″	26′28″	1h45′52″	44h06′39″
8	2′34″	1′02″	25′41″	1h42′45″	42h48′48″
9	2′30″	1′00″	24′57″	1h39′47″	41h34′40″
10	2′25″	58″	24′15″	1h36′58″	40h24′15″
11	2′21″	57″	23′33″	1h34′14″	39h15′40″
12	2′17″	55″	22′54″	1h31′38″	38h10′48″
13	2′14″	54″	22′18″	1h29′11″	37h09′38″
14	2′10″	52″	21′42″	1h26′49″	36h10′20″
15	2′07″	51″	21′08″	1h24′31″	35h12′52″
16	2′04″	49″	20′35″	1h22′22″	34h19′07″
17	2′00″	48″	20′04″	1h20′17″	33h27′14″
18	1′57″	47″	19′34″	1h18′17″	32h37′11″
19	1′55″	46″	19′05″	1h16′22″	31h49′00″
20	1′52″	45″	18′38″	1h14′30″	31h02′40″
21	1′49″	44″	18′11″	1h12′44″	30h18′11″
22	1′47″	43″	17′45″	1h11′01″	29h35′22″
23	1′44″	42″	17′21″	1h09′23″	28h54′24″
24	1′42″	41″	16′57″	1h07′46″	28h14′22″
25	1′39″	40″	16′34″	1h06′15″	27h36′23″
26	1′37″	39″	16′12″	1h04′46″	26h59′19″
27	1′35″	38″	15′50″	1h03′21″	26h23′44″
28	1′33″	37″	15′30″	1h01′59″	25h49′26″
29	1′31″	36″	15′10″	1h0′39″	25h16′05″
30	1′29″	36″	14′50″	59′22″	24h44′01″

注：土粒比重为 2.65 g·cm⁻³。h 代表小时，（′）代表分，（″）代表秒。

比重计法沉降原理：比重计法也是以斯托克斯定律为依据的，用特制的甲种土壤比重计（鲍氏比重计）于不同时间内，测定 h 深度处（h 为变数）土壤悬液的密度，可得小于某粒径土粒的含量：

$$\text{小于某粒径土粒的含量（\%）}=\frac{\text{校正后读数}}{\text{烘干土样重}}\times100 \qquad (11-5)$$

校正后读数的确定见本章第五部分的（四）。

由于比重计浮泡体积中心在悬液中的深度随着悬液密度的不同而变动，所以即使在规定时间进行测定，也不能确定该粒级土粒粒径的大小。比重计法的土粒粒径必须根据比重计测定数据（比重计读数）、测定深度（悬液液面至比重计浮泡体积中心）和测定时间用斯托克斯定律求得。由公式 11-4 得

$$d=\frac{18\eta L}{g\ (\rho_s-\rho_f)\ t} \qquad (11-6)$$

式中：d——土粒直径（cm）；

　　　η——悬液的黏滞系数（$g \cdot cm^{-1} \cdot s^{-1}$）；

　　　L——土粒沉降深度（cm）；

　　　g——重力加速度（981 $cm \cdot s^{-2}$）；

　　　ρ_s——土粒密度（$g \cdot cm^{-3}$）；

　　　ρ_f——水的密度（$g \cdot cm^{-3}$）；

　　　t——沉降时间（s）。

四、吸管法

（一）仪器及设备

吸管：有各种形式，图 11-4A 为中国科学院南京土壤研究所的吸管的示意图。

吸管架：有各种形式，图 11-4B 为南京土壤仪器厂所产的吸管架的示意图；沉降筒：即 1 000 mL 量筒，直径约为 6 cm，高约为 45 cm；土壤筛孔径为 2 mm；洗筛：直径为 6 cm，筛网孔径为 0.2 mm；搅拌棒（图 11-4C）。

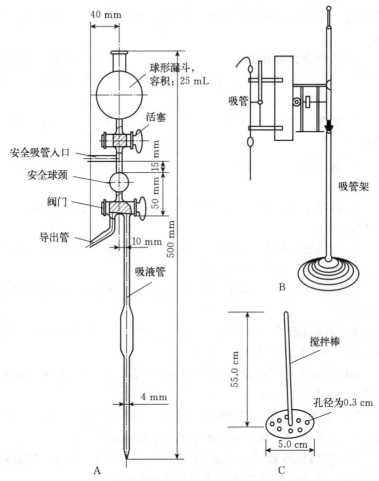

图 11-4　吸管法测定土壤粒径示意图

A. 吸管　B. 吸管架　C. 搅拌棒

（二）试剂

1. 氢氧化钠溶液 ［c（NaOH）＝0.5mol·L^{-1}］　将 20 g 氢氧化钠（NaOH，化学纯）溶于蒸馏水，稀释至 1 L（用于酸性土壤）。

2. 草酸钠溶液 $[c\,(1/2Na_2C_2O_4)=0.5\ mol\cdot L^{-1}]$ 将 35.5 g 草酸钠（$Na_2C_2O_4$，化学纯）溶于蒸馏水，稀释至 1 L（用于中性土壤）。

3. 六偏磷酸钠溶液（$c=0.5\ mol\cdot L^{-1}$）将 51 g 六偏磷酸钠 $[1/6\,(NaPO_3)_6$，化学纯]溶于蒸馏水，稀释至 1 L（用于碱性土壤）。

4. 盐酸溶液 $[c\,(HCl)=0.2\ mol\cdot L^{-1}]$ 将 16.6 mL 浓盐酸稀释至 1 L。

5. 盐酸溶液 $[c\,(HCl)=0.05\ mol\cdot L^{-1}]$ 将 4.2 mL 浓盐酸稀释至 1 L。

6. 盐酸溶液 $[\varphi\,(HCl)=10\%]$ 将 10 mL 浓盐酸稀释至 100 mL。

7. 过氧化氢溶液 $[\omega\,(H_2O_2)=6\%]$ 将 200 mL 过氧化氢溶液 $[\omega\,(H_2O_2)=30\%]$ 稀释至 1 L。

8. 氢氧化铵溶液 $[\varphi\,(NH_4OH)=10\%]$ 将 10 mL 氨水稀释至 100 mL。

9. 硝酸溶液 $[\varphi\,(HNO_3)=10\%]$ 将 10 mL 硝酸（HNO_3，$\rho=1.42\ g\cdot mL^{-1}$）稀释至 100 mL。

10. 乙酸溶液 $[\varphi\,(CH_3COOH)=10\%]$ 将 10 mL 冰乙酸稀释至 100 mL。

11. 草酸铵溶液 $\{\rho\,[(NH_4)_2C_2O_4]=40\ g\cdot L^{-1}\}$ 将 4 g 草酸铵 $[(NH_4)_2C_2O_4$，化学纯]溶于蒸馏水稀释至 100 mL。

12. 硝酸银溶液 $[\rho\,(AgNO_3)=50\ g\cdot L^{-1}]$ 将 5 g 硝酸银（$AgNO_3$，化学纯）溶于蒸馏水稀释至 100 mL。

13. 异戊醇 （$(CH_3)_2CHCH_2CH_2OH$，化学纯）。

14. 浓硫酸（工业用） （H_2SO_4，$\rho=1.84\ g\cdot mL^{-1}$）。

（三）测定步骤

1. 样品处理

（1）大于 2 mm 的石砾的处理。称取一定量原始土样 3 份

第十一章 土壤粒径分布和分析

(m_1)，将大于 2 mm 的石砾按不同粒级（表 11-1，不同分级制有不同分法）分开，分别加入蒸馏水煮沸若干次，直至石砾上的附着物被完全去除。将石砾移至称量瓶中，放入烘箱烘干称重。

（2）吸湿含水率的测定。称取 6 份（如需作脱钙处理，须称取 7 份）过 2 mm 筛的定量风干土样（根据测定前对土样质地的估计，通常黏土用 10.00 g，其他质地用 20.00 g 或更多），将其中 3 份放入 105～110 ℃的烘箱烘至恒重（至少 6 h），得烘干土样重（m_2），计算土样吸湿含水率。

（3）去除有机质。有机质含量较高的土样，分散前应去除有机质。将 4 份风干土样（如不作脱钙处理称取 3 份）分别放入 250 mL 的高型烧杯中，加少量蒸馏水使土样湿润，然后加入 6% 过氧化氢 20 mL，用玻璃棒搅拌，使有机质充分与过氧化氢接触反应。反应过程中会产生大量气泡，为防止样品溢出可加异戊醇消泡。过量的过氧化氢用加热方法去除。

（4）去除 $CaCO_3$。根据粒级分析的不同目的，也可用 HCl 脱钙，小心加 c（HCl）= 0.2 mol·L^{-1} 的溶液于土样中，直至无气泡产生。HCl 脱钙过程中应随时除去样品上面的清液，以保证 HCl 的浓度。如样品 $CaCO_3$ 含量高，可适当加大 HCl 浓度。

经 c（HCl）= 0.2 mol·L^{-1} 的溶液处理的样品，须再用 c（HCl）= 0.05 mol·L^{-1} 的溶液淋洗 Ca^{2+}。为了缩短淋洗时间，每加入一定量 c（HCl）= 0.05 mol·L^{-1} 的稀溶液，待过滤完成后再加入少量稀 HCl 溶液继续淋洗。取淋洗液 5 mL 于小试管中，滴入 10% 氢氧化铵溶液中和，再加数滴 10% 乙酸溶液形成微酸性溶液，加入几滴 40 g·L^{-1} 草酸铵溶液稍加热，若有白色 CaC_2O_4 沉淀，说明样品中仍有 Ca^{2+} 存在，须继续加稀 HCl 淋洗，直至没有 CaC_2O_4 沉淀。

去掉 Ca^{2+} 的土样，还须用蒸馏水淋洗去多余的 HCl 和其他氯化物。为此，再取少量（5 mL）淋洗液于小试管中，加入 10% 硝酸溶液数滴使滤液酸化，再加 50 g·L^{-1} 硝酸银溶液 1～2 滴，若有白色 AgCl 沉淀，则须继续淋洗直至无白色沉淀。

用蒸馏水淋洗样品，随电解质的淋失土壤趋于分散，滤液渐趋混浊，说明这时土样中的 Cl^- 含量已极低，可立即停止淋洗以免土壤胶体损失影响分析结果。

取一份上述处理过的样品于已知重量的容器（如烧杯）中，先在电热板上加热蒸干水分，再放入烘箱，$105\sim110\ ℃$ 烘至恒重，求得去除有机质和 $CaCO_3$ 的烘干土样重（m_3），计算 HCl 淋洗使用量。

2. 制备悬液 将上述处理后的另 3 份样品（如不需去除有机质和 $CaCO_3$，直接用过 2 mm 筛的定量风干土样）全部转移到 500 mL 三角瓶中，根据土壤的酸碱度，每 10 g 样品，酸性土壤可加 $0.5\ mol\cdot L^{-1}$ 的 NaOH 溶液 10 mL，中性土壤可加 $0.5\ mol\cdot L^{-1}$ 的 $1/2Na_2C_2O_4$ 溶液 10 mL，碱性土壤可加 $0.5\ mol\cdot L^{-1}$ 的 $1/6(NaPO_3)_6$ 溶液 10 mL，浸泡过夜，然后加蒸馏水至 250 mL，盖上小漏斗，将悬液在电热板上煮沸，在沸腾前应不时摇动三角瓶，以防止土粒结底，保持沸腾 1 h，煮沸时特别要注意用异戊醇消泡，以免溢出。

将分散好的样品转移到 1 000 mL 沉降筒中。转移前，在沉降筒上置一直径为 $7\sim9$ cm 的漏斗，上面再放一直径为 6 cm、孔径为 0.2 mm 的标准筛，将分散好的土样全部过筛，并用橡皮头玻棒轻轻地洗擦土粒，用蒸馏水冲洗标准筛，将全部样品转移后，将标准筛放入装有适量蒸馏水的大烧杯中上下荡涤，将小于 0.2 mm 的土壤颗粒全部转移到沉降筒中。特别要注意冲洗到沉降筒中的水量不能超过 1 000 mL，然后加蒸馏水到沉降筒中定容至 1 000 mL 备用。

将小于 0.2 mm 的土样颗粒全部转移到沉降筒后，将淋洗筛上的土粒转移到小烧杯中，倒掉上层清水，在电热板上蒸干，放在 $105\sim110\ ℃$ 烘箱中烘至恒重，称量计算 $2\sim0.2$ mm 土粒的量（m_4）。

3. 细土粒的沉降分析 测量实验室当时的水温，按水温计算 0.02 mm、0.002 mm 土粒沉降至 10 cm 处所需的时间。用搅拌棒搅拌悬液 1 min，搅拌悬液时上下速度要均匀，一般为上下各 30 次。搅拌棒向下时一定要触及沉降筒底部，使全部土粒都能悬浮。

搅拌棒向上时，有孔金属片不能露出液面，一般至液面下 3～5 cm 即可，否则会将空气压入悬液，致使悬液产生涡流，影响土粒沉降规律。沉降时间以搅拌结束为起始时间。

用吸管吸取悬液，事先应反复练习，以避免实际操作时失误。

吸取悬液的负气压源以－0.05 MPa 为宜，有各种稳压装置，这里不再介绍，最简单的方法是用洗耳球代替。吸液时，应在吸取悬液前 20 s 将吸管放入沉降筒规定的深度，在吸液时间前 10 s 接通气源。

分别吸取＜0.02 mm 和＜0.002 mm 的土粒于吸管中，将悬液全部移入 50 mL 的小烧杯内，并用蒸馏水冲洗吸管壁，将吸附在吸管壁上的土粒全部冲入小烧杯。然后将小烧杯内的悬液在电热板上蒸干（小心防止悬液溅出），再移至 105～110 ℃烘箱中烘至恒重，称量（精度为 0.000 1 g）＜0.02 mm 和＜0.002 mm 土粒的重量 m_5 和 m_6 并计算各粒级的百分比。

4. 分散剂空白测定　吸取 10 mL 分散剂，放入沉降处理品，定容至 1 000 mL，搅匀，和样品同样吸取 25 mL 于已知质量的 50 mL烧杯中，蒸干烘至恒重得 m_7。

（四）结果计算

一般以烘干土为计算基础，但有机质、碳酸盐含量较高的土壤，可以经盐酸、双氧水处理过的烘干土为计算基础，其淋洗使用量不包括在各级颗粒含量之内，另列一项供参考。

$$吸湿水含量（\%）=\frac{m_1-m_2}{m_2}\times100$$

$$淋洗使用量（\%）=\frac{m_2-m_3}{m_2}\times100$$

$$2～0.2\ mm\ 土粒含量（\%）=\frac{m_4}{m_2}\times100$$

$$0.02～0.002\ mm\ 土粒含量（\%）=\frac{(m_5-m_6)\times ts}{m_2}\times100$$

$$<0.002\text{ mm 土粒含量 }（\%）=\frac{（m_6-m_7）\times ts}{m_2}\times 100$$

0.2~0.02 mm 土粒含量（%）=100%−（淋洗使用量+2~0.2 mm

土粒含量+0.02~0.002 mm 土粒含量+<0.002 mm 土粒含量)

式中：m_1——风干土的质量（g）；

m_2——烘干土的质量（g）；

m_3——经盐酸、双氧水处理后的烘干土质量（g）；

m_4——2~0.2 mm 土粒质量（g）；

m_5——<0.02 mm 土粒与分散剂质量（g）；

m_6——<0.002 mm 土粒与分散剂质量（g）；

m_7——分散剂质量（g）；

ts——分取倍数，1 000/9.431。

测定允差：

吸管法允许平行绝对误差：黏粒级<1%，粉沙粒级<2%。（中国科学院南京土壤研究所，1978 年）

五、比重计法

（一）仪器和试剂

1. 仪器 甲种土壤比重计（鲍氏比重计）：刻度范围为 0~60 g/L，最小刻度单位为 1 g/L，必须校正后才能使用；搅拌器；量筒：1 000 mL，直径约为 6 cm，高约为 45 cm；土壤筛：筛网孔径为 2 mm；洗筛：直径为 6 cm，筛网孔径为 0.2 mm；三角瓶：500 mL；漏斗(7~9 cm) 若干；天平：感量为 0.01 g；电热板；烘箱：300 ℃。

2. 试剂 见吸管法。

（二）测定步骤

1. 样品处理

（1）大于 2 mm 石砾的处理。称取一定量土样 3 份，将大于 2 mm的石砾按不同粒级分开，分别放入蒸馏水中煮沸若干次，直至将石砾上的附着物完全去掉。将石砾移至称量瓶中，放入烘箱烘干称重。

（2）称量 6 份过 2 mm 筛的风干土样约 50 g，精确到 0.01 g，将其中 3 份放入 105～110 ℃烘箱中烘至恒重（至少 6 h），计算土样吸湿含水率。

2. 悬液制备 将 50 g 土样放入三角瓶中，加蒸馏水浸润土样，根据土壤的 pH，酸性土壤可加 0.5 mol·L⁻¹ 的 NaOH 溶液 40 mL，中性土壤可加 c (1/2 Na$_2$C$_2$O$_4$) = 0.5 mol·L⁻¹ 的溶液 20 mL，碱性土壤可加 c [1/6 (NaPO$_3$)$_6$] = 0.5 mol·L⁻¹ 的溶液 60 mL，加水使悬液容积约为 250 mL，浸泡过夜。

将悬液在电热板上煮沸，在沸腾前应不时摇动三角瓶，以防止土粒结底，保持沸腾 1 h。煮沸时特别要注意用异戊醇消泡，以免溢出。

待悬液冷却后，通过 0.2 mm 洗筛将悬液倒入量筒，边倒边用带橡皮头的玻璃棒轻轻擦洗筛网，待悬液全部通过，再加水冲洗筛网。将筛网冲洗干净、<0.2 mm 粒径的土粒全部洗入量筒后，加蒸馏水至 1 000 mL。

留在洗筛上的沙粒用蒸馏水移入称量瓶烘干，以便计算 2～0.2 mm 土粒的含量。

3. 细土粒的测定 将盛悬液的量筒放于温度变化小、平稳的台面上，用搅拌器上下均匀地搅拌悬液 1 min，搅拌结束开始计时。

将比重计轻轻地、垂直地放入悬液中，要放在量筒的中心位置，并稍扶住比重计的玻璃杆，避免其晃动，直到基本稳定。土粒沉降 30 s、1 min、2 min 时各对比重计读数一次，然后将比重计取出，放在盛清水的量筒中，微微转动比重计，洗去附着于比重计浮泡上的土粒，以备下次使用。测量悬液温度（准确至 0.5 ℃）。

然后继续在沉降 4 min、8 min、15 min、30 min 及 1 h、2 h、4 h、8 h、24 h、48 h 的各规定时间用比重计读数，每次在读数

前 10 s 左右将比重计放在悬液中，读数完毕立即取出，放在清水中，并测量悬液温度。

4. 分散校正值的测定 根据不同土样选用相应分散剂，按土样相同体积加到沉降筒中，加水至 1 L 搅拌均匀，用比重计测定分散剂校正值。

（三）结果计算

风干土样吸湿水含量的计算方法同吸管法。

$$>2\ \text{mm 石砾含量（\%)}=\frac{m_1}{m_1+m_2}\times100$$

式中：m_1——原状土过筛时，筛出的 >2 mm 石砾的烘干重（g）；

m_2——原状土过筛时，筛下的 <2 mm 石砾的烘干重（g）。

$$2\sim0.2\ \text{mm 土粒含量（\%)}=\frac{m_3}{m_4}\times100$$

式中：m_3——土样经分散后洗入沉降筒时，洗筛上面的 $>$ 0.2 mm 土粒的烘干重（g）；

m_4——用于比重计法测定的烘干土样重（g）。

比重计某一读数时间测得的小于某粒径土粒的含量：

小于某粒径土粒的含量 $$（\%)=\frac{(\rho_1+\rho_2+\rho_3-\rho_0)\times V}{m_4}\times100$$

式中：ρ_1——比重计读数（g·L^{-1}）；

ρ_2——比重计刻度弯液面校正值（g·L^{-1}）；

ρ_3——比重计读数的温度校正值（g·L^{-1}）；

ρ_0——比重计读数的分散剂校正值（g·L^{-1}）；

V——悬液体积（L）；

m_4——烘干土样重（g）。

某一读数时间测得的土粒直径的确定：

$$d=\sqrt{\frac{1\,800\eta L}{g\ (\rho_s-\rho_f)\ t}}$$

式中：d——土粒直径（mm）；

η——水的黏滞系数（g·cm^{-1}·s^{-1}）；

L——土粒沉降深度（cm，可由图 11-5 查得）；

g——重力加速度（$g=981$ cm $\cdot$ s^{-2}）；

ρ_s——土粒密度（g $\cdot$ cm^{-3}）；

ρ_f——水的密度（g $\cdot$ cm^{-3}）；

t——沉降时间（s）。

　　根据计算出的土粒直径和含量可绘制土壤粒径分布曲线，分布曲线用半对数坐标纸绘制。再从粒径分布曲线上查得小于某粒径土粒的含量，并计算所需粒径土粒的含量。

　　比重计法两次平行测定结果允许差：黏粒级＜3％，粉（沙）粒级＜4％。

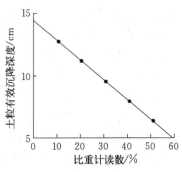

图 11-5　土壤颗粒沉降与比重关系

（四）比重计的校正

比重计的校正工作必须在水温为 20 ℃时进行。

　　1. 土粒有效沉降深度（L）校正　为了测定土粒粒径，首先应找出比重计读数与土粒的有效沉降深度 L 的关系。根据斯托克斯的假设，土粒沉降深度是从无限的液面到比重计浮泡体积中心的距离。然后测定是在 1 000 mL 的量筒中进行的，将比重计放入量筒，悬液面上升，根据比重计读数计算出的 L' 并非实际的土粒沉降深度，故应加以校正。从图 11-6 可看到：

$$L=L'+\frac{1}{2}\frac{V}{A}-\frac{V}{A}=L'-\frac{1}{2}\frac{V}{A}=L_1+L_2-\frac{V}{2A}$$

　　式中：L——土粒有效沉降深度（cm）；

　　　　　L'——比重计浮泡体积中心至某一读数的距离（cm）；

　　　　　L_1——比重计浮泡顶端（最低刻度处）至某一读数的距离（cm）；

　　　　　L_2——比重计浮泡体积中心至浮泡顶端的距离（cm）；

V——比重计浮泡体积（cm³）；

A——量筒的横截面积（cm²）。

（1）校正步骤。将比重计放入盛有 250 mL 蒸馏水的量筒中，使水面升至比重计浮泡顶端的最低刻度处，排开的水量即比重计浮泡的体积 V。取出比重计，调节量筒内水面至某一刻度处，再将比重计放入蒸馏水中，待液面升起的容积达比重计浮泡体积的 1/2 时，在与水面相平的浮泡上作一标记，此处即中心至浮泡顶端（比重计的最低刻度处）的垂直距离 L_2，再量取浮泡顶端至各刻度间的距离 L_1（每 5 个刻度量一

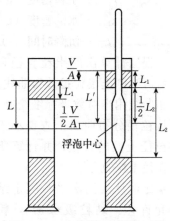

图 11-6　土壤颗粒沉降校正图

次）。测量量筒内径，算出量筒的横截面积 A 及 $V/2A$。根据公式算出比重计各不同读数相对应的土粒的有效沉降深度，绘制关系曲线，以备计算时查用。

（2）举例。设所有量筒直径为 6.0 cm，其横截面积 $A=26.3 \text{ cm}^2$，测得该比重计的浮泡体积 V 为 52.0 cm³，L_2 为 7.3 cm，得

$$\frac{V}{2A} = \frac{52.0}{2 \times 28.3} = 0.9 \text{cm}$$

$$L_2 - \frac{V}{2A} = 7.3 - 0.9 = 6.4 \text{cm}$$

由各次量得的 L_1 和算得的 L 可作比重计读数与土粒有效沉降深度的关系曲线。

2. 刻度及弯月面校正　由于在制作时比重计刻度往往不甚准确，故须校正。另外，比重计玻璃杆与悬液接触时，表面张力使沿玻璃杆上升形成的弯月面高出悬液面，在测定时悬液呈浑浊状，读数无法以悬液面为准，只能读弯月面上缘，故须对弯月面进行校

正，可将刻度的校正与弯月面的校正合并进行。

　　按表 11 - 5 所列的数值，称取经 105 ℃ 烘干的 NaCl 配制标准溶液各 1 000 mL。将各溶液分别倒至 1 000 mL 量筒中，按溶液浓度由小到大的顺序，用待校正的比重计在各标准溶液中进行实际测定，读数应以弯月面上缘为准。每一溶液均应多次读数，取其平均值，算出各读数的校正值，然后，根据比重计实际平均读数和校正值绘制刻度及弯月面校正曲线（表 11 - 6）。

表 11 - 5　配制标准溶液的 NaCl 用量

20 ℃时比重计的准确读数/ (g·L^{-1})	标准溶液中所需的 NaCl 量/ (g·L^{-1})
0	0.00
5	4.56
10	8.94
15	13.30
20	17.19
25	22.30
30	26.72
35	31.11
40	35.61
45	40.32
50	44.88
55	49.56
60	54.00

资料来源：李西开等，1983，土壤农业大学常规分析法。

表 11 - 6　比重计刻度及弯月面校正记录表

20 ℃时比重计的准确读数/(g·L^{-1})	20 ℃时比重计多次实际读数平均值/(g·L^{-1})	校正值/(g·L^{-1})
0	0.5	−0.5
5	6.0	−1.0

（续）

20 ℃时比重计的 准确读数/(g·L⁻¹)	20 ℃时比重计多次实际 读数平均值/(g·L⁻¹)	校正值/(g·L⁻¹)
10	11.0	−1.0
15	16.0	−1.0
20	21.0	−1.0
25	26.0	−1.0
30	31.0	−1.0
35	35.0	0.0
40	40.0	0.0
45	45.0	0.0
50	50.0	0.0
55	54.0	+1.0
60	60.0	0.0

3. 温度校正　土壤比重计都是在 20 ℃时校正的。测定温度改变时，会影响比重计的浮泡体积及水的密度，一般根据表 11-7 进行校正。

表 11-7　甲种比重计读数的温度校正值

悬液温度/ ℃	按比重计读数减去 校正值	悬液温度/ ℃	按比重计读数加上 校正值
6.0	2.2	20.0	0.0
6.5	2.2	20.5	0.2
7.0	2.2	21.0	0.3
7.5	2.2	21.5	0.5
8.0	2.2	22.0	0.6
8.5	2.2	22.5	0.8
9.0	2.1	23.0	0.9
9.5	2.1	23.5	1.1
10.0	2.0	24.0	1.3

（续）

悬液温度/ ℃	按比重计读数减去 校正值	悬液温度/ ℃	按比重计读数加上 校正值
10.5	2.0	24.5	1.5
11.0	1.9	25.0	1.7
11.5	1.8	25.5	1.9
12.0	1.8	26.0	2.1
12.5	1.7	26.5	2.2
13.0	1.6	27.0	2.5
13.5	1.5	27.5	2.6
14.0	1.4	28.0	2.9
14.5	1.4	28.5	3.1
15.0	1.2	29.0	3.3
15.5	1.1	29.5	3.5
16.0	1.0	30.0	3.7
16.5	0.9	30.5	3.8
17.0	0.8	31.0	4.0
17.5	0.7	31.5	4.2
18.0	0.5	32.0	4.6
18.5	0.4	32.5	4.9
19.0	0.3	33.0	5.2
19.5	0.1	33.5	5.5
20.0	0	34.0	5.8

4. 土粒比重校正　甲种比重计土粒比重校正值见表11-8。

表 11-8　甲种比重计土粒比重校正值

土粒比重	校正值	土粒比重	校正值	土粒比重	校正值	土粒比重	校正值
2.50	1.037 6	2.60	1.011 8	2.70	0.988 9	2.80	0.968 6
2.52	1.032 2	2.62	1.007 0	2.72	0.984 7	2.82	0.964 8
2.54	1.026 9	2.64	1.002 3	2.74	0.980 5	2.84	0.961 1
2.56	1.021 7	2.66	0.997 7	2.76	0.976 8	2.86	0.957 5
2.58	1.016 6	2.68	0.993 3	2.78	0.972 5	2.88	0.954 0

资料来源：李西开等，1983年，土壤农业大学常规分析法。

第十二章　土壤含水量、土水势和土壤水分特征曲线的测定

一、测定意义

严格地讲，土壤含水量应称为土壤含水率，因其所指的是一定质量或容积土壤中的水量分数或百分比，而不是土壤所含的绝对水量。

土壤含水量的多少直接影响土壤的固、液、气三相比以及土壤的适耕性和作物的生长发育。在农业生产中，需要经常了解田间土壤含水量，以便适时灌溉或排水，保证作物生长对水分的需要，并利用耕作予以调控，达到高产丰收的目的。

近几十年来的研究表明，要了解土壤水运动及土壤对作物的供水能力，只有土壤水数量的概念是不够的。举一个直观的例子：如果黏土的土壤含水量为 20%，沙土的土壤含水量为 15%，两土样相接触，土壤水应怎样移动？如单从土壤水数量的概念考虑，似乎土壤水应从黏土土样流向沙土土样，但事实恰恰相反。这说明，光有土壤水数量的概念，尚不能很好地研究土壤水运动及对作物的供水，必须建立土壤水的能量的概念，即土水势的概念。

测定土壤水分特征曲线（基质势与土壤含水量之间的关系曲线）需要特别的仪器设备，随着土壤科学的发展，越来越多的基层土壤工作者需要土壤水分特征曲线这一基础资料，了解土壤水分特征曲线的测定，对今后土壤水分特征曲线（不管是自己测定还是由别的单位测定）的应用是有益的。

二、方法选择的依据

土壤含水量的测定目前常用的方法有烘干法、中子法、射线法和 TDR 法（又称时域反射仪法），后 3 种方法需要特别的仪器，有的还需要一定的防护条件。

土水势包括许多分势，与土壤水运动最密切相关的是基质势和重力势。重力势一般不用测定，只与被测定点的相对位置有关。测定基质势最常用的方法是张力计法（又称负压计法），可以在田间现场测定。

土壤水分特征曲线是田间土壤水管理和研究最基本的资料。通过土壤水分特征曲线可获得很多土壤基质和土壤水的数据，如土壤孔隙分布及对作物的供水能力等。测定土壤水分特征曲线最基本的方法是压力膜（板）法，它可以完整地测定土壤水分特征曲线。

三、土壤含水量的测定（烘干法）

烘干法又称质量法，具体操作：用土钻采取土样，用感量为 0.1 g 的天平称得土样的质量，记录土样的湿质量（m_t），在 105 ℃ 烘箱内将土样烘 6～8 h 至恒重，然后测定烘干土样，记录土样的干质量（m_s），根据下式计算土样含水量：

$$\theta_m = m_w/m_s \times 100\%$$

式中：m_w——$m_t - m_s$；

　　　　θ_m——土样的质量含水率，习惯上又称质量含水量。

如果知道取样点的容重（ρ_b），则可求出土壤含水量的另一种表示形式——容积含水量 θ_v。

$$\theta_v = \theta_m \rho_b$$

在黏粒或有机质多的土壤中，烘箱中的水分散失量随烘箱温度的升高而增大，因此烘箱温度必须保持在 100～110 ℃。

烘干法的优点是简单、直观，缺点是采样会干扰田间土壤水的连续性，取样后在田间留下的取样孔（尽管可填实）会切断作物的根系并影响土壤水的运动。

烘干法的另一个缺点是代表性差。田间取样的变异系数为10%或更大，这么大的变异主要是由土壤水在田间的分布造成的，影响土壤水在田间的分布的因素有土壤质地、结构以及不同作物根系的吸水作用和作物冠层对降雨的截留等。尽管如此，烘干法还是被看成测定土壤水含量的标准方法，避免取样误差和少受采样的变异影响的最好方法是按土壤基质特征如土壤质地和土壤结构分层取样，而不是按固定间隔采样。

四、土水势的测定（张力计法）

和自然界其他物质一样，土壤水也具有不同形式、不同量级的能量。经典热处理学将自然界的能分为动能和势能，动能是由物体运动的速度和质量决定的，其值等于 $1/2mV^2$。由于土壤水也遵循这一普遍规律，若把土壤和其中的水当作一个系统来考虑，当土-水系统保持在恒温、恒压以及溶液浓度和力场不变时，系统和环境之间没有能量交换，该系统称为平衡系统。由于水在流动过程中要做功，所以每个平衡系统不是消耗了能量，就是获得了能量，一个平衡的土-水系统所具有的能够做功的能量即该系统的土壤水势能。当两个具有不同能量水平的土-水平衡系统接触时，水就从具有较高能量水平的系统流到具有较低能量水平的系统，直到两个系统的土水势值相等时，于是水的流动就停止了。

显然，在分析土壤水的保持和运动时，重要的不是某一系统本身的能量水平，而是两个平衡系统之间的土水势之差，因此，可任意规定一个土-水平衡系统为基准系统，其土水势为零，国际土壤学会选定的基准系统是假设一纯水池，在标准大气压下，其温度与土壤水温度相同，并处在任意不变的高度。由于假设水池所处高度是任意的，因此土壤中任意一点的土水势与标准状态相比并不是绝对的。

虽然如此，但在同一标准状态下，土壤中任意两点的土水势之差是可以确定的。

（一）测定原理

土水势包括若干分势，除盐碱土外，影响土壤水运动的分势主要是重力势和基质势。

重力势是地球重力对土壤水作用的结果，其大小由土壤水在重力场中相对于基准面的位置决定，基准面的位置可任意选定。

基质势是由土壤基质孔隙对水的毛管力和基质颗粒对水的吸附力共同作用而产生的。取基准面纯水自由水面的土水势为 0，则基质势为小于 0 的值。

土水势的单位经常用的有单位重量土壤水的势能和单位容积土壤水的势能。单位重量土壤水的势能的量纲为长度单位，即 cm、m 等。单位容积土壤水的势能的量纲为压强单位，即 Pa（帕）。

基质势通常用张力计测定（图 12-1）。张力计有各种形式，但其基本构造相同，都是由顶盖、压力计、负压计延长管、瓷头组成。

测定时，事先在张力计内部充满无气水（将水煮沸排除溶解于水中的气体，然后将煮沸的水与大气隔绝降至室温，即无气水），使瓷头饱和，并与大气隔绝。将张力计埋设在土壤中，瓷头要与土壤紧密接触。当土壤处于非饱和水状态时，土壤通过瓷头从张力计中

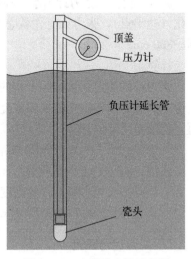

图 12-1　土壤张力计示意图

顶盖

压力计

负压计延长管

瓷头

"吸取"少量水分，当与张力计瓷头接触土壤的土水势与张力计瓷头处的水势相等时，由张力计向土壤中的水停止运动，这时记录压力计读数并计算土壤的基质势。

（二）仪器及设备

张力计：可在市场上购得各种形式的张力计。张力计土钻：根据张力计埋设的深度定制或加工，土钻钻头直径要与张力计瓷头直径相同。

埋设及测定：

根据测定的深度，用张力计土钻在测定地点钻孔，将埋设深度处的土壤和成泥浆，注入钻孔中，将张力计埋入钻孔中，保证瓷头与土壤紧密接触。在张力计中注入无气水并密封 24 h 后，便可读数测定。为了少受气温的影响，最好在上午固定时间测定，测定时注意将张力计管内气泡排到储气管中，方法是用手指轻轻不断弹张力计连接管。测定数次后，张力计须重新注水。

张力计的测定范围在 0～−800 cm，这主要是由于在田间温度下（30 ℃左右），张力计内水分在低压下（−800 cm 以下）会发生汽化（达沸点），张力计工作状态被破坏。因此张力计一般只能测到−800 cm。

计算：

张力计的测定读数实际上指的是负压表或水银柱计压力计的负压值，因此必须将这个值换算成瓷头处（以瓷头中点为计算点）的值。土壤基质势的计算：

$$\psi_m = -13.6 h_{Hg} + (h - h_1)$$

式中：ψ_m——土壤基质势（cm）；

h_{Hg}——水银上升的高度（cm）；

h、h_1——水柱的高度（cm）。

（三）测定允许差

用张力计测定土壤基质势的精度一般由张力计所用压力读报最

小读数决定。负压表的测定精度较低，水银柱压力计的读数可精确到 1 mm 汞柱，但由于肉眼的读数误差，常常达不到这个精度。

五、土壤水分特征曲线的测定［压力膜（板）法］

土壤水分特征曲线是土壤水管理和研究最基本的资料，是非饱和情况下，土壤水分含量与土壤基质势之间的关系曲线。完整的土壤水分特征曲线应由脱湿曲线和吸湿曲线组成，即土壤由饱和至逐步脱水，测定不同含水量情况下的基质势，由此获得脱湿曲线；另外，土壤可以由气干逐步加湿，测定不同含水量情况下的基质势，由此获得吸湿曲线。这两条曲线是不重合的，我们把这种现象称为土壤水分特征曲线的滞后作用。通常情况下，由于吸湿曲线较难测定，且在生产与研究中常用脱湿曲线，所以只讨论脱湿曲线的测定。

土壤水分特征曲线反映了非饱和状态下土壤水的数量和能量之间的关系，如果不考虑滞后作用，通过土壤水分特征曲线可建立土壤含水量和土壤基质势之间的换算关系。这样做，有时会带来一定的误差，但在大多数情况下，一场降雨或灌溉后，总是有很长时间的干旱过程，在这种情况下，由脱湿曲线建立的两参数之间的换算关系有一定可靠性。

如果将土壤孔隙概化为一束粗细不同的毛细管，在土壤饱和时，所有的孔隙都充满水，而在非饱和情况下，只有一部分孔隙充满水。通过土壤水分特征曲线可建立土壤基质势与保持水分的最大土壤孔隙的孔径的函数关系，由此可推算土壤孔径的分布。必须指出，由于我们将土壤孔隙概化为一束粗细不同的毛细管，与实际的土壤孔隙不完全相同，因此称为实效孔径分布。

土壤水分特征曲线的斜率反映了土壤的供水能力，即基质势减少一定量时土壤能释放多少水，这在研究土壤与作物关系时有很大作用。

测定原理：将土样置于多孔压力板上，多孔压力板根据其孔径大小分为不同规格，孔径大的压力板能承受较小的气压，孔径小压力板的能承受较大的气压。将压力板和土样加水共同饱和，将压力板置于压力容器内，加压，这时有水从土样中排出，保持气压不变，等不再有水从土样中排出时，打开容器，测定土样水分含量。如所加气压值为 P（MPa），土壤基质势为 ψ_m，则

$$\psi_m = -P$$

由此获得土壤基质势为 ψ_m 和其对应的土壤含水量 θ_V，调整气压，继续实验，由此获得若干对（ψ_m，θ_V），将测定值点绘到直角坐标系中，根据散点可求得土壤水分特征曲线。

（一）仪器及设备

压力板水分提取器：如图 12 - 2 所示；压力板由压力板水分提取器厂家提供，压力板直径约为 30 cm，根据压力板承受压力的大小，分为 0.1 MPa、0.3 MPa、0.5 MPa、1.0 MPa、1.5 MPa（1 bar、3 bar、5 bar、10 bar、15 bar，bar 为非标准量纲，厂家印在压力板上）。土环：几十个，高 1 cm，直径 5 cm左右（土环直径不严格限

图 12 - 2　压力板水分提取器（1500F2，上海泽泉科技股份有限公司）

制），土环一般由铜制成，也有铝制的或橡胶制的；压力泵或高压气源；铝盒，用于土壤含水量的测定；瓷盘，多孔板饱和时用；粗的定性滤纸；皮筋。

（二）测定步骤

1. 制备土样　按土壤实际容重将已剔除杂物（碎石、根须等）的土壤填在土环中，注意在土环下部垫一层粗滤纸，用皮筋固定，

也可在田间现场取样，方法类似于土壤容重取样，只是土环底部要垫一层滤纸，用皮筋固定。如果要测定一条完整的土壤水分特征曲线，样品数量应在 60 个以上。

2. 饱和土样　将制备好的土样置于多孔压力板上，一个多孔压力板大约可放置 20 多个土样，将带有土样的多孔压力板置于瓷盘内，加水饱和土样和多孔压力板。注意缓慢注水，不要一次注水淹过土样，使土样中的气泡不能不排出。应分几次注水，使水层逐步淹过土样。至少保持水层 24 h。

3. 排水　将饱和好的土样和多孔压力板置于水分提取器内（根据需要选择不同规格的压力板），加盖密封，按实验要求调整气压，这时有水分从水分提取器内排出，保持气压不变，直到没有水分从水分提取器内排出。这一过程需要 2～3 d，有时会更长。

4. 测定　等没有水分从水分提取器内排出后，将气压调回"0"，开盖取样，按烘干法测定土壤含水量。通常一次应测定 5 个土样的含水量，取其平均值，根据容重求得容积含水量。于是求得一对基质势和土壤含水量之值。

继续以上测定，一条完整的土壤水分特征曲线一般需要测定 0.001 MPa、0.01 MPa、0.03 MPa、0.05 MPa、0.1 MPa、0.3 MPa、0.5 MPa、1.0 MPa、1.5 MPa 9 个点，必要时还要适当加密。在条件允许的情况下，0.1 MPa 以内的测定最好用原状土样。

（三）计算

由测定的 (ψ_m, θ_V) 值在直角坐标系中点绘土壤水分特征曲线，用光滑的曲线连接，也可拟合成 ψ_m 和 θ_V 的函数形式。土壤基质势 (ψ_m) 的相反数称作土壤水吸力（S），土壤水吸力与土壤实效孔径 D 的关系如下：

$$D=3/S$$

式中土壤水吸力 S 必须用量纲 hPa（=100 Pa），因此实效孔径 D 的量纲为 mm。

土壤水分特征曲线中，可以把吸力 S 的坐标换算成实效孔径 D 的坐标（图 12-3），当土壤水的吸力为 S_1 时，则土壤中凡是等于及大于实效孔径 D_1 的所有毛管中的水分将被排出土体，只有在孔径小于 D_1 的毛管中才充满水，相应的含水量为 θ_1；当吸力 S_1 提高到 S_2（$S_2 > S_1$）时，相应的实效孔径为 D_2，此时孔隙大于 D_2 的毛管中的水分被排出土体，只有在孔径小于 D_2 的毛管中保持着水分，相应的含水量为 θ_2。这说明当吸力变化范围为 $S_1 \sim S_2$ 时，土体中是实效孔径为 $D_1 \sim D_2$ 的那部分孔隙排水，相应地这部分孔径的容积为 $\theta_1 \sim \theta_2$。

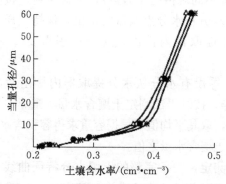

图 12-3　土壤含水量与当量孔径的关系[41]

土壤水分特征曲线的斜率是变化着的，它对分析土壤水的保持和运动是一个重要的参数，常把含水量 θ 对基质势 ψ_m 的导数称为比水容量（C_θ）。

$$C_\theta = \mathrm{d}\theta / \mathrm{d}\psi_m$$

由于 $\psi_m = -S$，所以也可表示为

$$C_\theta = \mathrm{d}\theta / \mathrm{d}S$$

由此可见，比水容量（C_θ）可用以说明在土壤基质势或土壤水吸力的某一变化范围内，土壤所能释放或储存以供作物利用的水量。图 12-4 是含水量 θ 随土水势变化的水分特征曲线。

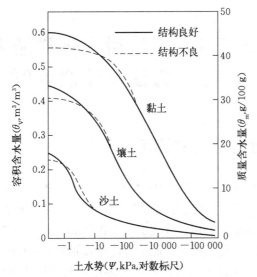

图 12 - 4　土壤含水量与土壤水势-水分特征曲线

(四) 测定允许误差

测定土壤水特征曲线的允许差由土样的土壤含水量的差值决定。一般要求有 5 个重复，5 个重复的变异系数控制在 1% 以内。但用原状土样测定常常很难达到这个精度，一般变异系数可放宽到 5% 以内。

第十三章 土壤微生物样品采集方法及注意事项

一、土壤微生物测定的意义

土壤中生活着大量的微生物，它们个体微小，一般以微米或纳米来计算，通常 1 g 土壤中有 $10^6 \sim 10^9$ 个微生物。土壤微生物种类繁多，包括细菌、真菌、放线菌以及各种藻类，它们在土壤中进行氧化、硝化、氨化、固氮、硫化等过程，促进土壤有机质的分解和养分的转化，其种类和数量随成土环境及其土层深度的不同而变化。随着微生物研究技术的不断发展，越来越多的功能型微生物被人们重视，并被应用到农业生产及生态环境保护中。目前，人们利用微生物的降解、氧化等生化活性来净化生活污水、有毒工业污水和处理生活有机垃圾；利用微生物来检测环境的污染度等。自从1978 年 Burr 等首先在马铃薯上发现促生根际菌（plant growth-promoting rhizobacteria，PGPR）以来，国内外已发现包括荧光假单胞菌、芽孢杆菌、根瘤菌、沙雷氏菌等 20 多个种属的根际微生物具有防病促生的潜能，最多的是假单胞菌属（*Pseudomonas*）、芽孢杆菌属（*Bacillus*）、农杆菌（*Agrobacterium*）、埃文氏菌属（*Eriwinia*）、黄杆菌属（*Flavobacterium*）、巴斯德氏菌属（*Pasteurella*）、沙雷氏菌属（*Serratia*）、肠杆菌属（*Enterobacter*）等。

PGPR 是一类能够促进作物生长、防治病害、增加作物产量的微生物。PGPR 虽然在根际细菌中仅占 2%～5%，但它们对土壤中有害病原微生物与非寄生性根际有害微生物的生防、作物矿物质营养的吸收利用、作物的生长发育均起着重要的作用。自养微生物可实现 CO_2 的固定（即生物吸收 CO_2 转化成自身细胞物质的过程）。根据机制的不同，CO_2 的固定可分为自养生物进行的光合成、细菌型光合成和化学合成以及在异养生物或自养生物中进行的 CO_2 暗固定，其中光合成与细菌型光合成同化所需的能量都来自光能，化学合成是用无机物的氧化能来进行 CO_2 的固定。光能自养微生物主要包括微藻类和光合细菌，它们都含细胞色素，以光为能源，以 CO_2 为碳源，合成细胞组成物质或中间代谢产物。其中，微藻类属于真核微生物，它们的种类繁多，包括绿藻、硅藻、红藻等。而光合细菌均属于原核生物，其中蓝藻（也称蓝细菌）虽然为原核生物，但它们和作物一样能进行产氧光合作用，其他光合细菌具有多种多样的色素，以硫化氢、硫或氢气作为电子供体，但不氧化水产生氧。这些不产氧光合细菌包括红细菌、红螺菌、绿弯菌、绿硫细菌等。化能自养微生物包括严格化能自养菌和兼性化能自养菌。它们以 CO_2 为碳源，主要通过氧化 H_2、H_2S、$S_2O_3^{2-}$、NH_4^+ 及 Fe^{2+} 等还原态无机物质获得能源，其中严格化能自养菌的代表微生物有硫氧化细菌、铁细菌、氨氧化细菌及硝化细菌等；兼性化能自养菌有 CO 氧化菌和有氧氢氧化细菌等。具有固碳功能的微生物分布广泛，它们有很强的环境适应能力，每年能固定 6.0 亿～49.0 亿 t 碳。因此，通过深入研究土地管理方式对土壤固碳细菌的影响，通过优化田间管理，调节土壤细菌群落结构，增加固碳微生物优势种群，减少氧化亚氮、甲烷等温室气体的排放，可以实现土壤固碳和减排的双赢。土壤微生物指标测定基本流程见图 13-1。

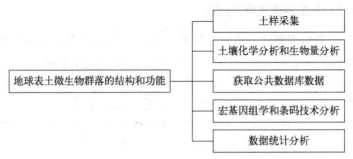

图 13-1　土壤微生物指标测定基本流程[42]

有机污染物是指由以碳水化合物、蛋白质、氨基酸以及脂肪等形式存在的天然有机物质及其他可生物降解的人工合成有机物质组成的污染物。我国农业土壤中 15 种多环芳烃（PAHs）总量的平均值为 4.3 mg·kg^{-1}，且以 4 环以上具有致癌作用的污染物为主。微生物通过两种方式对 PAHs 进行代谢：以 PAHs 为唯一的碳源和能源；对 PAHs 与其他有机质进行共代谢降解。具有共代谢功能的微生物包括无色杆菌、节杆菌、黑曲霉、固氮菌等 20 余种。目前，降解有机物的微生物主要应用在酚类化合物、芳香族化合物、氯代脂肪族化合物及腈类化合物等 4 类难降解有机物的降解中。其中降解酚类的细菌有黄杆菌、镰刀菌、产碱杆菌等，白僵菌的降解率达 96%、假单胞菌的降解率为 95%。能对芳香族（PAES）物质进行降解的微生物种属主要有：棒状菌、氮单胞菌、假单胞菌、黄单胞菌、棒状杆菌、芽孢杆菌、产碱杆菌、青霉、木霉等。棒状杆菌是断裂杂环化合物和碳氢化合物链的主要菌种，假单胞菌普遍存在于土壤中，能够降解许多人工合成的有机物。

土壤环境保护和污染环境的生物修复是 21 世纪全球性的战略任务，微生物将在其中发挥越来越不可取代的作用。让我们利用这些奇妙的微生物更新土壤养分、净化生态环境、创造更加美好的家园！

二、土壤微生物测定指标体系

（一）土壤微生物生物量

1. 直接观察法（显微计数法） 显微计数法是加水将少量待测土壤样品制成悬浮液，并置于一种特定的具有确定容积的载玻片上，于显微镜下直接观察、计数，测定各类微生物的大小，并根据一定观察面积上微生物的数量、体积和比重（通常采用 1.18 g·cm^{-3}）计算单位干土所含微生物量；或根据微生物的干物质含量（通常采用 25%）及干物质含碳量（通常为 47%）换算每克土壤中微生物的碳含量。微生物的干物质含量和干物质含碳量等参数一般通过纯培养实验获得。目前，为使测定结果更加准确，可在悬浮液中加一些染色剂，如含 0.1% 结晶紫的 0.1 mol·L⁻¹柠檬酸溶液染色液和台酚蓝染色液。以此开发的快速方法有 DAPI、CFDA 和 SYBR Green I 等染色法，在荧光显微镜下观察计数，适用于细胞体积微小、数目较少的检测环境。显微计数法具有直观、简单的优点，但是其弊端在于计数费时、费力，并且在测定土壤微生物量碳时操作复杂，所测结果不可靠，因此现在已较少使用。

2. 生理学法

（1）熏蒸培养法（FI）。1976 年，Jenkinson 和 Powlson 融合了生态学和微生物学的方法，提出了利用氯仿熏蒸培养法测定土壤微生物量碳（BC）[43]。该法是根据被杀死的土壤微生物细胞因矿化作用而释放 CO_2 的量估计土壤微生物量碳。其基本操作过程如下：采集新鲜土壤样品，调节其含水量至田间持水量的 50%，25 ℃培养 10 d 左右，置于干燥器内用氯仿熏蒸 24h 后，用真空泵抽尽氯仿，接种少量新鲜土样，好气培养 10 d。以未用氯仿熏蒸土样作为对照组，通过测定培养时间内土壤 CO_2 的释放量计算土壤微生物量碳。计算公式：$B_C = F_C/K_C$，其中 F_C 表示熏蒸与未熏蒸土壤在培养时间内 CO_2 释放量的差值，即 F_C＝熏蒸土样释放的 CO_2 量—未熏蒸土样释放的 CO_2 量；K_C 表示转化系数，即熏蒸杀死的土壤微生物在培养过程中被分解并以 CO_2 的形式释放出来的比例。K_C 可以通过纯培养实验或同位素标记法获得，不同方法测得的转化系数 K_C 不尽相同，但 K_C 通常取 0.45。1984 年，Shen 等[44]提出氯仿熏蒸通气培养法。该法通过熏蒸培养后提取的氮元素增加量（F_N）及土壤微生物量氮的转化系数（K_N）计算土壤微生物量氮。之后，Brookes 等[45]研究发现，熏蒸培养期间释放的矿质氮可被微生物利用，也可发生反硝化和氨挥发作用，导致氮元素损失，影响测定结果。West 等[46]利用氯仿熏蒸培养法测定发现，培养 7 d 后土壤微生物量碳减少 35%，ATP 含量增加 59%～67%。虽然熏蒸培养法能够广泛地被用来测定土壤微生物量，但是其需要一定的假设条件：①熏蒸能够杀死土壤中所有的微生物，但是不会影响土壤的物理和化学性质。②被杀死的土壤微生物能够很快被矿化，且不影响土壤中的非生物有机质的矿化速率。③所有的土壤可以共用一个转化系数 K_C。④在培养期间，没有灭菌的土壤的微生物的死亡数量忽略不计。

熏蒸培养法操作简单，误差小，适用于常规分析。对于大多数的土壤而言，该方法的测定结果与计算法的测定结果比较一致，较为可信。但该法也存在一些弊端，如假设条件不能完全成立，且较难选择空白对照；培养时间较长，不适合土壤中微生物量碳的快速测定；不适用于强酸性土壤、含较多易分解新鲜有机质的土壤、风干土样土壤、淹水土壤和新近施过有机肥的土壤中微生物量碳的测定等。

（2）熏蒸浸提法（FE）。1985 年，Brookes 等在熏蒸培养法的基础上提出了熏蒸浸提法，该法能够更为直接地测定土壤微生物量氮、磷[46]。1987 年，Vance 等[47]首次将该法用于测定土壤微生物量碳，并指出该法与熏蒸培养法测定值之间具有良好的线性关系。熏蒸浸提法的原理是利用不同的浸提剂，通过氧化滴定法来测定土壤浸提液中的有机碳、氮和磷，可溶性有机碳含量和微生物量碳之间存在较稳定的比例关系。其测定步骤为：根据土壤样品含水量，调节土壤含水量为田间持水量的 50%，25 ℃条件下密封培养 10 d，以保持土壤均匀和不同地方所得结果的可比性。氯仿熏蒸24 h后，用真空泵反复抽气，直到闻不到氯仿气味。根据所测对象的不同选择不同的提取剂浸提，振荡浸提 30 min 后，立即分析浸提液中所测对象的含量或−15 ℃保存。

目前，Wu 等[48]已经开始使用总有机碳（TOC）分析仪来代替传统的氧化滴定法，使土壤微生物生物量的测定更加简便、快速、可靠。林启美等用 1∶2 的水土比浸提土壤中的碳，取得了较好的效果，但目前较多使用的水土比仍然是 1∶4。之后，Jenkinson 对土壤微生物生物量测定方法进行了总结，并提出了熏蒸浸提法中的 K_C 为 0.45、K_N 为 0.45、K_P 为 0.40[49]。熏蒸浸提法与熏蒸培养法相比具有简单、快速，适用于大批量样品的测定等优点。

熏蒸培养法一次提取可同时测定土壤微生物量碳、氮、磷和硫；也适用于酸性、中性、渍水土壤以及新近施过有机肥的土壤的微生物生物量的测定，并且可以与同位素结合研究土壤的碳、氮、磷和硫的物质循环及转化。因此，该方法是如今研究土壤微生物生物量的主要测定方法[46]。但是，熏蒸浸提法也有不足之处[47]。转化系数 K_C 取决于土壤微生物群落的组成及 pH，不同土壤 K_C 变异性较大；在底土或泥炭土中有高含量的可提取有机碳以及氯仿中的部分不稳定碳，可能会使得熏蒸浸提法失去准确性和可靠性。除此之外，在 24 h 的氯仿熏蒸期间，其水含量必需大于田间持水量的 50%，这些都会限制熏蒸浸提法的使用。另外，Shen[4] 的研究表明，土壤经熏蒸培养时，会损失大量的无机氮，影响土壤微生物量氮的测定。

（3）底物诱导呼吸法（SIR）。底物诱导呼吸法起源于纯培养研究。自然状态下土壤微生物的呼吸量很低，但当向土壤中加入可降解底物（如葡萄糖）时，土壤微生物的呼吸速率会急剧增大，其提高量与土壤微生物生物量的大小成正比。据此，1978 年有学者提出了底物诱导呼吸法，并发现如果向土壤中加足够的葡萄糖可获得最大的诱导呼吸量，使微生物酶系统达到饱和时，CO_2 的释放速率与微生物生物量的大小线性相关，可以快速测定土壤微生物生物量。除了使用葡萄糖外，使用肉胨也有同样的效果[5]。葡萄糖在土壤中的矿质化作用是由添加葡萄糖后呈指数增长以及数量增长不多但呼吸作用增长到恒定速率的微生物共同完成的。以熏蒸培养法为标准，得出转化系数 $B_c=40.04$。通过比较两种葡萄糖使用方式对底物呼吸的影响，发现虽然二者有几乎相同的对应关系，但对于某些土壤的差异却很大。在 100 d 培养期内加入 ^{14}C 标记葡萄糖来标记土壤微生物量碳，每隔 20 d 测定 1 次 ^{14}C 标记微生物量碳（^{14}C-B_c），通过一级热力学方程拟合测定期内 ^{14}C-B_c 的周转速率常数，并计算土壤微生物量碳的表观周转时间。

底物诱导呼吸法的一个最大优点就是在加入葡萄糖的同时，可以分别加入细菌或真菌抗生素，以选择性地抑制细菌或真菌的基质诱导呼吸，从而估计土壤中细菌和真菌的比例，并且有望解释自然和人为活动对微生物的作用机理[6]。虽然底物诱导呼吸法适用的土壤范围比较广，但是也存在一定的局限性，如该法只能用于测定土壤微生物量碳，且容易受土壤 pH 和含水量的影响。对于碱性土壤，由于 CO_2 在土壤液相中发生溶解，使其测定结果偏低。另外底物诱导呼吸法校正系数的不确定性，也使利用该方法表征土壤微生物量碳受到很多争议。

（4）比色法。比色法的原理是 Lambert - Beer 定律，即当光程（溶液厚度）一定时，有色溶液对单色光的吸收值与溶液的浓度成正比。1989 年，Ladd 和 Amato 提出了通过测定 260 nm 处紫外吸光度的增量来反映土壤微生物生物量的大小[50]。1998 年，Nunman 等对比色法进行了改进，通过测定 280 nm 处紫外光下熏蒸和未熏蒸土壤浸提液的紫外吸光度的差值来衡量微生物量碳、氮、磷。其基本操作流程为：调节新鲜土样含水量至田间持水量的 50%，25 ℃ 培养 10 d，氯仿熏蒸 24 h 后，抽尽氯仿，用 $0.5 \ mol \cdot L^{-1} \ K_2SO_4$ 浸提振荡30 min，其中土液比为 1∶4，过滤，并在 280 nm 处测定滤液吸光度[51]。Benjamin 等利用该法对英国草地的 29 种土壤微生物生物量进行了测定，结果与传统方法的测定结果相关性显著。比色法操作简便、快速，产生误差的环节少，测定结果比熏蒸培养法具有更好的重现性。而它的弊端在于浸提后需要立即进行比色，否则会出现沉淀，影响比色。转换系数需要大量的实验来确定，比色测定的吸光度会随着新鲜底物的加入而增大，因为新形成细胞吸收核酸较老细胞多[52]。

3. 生物化学法

（1）三磷酸腺苷（ATP）分析法。不同生物体的细胞组成不一样，通过测定土壤中某些特有成分的含量，如 ATP，就有可能计算出土壤微生物生物量[53,54]。Jenkinson 等指出，所测定的成分必须存在于土壤中所有活的微生物细胞内并不随其生长时期而改变，且该成分能被定量地提取出来并准确地确定其浓度，才能用于估算土壤微生物生物量[55]。完全符合以上条件的微生物细胞成分几乎没有，但比起其他方法，生物化学法能够直接测定土壤中某些物质的含量，粗略估算土壤微生物生物量，不但简单快速，且适用于大量的样品分析，是一种比较有效的测试手段。ATP 是所有生命体的能量储存物质，存在于所有不同种类的细胞活体内，细胞死后不久就会消失。

土壤中的 ATP 和生物碳浓度具有一定的线性相关性（$R^2 = 0.94$）。因此，它为土壤微生物生物量的测定提供了依据。其测定过程如下：利用超声波将土壤中的微生物细胞破碎，使其释放出 ATP，然后选用适当的强酸试剂浸提，用 Mg^{2+} 作催化剂，浸提液经过滤后，用荧光素-荧光素酶法测定其中的 ATP 量，最后将 ATP 量换算成土壤微生物生物量，土壤微生物生物量的 ATP 含量一般采用 $6.2\ \mu mol \cdot g^{-1}$ 微生物干物质，相当于微生物生物量的 C/ATP，比值约为 138。该法的弊端在于生物体中 ATP 含量随其活性、生长时期及生活环境条件而变化，没有一个相对稳定的含量，且该法中 ATP 的提取效率不理想。而且质地差异较大的土壤，由于其中的微生物组分不同，ATP 含量差异也较大。因此，ATP 与土壤微生物生物量的转化系数需要重新测定。此外，土壤磷元素状况可能影响 ATP 的测定，土壤矿物胶体对 ATP 的吸附及其对 ATP 分解的催化作用也会使测定值偏低。且 ATP 测定所需的荧光素-荧光素酶试剂较为昂贵，测定过程复杂。但是，ATP 分析法与其他微生物生物量测定方法有较好的可比性。

（2）精氨酸诱导氨化法（AIA）。精氨酸［$HOOCH_2CH(CH_2)_3NHC(NH_2)_2$］是 20 种必需氨基酸之一，分子式上有 3 个氨基团。微生物可以通过至少 4 种途径同化精氨酸。1986 年，Alef 和 Kleiner 发现土壤中有 50 多种细菌能够利用精氨酸作为碳、氮的来源[56]。在一定条件下，精氨酸氨化率与土壤中微生物生物量成正比例关系。向土壤中加精氨酸水溶液，并培养一段时间后，土壤中的 $NH_4^+ - N$ 会大量增加，通过测定浸提液中 $NH_4^+ - N$ 的含量，可以估计土壤微生物生物量。林启美发现浸提液中残留的精氨酸将干扰铵的比色分析，应该尽量减少其用量，培养时间以 24 h 为宜。精氨酸诱导氨化法操作简单、使用仪器便宜，但是如果土壤中含有过量的 $NH_4^+ - N$，精氨酸氨化可能会受到抑制，且此法不适用于含有大量易分解有机质的土壤[57]。

各种土壤微生物量测定方法测定的不同纬度区域各种植被类型覆盖下的土壤微生物量碳、氮和磷的含量，为各种土壤微生物量的测定方法提供了数据参考。不同区域的同一植被类型土壤微生物量碳、氮和磷的含量变化明显。不同区域的不同植被类型土壤微生物量碳、氮和磷的含量差异显著。但是土壤微生物量碳、氮和磷的含量总体趋势均为碳＞氮＞磷[58,59]。

（二）土壤微生物多样性

土壤生态系统是地球上生物多样性最丰富的生境。土壤生物多样性在维持陆地生态系统碳动态和养分循环方面具有重要的作用，是目前土壤生态学领域最为重要的热点研究问题。土壤生物多样性包括在土壤和凋落物层中生活的生物类群的多样性以及它们的遗传多样性、功能多样性和土壤-生物自组织系统的多样性[60]。

土壤微生物多样性测试的传统方法为分离法，该方法获得的数据在一定程度上取决于提取的方法和培养基类型，并且绝大部分土壤微生物无法用现有的分离方法进行培养，因此，该方法有很大的局限性。在过去十几年的时间里，随着测试技术的进步，土壤微生物群落结构的测定方法也得到了迅速的发展，新的测定方法如生物标志物法、磷脂脂肪酸分析法、核酸分析法及碳素利用法的出现使人们能够更好地评价土壤微生物群落结构和多样性（图 13-2）。

1. 基于培养的微生物群落测定方法

（1）微生物平板培养法。微生物平板培养法是一种传统的实验方法。这种方法主要使用不同营养成分的固体培养基对土壤中可培养的微生物进行分离培养，然后根据微生物的菌落形态及其菌落数来计测微生物的数量及类型。平板培养法是进行土壤微生物分离培养常用的方法，一般分为稀释、接种、培养和计数等几个步骤，该

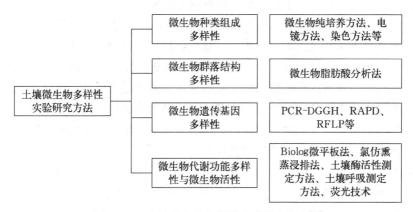

图 13-2 土壤微生物多样性实验研究方法[16]

方法简便易行，一直以来被广泛应用。这种方法在土壤健康的研究中应用较多，许多研究表明利用该方法得到的土壤微生物的多样性与土壤的病害控制、有机质的分解等方面存在一定的关系。但是有关研究表明与其他非培养方式研究方法相比，农田土壤中只有少于0.1%的微生物可以用现有的培养基进行培养，因此微生物平板计数法在微生物群落的测定中用得越来越少。

（2）Biolog 微平板法。Biolog 微平板法是测定土壤微生物对95 种不同碳源的利用能力及其代谢差异，进而用其表征土壤微生物代谢功能多样性或结构多样性的一种方法，现已被广泛地应用于土壤微生物群落的分析中。Biolog 微平板最初就是根据其中具体类型的代谢指纹来鉴定已分离纯化的微生物物种。Biolog 数据库包含鉴定 1 449 种细菌和酵母的信息。Garland 和 Mills 首次将 Biolog 微孔板用于描述微生物的群落特征。将 Biolog 微孔板用于研究土壤微生物群落功能多样性的原理与其鉴定单一物种的原理相似，不同的是前者利用以群落水平（而不是单一物种）碳源利用类型为基础的 Biolog 氧化还原技术来表述土壤样品的微生物群落特征。根据测定对象的不同，还研制了除革兰氏阴性微平板之外的不同类型的 Biolog 板来研究土壤微生物群落的功能多样性，如表 13-1 所示。Biolog 方法用于环境微生物群落的研究，具有灵敏度高、分辨力强、无须分离培养纯种微生物、测定简便等优点，可以通过对多种单一碳源利用的测定得到被测微生物群落的代谢特征指纹，分辨微生物群落的微小变化，也可最大限度地保留微生物群落原有的代谢特征，该方法已被广泛用于评价土壤总的功能多样性，鉴定不同植被类型下及不同气候带上土壤的微生物群落结构，同一土壤不同作物栽培条件下的微生物群落结构及耕作与不耕作土壤的微生物群落结构等。该方法在使用中也存在一些问题，首先，接种密度和培养时间很重要，研究表明底物的氧化取决于接种物的组成和密度。初始接种密度应保持一致，因为这将直接影响微孔的颜色变化速率，另外细胞密度达到 108 个·mL^{-1} 的时候对碳源的利用才能使颜色发生改变，如果初始密度较小，出现颜色的变化的时间就会延长。其次，该方法对快速生长和适合在实验条件下生长的群落有强烈的选择性。最后，被测试的底物不能准确地代表生态系统中出现的底物类型。因此，Biolog 反应特征只能粗略地代表土壤微生物群体底物利用的动力学特征[61]。

表 13 - 1 Biolog 研究土壤微生物群落功能多样性的载体[62]

类型	组成	特点
革兰氏阴性板	适用于该类微生物的 95 种碳源，组成主要为：20 种氨基酸、28 种糖类和 24 种羧酸。该类板碳源的选择偏向于简单的碳水化合物	①加入的抗生素使革兰氏阳性细菌和真菌对该板上颜色剖面的作用极小。② 实际上其中仅有少数碳源对土壤样品中的群落有分离作用。③土壤研究中应用最为广泛的一种微孔板，板中许多有机酸、糖类和氨基酸是根系分泌物的组成成分或其结构与自然界的物质结构相似
生态板	生态板利用更多的与生态有关的化合物，具有 31 种培养基，其组成主要为 6 种氨基酸、10 种糖类和 7 种羧酸	①其中的 6 种培养基在革兰氏阴性板中没有。② 至少有 9 种是根系分部物的组分，这些培养基更适用于土壤微生物群落功能多样性的研究

（续）

类型	组成	特点
MT 板	研究者根据研究需要利用自然物质作培养基，如植物根系分泌物	MT 板包含有氧化还原作用的化学药品，但没有培养基，允许研究者根据具体的研究需要生产专用型板
真菌板	包含能够被真菌转变的四唑染料和抑制细菌但不影响真菌生长的抗生素	专门用于真菌实验
SF－N 板和 SF－P 板	共有两种类型：①包含 GN 和 GP 的相应碳源，但缺乏四唑染料。②四唑染料二甲基溴硫-联苯四唑溴化物（MTT）	①真菌不能还原孔板中的四唑染料使得其不能对革兰氏阴性板、革兰氏阳性板、MT 板和生态板内的颜色反应起副作用。能够通过孔中的浊度变化来评价真菌的活动。②MTT 能与真菌待测液一起加到没有染料的 Biolog 板中，将其中的颜色变化用作评价真菌活性的一个指标

2. 基于非培养的微生物群落的测定方法

（1）磷脂脂肪酸图谱分析法。磷脂脂肪酸（PLFA）存在于微生物细胞膜上，是微生物结构的稳定组成成分。磷脂脂肪酸图谱分析法是根据土壤微生物磷脂脂肪酸的种类和含量来分析微生物群落结构的方法，它是基于非培养的微生物群落测定方法。该方法主要包括磷脂脂肪酸的提取、纯化、甲脂化和气象色谱测定等步骤。由于磷脂脂肪酸是构成微生物活体的重要部分且随着细胞的死亡快速分解，因此认为可以用磷脂脂肪酸表征土壤微生物的组成。特定的微生物种群拥有特定的磷脂脂肪酸。磷脂脂肪酸分析方法与其他方法相比具有以下优点：不用考虑培养体系的影响，亦能直接有效地提供微生物群落的信息，适合跟踪研究微生物群落的动态变化；对细胞生理活性没有特殊的要求，获得的信息基本上由样品中的微生物提供；不受质粒损失或增加的影响，也几乎不受有机体变化的影响，实验结果更为可靠。因此，磷脂脂肪酸分析方法在微生物生态学的研究中得到了越来越多的应用。磷脂脂肪酸分析方法已经被用于研究土壤受到诸如耕作措施、污染、熏蒸的干扰后微生物群落和结构发生的改变、土壤质量的改变以及不同植被影响下微生物群落结构的改变。但磷脂脂肪酸分析法在微生物多样性的研究中也存在不足，虽然它的应用可以解决可培养和不可培养微生物的问题，但是现有的提取方法只能提取土壤中一部分磷脂脂肪酸，并不能代表土壤中所有的微生物。另外，磷脂脂肪酸的分析方法只能监测微生物群落整体上的变化，而无法针对某一个具体的微生物种群的变化进行研究。再者，在磷脂脂肪酸的结果分析中也存在一些问题，如针对某一群落的代表性脂肪酸还没有统一的标准，某些脂肪酸在一些土壤中具有很好的代表性，在其他土壤中的代表性则较差。

（2）分子生物学方法。最近 20～30 年，以核酸分析技术为主的分子生物学技术的广泛运用为生物多样性提供了新的在分子水平分析的方法，开拓了分子生物学与生态学的交叉领域，分子生物学技术也逐渐被应用到土壤微生物多样性的研究中来。1980 年，Torsvik 首次通过利用 DNA 的复性动力学原理（reassociation kinetics）对某山毛榉树林土壤中细菌的遗传多样性进行了分析，报道了约 4 000 个完全不同的细菌基因型的存在，这个数目是通过其他常规方法从该环境分离到的细菌数目的 200 多倍[63]。1980 年以来，分子标记技术已被广泛应用于土壤微生物群落遗传多样性的研究。16S rRNA 是判断物种间进化关系的首要分子，通过比较 16S rRNA 的序列，可以确定新的分离菌株在进化上的地位。但是许多土壤微生物群落的多样性是非常高的，想要全面调查一个微生物群落的多样性，需要对成百上千个克隆进行测序和序列比较分析，基于此限制，近年来又出现了一些其他的群落分析的方法，如变性/温度梯度凝胶电泳（DGGE/TGGE）、单链构象多态（SSCP）、限制性片段长度多态（RFLP）、扩增 rDNA 限制性分析（ARDRA）和最近的末端限制性片段长度多态（T－RFLP）。实验首先提取样品中的 DNA，根据实验目的设计 16S rDNA 引物对其进行聚合酶链式反应（PCR）扩增，PCR 产物用 SSCP（单链构象多态性技术)、TGGE(温度梯度凝胶电泳)、DGGE(变性梯度凝胶电泳)等方法进行电泳分析,进而评价土壤微生物的多样性[64]。图 13-3 所示为 16S rRNA 测序技术路线,图 13-4 所示为多样性分析路径。

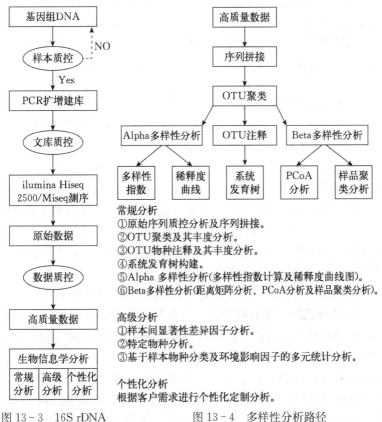

图 13-3　16S rDNA
　　　　　测序技术
　　　　　路线

图 13-4　多样性分析路径

常规分析
①原始序列质控分析及序列拼接。
②OTU聚类及其丰度分析。
③OTU物种注释及其丰度分析。
④系统发育树构建。
⑤Alpha 多样性分析(多样性指数计算及稀释度曲线图)。
⑥Beta多样性分析(距离矩阵分析、PCoA分析及样品聚类分析)。

高级分析
①样本间显著性差异因子分析。
②特定物种分析。
③基于样本物种分类及环境影响因子的多元统计分析。

个性化分析
根据客户需求进行个性化定制分析。

三、土壤微生物样品采集注意事项

1. 样地选择　林地选择应根据植被覆盖情况、物种组成情况、海拔高度、坡度坡向、天然林地发展史、退耕林地年龄、撂荒地背景资料进行确定；林地样方面积根据最小面积定律确定；样品采集分表层土壤、中层土壤和深层土壤；相同样地可多选样品（3～5次重复），同层混匀，部分过筛，迅速冷冻保存（－40 ℃）；草地的取样方法与林地类似，清除土样杂物，过筛冷冻保存（－40 ℃）；

农田土壤样品多选取耕层活跃土壤（0～30 cm），根据不同实验处理，重复取样（3～5 次），相同处理或土层混匀，过筛去除有机杂物，用干冰冷冻保存。

2. 普通土壤样品采集　除去土壤表层未分解的凋落物层（动植物残体、石砾等杂质），用已灭菌的铲或土壤取样器取样 10～25 g，将大块的样品捣碎，过 2mm 筛后，将多点样本均匀混合，取样容器为 1.5～50 mL 的离心管；取样量：扩增子干重≥2 g，宏基因组干重≥5 g；根据实验设计采取代表性土壤；采样所用工具、塑料袋或其他物品都要先消毒灭菌，或用采取的土壤擦拭；取 5～10 cm 处土壤，多点采取重量相当的土壤混匀，去除杂质后可取一定量装入无菌瓶，每个样品取 2～10 g；密封后用大体积干冰运输，且要保证在到达监测点时有足够的干冰剩余。

注意事项：为防止交叉污染，不建议使用自封袋取样。

3. 植物根际土壤取样方式　收集植物植株，去除根部大块土壤；摇动植株去除附着不紧密的土壤，使用无菌刷子收集根部附着紧密的土壤；随机多点取样后等量混合均匀，在 1.5～50 mL 的离心管中保存，扩增子干重≥2 g，宏基因组干重≥5 g；工具事先进行消毒灭菌处理，采集 20 cm 深的根际土壤于 50 mL 的无菌管里，迅速放在液氮里冻存；过 0.85 mm 筛，去除植物根系、动物残骸以及其他杂质后分装到无菌离心管里，每管 3～5 g，密封后立即－80 ℃储存备用。

4. 植物内生菌取样方式　扩增子干重≥1 g，宏基因组干重≥2 g；取研究部位（根、茎、叶），依次用 70% 无水乙醇浸泡 40 s，再用 2.5% 次氯酸钠浸泡 10 min，每 100 mL 2.5% 次氯酸钠加一滴吐温80；使用无菌水（或超声波）振荡洗涤 2～3 次，液氮速冻，放入预冷的 50 mL 离心管或封口袋中，用大体积干冰运输；可用来研究植物内生菌。

注意事项：优先选用新鲜采集的样品送样；根、茎、果实组织较大时，切碎送样。

第十四章　土壤酶活性的测定

一、土壤脲酶的测定

（一）原理

脲酶存在于大多数细菌、真菌和高等植物里，它是一种酰胺酶、能酶促有机物质分子中化学键的水解。脲酶是极为专性的，它仅能水解尿素，水解的最终产物是氨和碳酸。土壤脲酶活性与土壤的微生物数量、有机物质含量、全氮和有效磷含量正相关。根际土壤脲酶活性较高，中性土壤脲酶活性大于碱性土壤。人们常用土壤脲酶活性表征土壤的氮素状况。

土壤中脲酶活性的测定是以尿素为基质经酶促反应后测定生成的氨量，也可以通过测定未水解的尿素的量求得。本方法是测定生成的氨量。

（二）试剂

1. 甲苯

2. 10％尿素　称取 10g 尿素，用蒸馏水溶至 100 mL。

3. 柠檬酸盐缓冲液（pH 为 6.7）　将 184 g 柠檬酸和 147.5 g 氢氧化钾溶于蒸馏水。将两溶液合并，用 1 mol/L NaOH 将 pH 调至 6.7，用蒸馏水稀释至 1 000 mL。

4. 苯酚钠溶液（1.35 mol/L）　将 62.5 g 苯酚溶于少量乙醇，加 2 mL 甲醇和 18.5 mL 丙酮，用乙醇稀释至 100 mL（A）；将 27 g NaOH 溶于 100 mL 蒸馏水（B）。将 A、B 溶液保存在冰箱中。使用前将两溶液各 20 mL 混合，用蒸馏水稀释至 100 mL。

5. 次氯酸钠溶液　用蒸馏水稀释试剂，至活性氯的浓度为

0.9%，溶液稳定。

6. 氮的标准溶液　精确称取 0.471 7 g 硫酸铵溶于蒸馏水并稀释至 1 000 mL，得到含氮 0.1 mg·mL^{-1}的标准溶液。

（三）标准曲线绘制

吸取配置好的氮溶液 10 mL，定容至 100 mL，即稀释了 10 倍，吸取 1 mL、3 mL、5 mL、7 mL、9 mL、11 mL、13 mL 移至 50 mL 容量瓶，加蒸馏水至 20 mL，再加入 4 mL 苯酚钠，仔细混合，加入 3 mL 次氯酸钠，充分摇荡，放置 20 min，用水稀释至刻度。将显色液在紫外分光光度计上于 578 nm 处进行比色，以标准溶液浓度为横坐标，以光密度为纵坐标绘制曲线。

取新鲜土壤 7 份，每份 30 g，装于棕色广口瓶中，先将 1,3 - 二氯丙烯溶于丙酮（定量），6 份分别加入不同浓度的 1.5 mL 的 1,3 - 二氯丙烯，使之在土壤中的浓度分别为 1 μg·g^{-1}、10 μg·g^{-1}、50 μg·g^{-1}、100 μg·g^{-1}、200 μg·g^{-1}、500 μg·g^{-1}，另 1 份相应加入 1.5 mL 的丙酮作为对照，然后调节土壤的含水量至田间持水量的 60%（记录此时重量，以便补充水分）。放置于 25 ℃ 恒温培养箱中，培养后第 0 天、第 1 天、第 5 天、第 10 天（前 10 d 密封，后来测定时敞口）、第 20 天、第 30 天、第 40 天、第 50 天分别取土样检测脲酶的活性。取样前，反复旋转广口瓶，混匀土样，一个处理随机取 3 个重复。

（1）称取 5 g 过 1 mm 筛的风干土样于 100 mL 容量瓶中。

（2）向容量瓶中加入 1 mL 甲苯（以能全部使土样湿润为准）并放置 15 min。

（3）之后加入 10 mL 10% 尿素溶液和 20 mL 柠檬酸缓冲液（pH 为 6.7），并仔细混合。

（4）将容量瓶放入 37 ℃ 恒温箱中，培养 24 h。

（5）培养结束后，用 38 ℃ 的蒸馏水稀释至刻度，仔细摇荡，并将悬液用致密滤纸过滤于三角瓶中。

（6）显色：吸取 3 mL 滤液于 50 mL 容量瓶中，加入 10 mL 蒸馏水，充分振荡，然后加入 4 mL 苯酚钠，仔细混合，再加入 3 mL 次氯酸钠，充分摇荡，放置 20 min，用蒸馏水稀释至刻度，溶液呈现靛酚的蓝色。

（7）靛酚的蓝色在 1 h 内保持稳定。在分光光度计上用 1 cm 液槽于 578 nm 处对显色液进行比色。

（8）无土对照：不加土样，其他操作与样品相同。以检验试剂纯度，整个实验设置一个对照。

（9）无基质对照：以等体积的水代替基质，其他操作与样品相同。每个土样都设此对照。

（四）结果计算

土壤脲酶活性以 24 h 后 100 g 土壤中 NH_3-N 的量（mg）表示。

$$M=(X_{样品}-X_{无土}-X_{无基质})\times100\times10$$

式中：M——土壤脲酶活性；

$X_{样品}$——样品的光密度在标准曲线上对应的 NH_3-N 的量（mg）；

$X_{无土}$——无土对照实验中的光密度在标准曲线上对应的 NH_3-N 的量（mg）；

$X_{无基质}$——无基质对照实验中的光密度在标准曲线上对应的 NH_3-N 的量（mg）；

100——样品定容的体积与测定时吸取量的比值；

10——酶活性单位的土重与样品土重的比值。

注意事项：

当脲酶活性为 3～80 mg 时，本法能获得可靠结果。当脲酶活性小于 3 mg 时，培养时间需延长至 24 h 以上，提升脲酶活性。这时的脲酶活性以 24 h 后每克土壤中 NH_3-N 的量（mg）表示。

$$NH_3-N\ 的量（mg）=a\times2$$

式中：a——从标准曲线查得的 NH_3-N 的量（mg）；

2——换算成 1 kg 土的系数。

二、土壤过氧化氢酶的测定

高锰酸钾滴定法测定土壤过氧化氢酶的操作步骤：

称取 2.00 g 土壤于锥形瓶中，加入 40 mL 蒸馏水和 5 mL 0.3％ 的 H_2O_2 溶液，立即加塞密封。振荡 20 min 后加入 1 mL 饱和明矾溶液，立即过滤于盛有 5 mL 1.5 mol/L 硫酸溶液的三角瓶中，滤干后，吸取滤液 25 mL，用 0.02 mol/L $KMnO_4$ 标准溶液滴定至紫红色，同时做无土对照实验。

$$E=\frac{(V-V_s)\times C}{V_0\times W}$$

式中：E——20 min 内每克土壤分解的 H_2O_2 的量，表示酶活性（$mg\cdot g^{-1}$）；

　　　V——滴定空白所用的 $KMnO_4$ 的体积（mL）；

　　　V_S——滴定样品所用的 $KMnO_4$ 的体积（mL）；

　　　C——$KMnO_4$ 的浓度（$mg\cdot mL^{-1}$）；

　　　V_0——滴定体积 25 mL；

　　　W——土重（g）。

紫外分光光度法测定土壤过氧化氢酶的操作步骤：

称取土样 2.00 g 于锥形瓶中，加入 40 mL 蒸馏水和 5 mL 0.3％的 H_2O_2 溶液，立即加塞密封。振荡 20 min 后加入 1 mL 饱和明矾溶液，立即过滤于盛有 5 mL 1.5 mol/L 硫酸溶液的三角瓶中，滤干后，将滤液直接在 240 nm 处用 1 cm 石英比色皿测定吸光度，同时做无土和无基质对照实验。以过氧化氢的质量为横坐标，对应的校正吸光度为纵坐标绘制校准曲线。计算公式如下：

$$E=\frac{T_0-T_剩}{W}$$

$$T_0=\frac{A_0-a}{b}$$

$$T_剩=\frac{(A-A_k)-a}{b}$$

式中：E——20 min 内每克土壤分解的 H_2O_2 的量，表示酶活性 $(mg \cdot g^{-1})$；

T_0——空白的 H_2O_2 的质量（mg）；

$T_{剩}$——反应剩下的 H_2O_2 的质量（mg）；

W——样品的称样量（g）；

A_0——空白的吸光度；

A——样品的校正吸光度；

A_k——无基质对照的吸光度；

a——校准曲线的截距；

b——校准曲线的斜率。

三、土壤磷酸酶的测定

（一）原理

磷酸酶活性的测定，其基本原理是根据酶促作用生成的有机基团量或无机磷量来计算磷酸酶活性，前一种方法通常称为有机基团含量法，是较为常用的测定磷酸酶活性的方法，后一种称为无机磷含量法。磷酸苯二钠比色法即一种采用有机基团含量法测定磷酸酶活性的方法，所用基质为磷酸苯二钠，利用分光光度计测定 A_{660}。本实验的改进之处是缩小了显色液体积，吸光度利用酶标仪测定，在减少试剂用量的同时，缩短了读数时间，当测定样本量较大时，可降低操作人员的工作强度。

（二）仪器和主要试剂

仪器：酶标仪、酶标板、移液枪、恒温培养箱。

主要试剂：硼酸盐缓冲液，0.5％磷酸苯二钠，氯代二溴对苯醌亚胺试剂，甲苯，0.3％硫酸铝溶液，酚标准溶液 $(0.01\ mg \cdot mL^{-1})$。

（三）操作步骤

称 5 g 土样置于 200 mL 三角瓶中，加 2.5 mL 甲苯，轻摇15 min 后加入 20 mL 0.5% 的用硼酸盐缓冲液配制的磷酸苯二钠，摇匀后放入恒温箱，37 ℃下培养 24 h；然后在培养液中加入 100 mL 0.3% 硫酸铝溶液并过滤；吸取 3 mL 滤液于 50 mL 容量瓶中，然后按绘制标准曲线的方法显色。

标准曲线绘制：取 0 mL、1 mL、3 mL、5 mL、7 mL、9 mL、11 mL、13 mL 酚标准溶液，置于 50 mL 容量瓶中，每瓶加入 5 mL 硼酸盐缓冲液和 4 滴氯代二溴对苯醌亚胺试剂，显色后稀释至刻度；30 min 后，在分光光度计上 660 nm 处比色。以显色液中酚的浓度为横坐标，以吸光度为纵坐标，绘制标准曲线。

改进方法：称 5 g 土样置于 200 mL 三角瓶中，加 2.5 mL 甲苯，轻摇 15 min 后，加入 20 mL 用硼酸盐缓冲液配制的 0.5% 磷酸苯二钠，摇匀后放入恒温箱，37 ℃下培养 24 h；然后在培养液中加入 100 mL 0.3% 硫酸铝溶液并过滤；吸取 0.3 mL 滤液于 10 mL 试管中，然后按绘制标准曲线的方法显色。

标准曲线绘制：取 0 mL、0.1 mL、0.3 mL、0.5 mL、0.7 mL、0.9 mL、1.1 mL、1.3 mL 酚标准溶液，置于 10 mL 试管中，每管加入 0.5 mL 硼酸缓冲液和 1 滴氯代二溴对苯醌亚胺试剂，显色后稀释至 5 mL；30 min 后，吸取 200 μL 加入酶标板，在酶标仪上测定 A_{660}。以显色液中酚的浓度为横坐标，以吸光度为纵坐标，绘制标准曲线。

用同样的方法测定样品的 A_{660}，对应标准曲线计算样品磷酸酶含量。

四、土壤蔗糖酶的测定

（一）原理

蔗糖酶与土壤许多因子有相关性，如土壤有机质、氮、磷含量，微生物数量及土壤呼吸强度。一般情况下，土壤肥力越高，蔗糖酶活性越高。蔗糖酶酶解所生成的还原糖与 3,5-二硝基水杨酸反应生成橙色的 3-氨基-5-硝基水杨酸。颜色深度与还原糖量相关，因而可用测定的还原糖量来表示蔗糖酶的活性。

（二）试剂

1. 酶促反应试剂　基质为 8% 的蔗糖；pH 为 5.5 的磷酸缓冲液，0.067 mol·L^{-1} 磷酸氢二钠（11.876 g Na$_2$HPO$_4$·2H$_2$O 溶于 1 L 蒸馏水）0.5 mL 加 0.067 mol·L^{-1} 磷酸二氢钾（KH$_2$PO$_4$ 溶于 1 L 蒸馏水）9.5 mL 即成；甲苯。

2. 葡萄糖标准溶液（1 mg·mL^{-1}）　预先将分析纯葡萄糖置于 80 ℃ 烘箱内约 12 h，烘干水分准确称取 50 mg 葡萄糖于烧杯中，用蒸馏水溶解后，移至 50 mL 容量瓶中，定容，摇匀（4 ℃ 条件下保存期约为 1 周）。若该溶液混浊或出现絮状物，则应弃之，重新配制。

3. 3,5-二硝基水杨酸试剂（DNS 试剂）　称取 0.5 g 二硝基水杨酸，溶于 20 mL 2 mol·L^{-1} NaOH 和 50 mL 蒸馏水中，再加 30 g 酒石酸钾钠，用蒸馏水稀释定容至 100 mL（保存期不超过 7 d）。

（三）操作步骤

1. 标准曲线绘制　分别吸取 1 mg·mL^{-1} 的标准葡萄糖溶液 0 mL、0.1 mL、0.2 mL、0.3 mL、0.4 mL、0.5 mL 于试管中，再补加蒸馏水至 1 mL，加 DNS 试剂 3 mL 混匀，于沸水中准确反应 5 min（从试管放入重新沸腾算起），取出立即在冷水中冷却至室温，以空白管调零，在波长 540 nm 处比色，以吸光度为纵坐标，以葡萄糖浓度为横坐标绘制标准曲线。

2. 土壤蔗糖酶的测定　称取 5 g 土壤，置于 50 mL 三角瓶中，注入 15 mL 8% 蔗糖溶液、5 mL pH 为 5.5 的磷酸缓冲液和 5 滴甲苯。摇匀混合物后，放入恒温箱，在 37 ℃ 条件下培养 24 h。到时取出，迅速过滤。从中吸取滤液 1 mL，注入 50 mL 容量瓶中，加 3 mL DNS 试剂，并在沸腾的水浴锅中加热 5 min，随即将容量瓶移至自来水流下冷却3 min。溶液因生成3-氨基-5-硝基水杨酸而呈橙黄色，最后用蒸馏水稀释至 50 mL，并在分光光度计上于508 nm处进行比色。为了消除土壤中原有的蔗糖、葡萄糖引起的误差，每一土样须做无基质对照，整个实验须做无土壤对照；如果样品吸光度超过标准曲线最大值，则应该增加分取倍数或减少土样。

（四）结果计算

蔗糖酶活性以每克干土 24 h 生成葡萄糖的量（mg）表示。

$$蔗糖酶活性 = (a_{样品} - a_{干土} - a_{无基质}) \times n/m$$

式中：$a_{样品}$、$a_{无土}$、$a_{无基质}$——由标准曲线求得的葡萄糖的量（mg）；

n——分取倍数；

m——烘干土重（g）。

土壤微生物活性对环境变化的反应较土壤物理化学性质更为灵敏，近年来，土壤微生物学性质被越来越多地应用到土壤学和生态学的研究中，随着研究的深入和发展，微生物的研究方法也得到不断的改进，而对"黑箱"土壤的研究随着研究方法的改善也日趋清晰。研究土壤微生物生物量及多样性的方法趋于多样化，特别是越来越多新技术的引入，使得对微生物的研究更加快捷和全面。但是在微生物的研究方面还有很大的空间。虽然分子生物学方法的引入对人们在物种水平上提高对微生物的认知起到了很大的作用，但是仍然有很多的微生物种类不为人所知，对于物种丰富度极高、繁殖迅速且对环境变化敏感的微生物群落，如何快速、精确且最大量地提取其多样性信息是在今后的发展过程中在测定方法上需要不断改进和提高的地方，新的研究方法和技术的引入仍然十分必要。

针对当前应用比较多的研究方法，在实验过程中及根据研究需要，也需要进行更进一步的改善和提高，例如对于如今应用比较广泛的微生物生物量的测定方法氯仿熏蒸浸提法，测定时一般采用$0.5\ mol \cdot L^{-1}$的硫酸钾作为浸提液，但浸提液中微生物量碳的测定方法已经从重铬酸钾外加热法逐渐转变为使用碳自动分析仪进行测定，而过高的盐浓度影响上机测定，过度稀释又会相对降低测定的准确性，因此浸提液的浓度可以适当调低，但有关什么样的浓度是最合适的浓度、对不同类型的土壤是否均适用都还没有明确的报道。而对于磷脂脂肪酸图谱分析法，土壤样品储存条件相对苛刻，为了便于储存，常用冷冻干燥后的土壤样品进行分析，但是与新鲜土样测定出来的结果会存在一定差异，且不同样品之间可比性较差。此外，除了研究方法本身的改进和提高，数据的分析和处理也很重要，选择合适的数据分析软件及合适的分析方法，能够从现有的数据中获得更多有利的信息，阐明更多的科学问题，从而使现有的研究方法在微生物的研究中发挥更大的作用。在研究微生物的过程中，可以借鉴其他学科的理论和分析方法，就像许多学者将物种多样性假说应用到微生物多样性的研究中一样，例如在微生物多样性分析的过程中可以引用较为成熟的植被多样性的分析方法进行更好的研究。总之，微生物的研究中测定方法多种多样且各具特点，在今后的研究中，应该掌握和了解不同方法的优缺点，针对不同研究的需要，选择最合适的研究方法，从而不断改进，更好地达到研究目的[65,66]。

参 考 文 献

［1］楼书聪，杨玉玲. 化学试剂配制手册［M］. 南京：江苏科学技术出版社，2002.

［2］全国土壤普查办公室. 中国土壤［M］. 北京：中国农业出版社，1998.

［3］Page A L，Miller R H，Keeney D R. Methods of soil analysis. Part 2：Chemical and microbiological properties［M］. Madison：American Society of Agronomy，1982.

［4］Broadbent S R，Kendall D G. The random walk of *Trichostrongylus retortaeformis*［J］. Biometrics，1953（9）：460 - 466.

［5］Minasny B，Mcbratney A B，Wadoux J C，et al. Precocious 19th century soil carbon science［J］. Geoderma Regional，2020，22：e00306.

［6］南京农业大学. 土壤农化分析［M］. 2 版. 北京：中国农业出版社，1996.

［7］鲍士旦. 土壤农化分析［M］. 3 版. 北京：中国农业出版社，2000.

［8］方胜志，高佳蕊，王虹桥，等. 氮肥与有机肥配施对设施土壤净矿化氮动态变化的影响［J］. 土壤通报，2021，52（5）：1173 - 1181.

［9］李酉开. 紫外分光光度法测定硝酸盐［J］. 土壤学进展，1992（6）：44 - 45.

［10］易小琳，李酉开，韩琅丰. 紫外分光光度法测定土壤硝态氮［J］. 土壤通报，1983（6）：35 - 40.

［11］中国土壤学会农业化学专业委员会. 土壤农业化学常规分析方法［M］. 北京：科学出版社，1983.

［12］任丽江，康明. 土壤中钾含量的测定方法［J］. 河北林学院学报，1994（1）：87 - 91.

［13］鲍士旦. 稻麦钾素营养诊断和钾肥施用［J］. 土壤，1990（4）：184 - 189.

［14］连少华. 四苯硼钠比浊界限分析法测钾［J］. 福建分析测试，2008（2）：77 - 78.

［15］安家琦，范鹏志，张钰，等. 用原子吸收分光光度计测定土壤速效钾含

量 [J]. 农业工程技术，2020，40 (11)：46-47.

[16] 李秀双，师江澜，李硕，等. 冷硝酸浸提法对表征富钾石灰性土壤有效钾的适用性研究 [J]. 中国土壤与肥料，2016 (6)：30-36.

[17] 邓万丽. 热硝酸浸提-火焰光度计法测定土壤缓效钾方法的改进 [J]. 现代农业科技，2020 (17)：159-160.

[18] 鲁如坤. 中国土壤的合理利用和培肥：中国土壤学会第五次代表大会暨学术年会论文集 [G]. 南京：中国土壤学会，1983.

[19] Sparks D L, Page A L, Helmke P A, et al. Methods of soil analysis. Part 3：Chemical methods. SSSA/ASA [M]. Madison：Soil Science Society of America，1996：665-681

[20] 刘思雪，纪文强，侯典吉，等. 土壤中 12 种微量元素的高效测定方法研究 [J]. 安徽农学通报，2017，23 (17)：60-62.

[21] 汪宗阳. 土壤有效锌的测定方法和注意事项 [J]. 安徽农学通报，2014，20 (19)：41-42.

[22] 文杰，耿铁山. 石灰性土壤中有效态镉、铅、铜、锌的测定 [J]. 分析化学，1981 (5)：565-568.

[23] 浙江农科院中心化验室仪器组. 应用原子吸收分光光度法测定土壤微量元素 [J]. 土壤通报，1979 (6)：38.

[24] 陈玲. 原子吸收光谱法在土壤微量元素测试中的应用 [J]. 新疆有色金属，2021，44 (5)：67-69.

[25] 沈运芳，刘茂芬，崔健. Mehlich-Ⅲ浸提剂提取土壤有效元素研究初报 [J]. 贵州农业科学，1988 (3)：33-36.

[26] 郭成志. 提取温度对酸性土壤有效铜、锌测定值的影响 [J]. 江西农业大学学报，1992 (4)：412-415.

[27] 范东山，邢婕，边忠鹏，等. 火焰原子吸收法测定土壤中铜和锌的方法验证 [J]. 河南科技，2021，40 (11)：138-140.

[28] 刘光崧. 土壤理化分析与剖面描述 [M]. 北京：中国标准出版社，1996：208-209.

[29] 中国土壤学会农业化学专业委员会. 土壤农业化学常规分析方法 [M]. 北京：科学出版社，1984.

[30] 鲁如坤，土壤农业化学分析方法 [M]. 北京：中国农业科学技术出版社，1999.

[31] 程浦海，刘雪香，宋才炽. 电感耦合等离子体发射光谱法快速测定石灰

性土壤中的阳离子交换量 [J]. 土壤通报，1986（2）：86-88.

[32] Ngewoh Z S，张杨珠. 高度风化土壤交换性阳离子和离子交换量测定方法的研究 [J]. 土壤学进展，1991（5）：47-50.

[33] 张彦雄，李丹，张佐玉，等. 两种土壤阳离子交换量测定方法的比较 [J]. 贵州林业科技，2010，38（2）：45-49.

[34] 易田芳，向勇，刘杰，等. 乙酸铵静置交换测定土壤阳离子交换量的方法优化 [J]. 化学试剂，2021，43（4）：505-509.

[35] 张玉革，肖敏，董怡华，等. 乙酸铵浸提原子吸收光谱法同时测定土壤交换性盐基离子组成 [J]. 光谱学与光谱分析，2012，32（8）：2242-2245.

[36] 李建鑫，刘茜，张丽娟，等. 电感耦合等离子体发射光谱法测定森林土壤交换性钾、钠、钙、镁的含量 [J]. 湖南有色金属，2020，36（1）：77-80.

[37] 张朔，吴燕，陈楠. 土壤酸碱度来源及国内外测定方法研究 [J]. 广州化工，2017，45（23）：19-21，45.

[38] 红梅，郑海春，魏晓军，等. 石灰性土壤交换性钙和镁测定方法的研究 [J]. 土壤学报，2014，51（1）：82-89.

[39] 辛明亮，何新林，吕廷波，等. 土壤可溶性盐含量与电导率的关系实验研究 [J]. 节水灌溉，2014（5）：59-61.

[40] 陈越楠，孙岳. 中美规范关于土的分类方法对比与分析：石油天然气勘察技术中心站第二十二次技术交流会论文集 [G]. 廊坊：中国建筑学会工程勘察分会，2016：71-76.

[41] 曹红霞，康绍忠，武海霞. 同一质地（重壤土）土壤水分特征曲线的研究 [J]. 西北农林科技大学学报（自然科学版），2002（1）：9-12.

[42] Mohammad B，Hidebrand F，Forslund S K，et al. Structure and function of the global topsoil microbiome [J]. Nature，2018，560（7717）：233-254.

[43] Jenkinson D S，Powlson D S. The effects of biocidal treatments on metabolism in soil VA method form easuring soil biomass [J]. Soil Biology and Biochemistry，1976（8）：208-213.

[44] Shen S M，Pruden G，Jenkinson D S. Mineralization and immobilization of nitrogen in fumigated soil and the measurement of microbial biomass nitrogen [J]. Soil Biology and Biochemistry，1984（16）：437-444.

[45] Brookes P C，Landman A，Pruden G，et al. Chloroform fumigation and the release of soil nitrogen：A rapid direct extraction method to measure

microbial biomass nitrogen in soil [J]. Soil Biology and Biochemistry, 1985, 17: 837-842.

[46] West A W, Ross D J, Cowling J C. Changes in microbial C, N, P and ATP contents, number and respiration on storage of soil [J]. Soil Biology and Biochemistry, 1986, 18: 141-148

[47] Vance E D, Brookes P C, Jenkinson D S. Anextration method for measuring soil microbial biomass C [J]. Soil Biology and Biochemistry, 1987, 19: 703-707.

[48] Wu J, Joergensen R G, Pommerening B, et al. Measurement of soil microbial biomass C by fumigation extraction: An automated procedure [J]. Soil Biology and Biochemistry, 1900, 22: 1167-1169

[49] Jenkinson D S, Brookes P C, Powlson D S. Measuring soil microbial biomass [J]. Soil Biology and Biochemistry, 2004, 36: 5-7.

[50] 何振立. 土壤微生物量的测定方法: 现状和展望 [J]. 土壤学进展, 1994, 22 (4): 36-44.

[51] 张海燕, 张旭东, 李军, 等. 土壤微生物量测定方法概述 [J]. 微生物学杂志, 2005 (4): 95-99.

[52] Mclaughlin M J, Alston A M, Martin J K. Measurement of phosphorus in the soil microbial biomass: A modified procedure for field soils [J]. Soil Biology and Biochemistry, 1986, 18: 437-443.

[53] 孙凯, 刘娟, 凌婉婷. 土壤微生物测定方法及其利弊分析 [J]. 土壤通报, 2013, 44 (4): 1010-1016

[54] 林启美, 吴玉光, 刘焕龙. 熏蒸法测定土壤微生物量碳的改进 [J]. 生态学杂志, 1999, 18 (2): 63-66.

[55] 严登华, 王刚, 金鑫, 等. 不同土地利用类型土壤微生物量 C、TN、TP 垂直分异规律及其影响因子研究 [J]. 生态环境学报, 2010, 19 (8): 1844-1849.

[56] 吴金水, 肖和艾. 土壤微生物生物量碳的表观周转时间测定方法 [J]. 土壤学报, 2004, 41: 401-407.

[57] 林启美. 琼脂薄片法在土壤细菌和真菌生物量测定中的应用 [J]. 中国农业大学学报, 1997 (2): 60-65.

[58] 时雷雷, 傅声雷. 土壤生物多样性研究: 历史、现状与挑战 [J]. 科学通报, 2014, 59 (6): 493-509.

[59] 章家恩，蔡燕飞，高爱霞，等．土壤微生物多样性实验研究方法概述
[J].土壤，2004，36（4）：346-350.

[60] 胡婵娟，刘国华，吴雅琼．土壤微生物生物量及多样性测定方法评述
[J].生态环境学报，2011，20（6-7）：1161-1167.

[61] 姚菁华，叶景法，肖雷，等．Biolog微平板分析在微生物实验教学中的
应用[J].实验室科学，2021，24（3）：125-126，131.

[62] 贺纪正，陆雅海，傅博杰．土壤生物学前沿[M].北京：科学出版
社，2015.

[63] 吴才武，赵兰坡．土壤微生物多样性的研究方法[J].中国农学通报，
2011，27（11）：231-235.

[64] 陈承利，廖敏，曾路生．污染土壤微生物群落结构多样性及功能多样性
测定方法[J].生态学报，2006（10）：3404-3412.

[65] 宋长青，冷疏影．土壤科学30年[M].北京：商务印书馆，2016.

[66] 宋长青，冷疏影．土壤学若干前沿领域研究进展[M].北京：商务印书
馆，2016.

■ 附　录

附录 1　KDY-9830 凯氏定氮仪使用说明

1.1　工作原理

KDY-9830 凯氏定氮仪是根据凯氏法测氮设计的，它有 3 个步骤：消化、蒸馏、滴定。样品的消化是在 KXL-100 控温消煮炉上进行的，KDY-9830 凯氏定氮仪完成全自动蒸馏、滴定过程。

1.2　仪器的操作盘

仪器的操作盘采用薄膜轻触键式盘面，用法与计算器相同。盘面功能见附图 1-1。

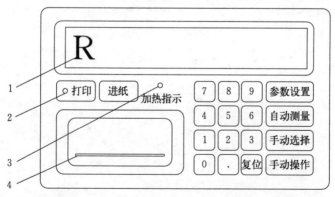

附图 1-1　KDY-9830 凯氏定氮仪盘面功能

1. 显示屏（LED 点阵式）　2. 打印机工作状态指示灯，灯亮时表示打印机处在可打印状态　3. 蒸气发生器加热指示灯，灯亮时表示蒸气发生器内的水在加热　4. 打印机纸带出口

1.3　仪器的调整操作

打开冷凝水开关，接通电源，按下电源开关，显示"R"。将安全门上提拉开，装入一支有少量蒸馏水的消煮管。按各操作键观察其相应动作与显示内容，并做好调整工作，手动蒸馏 15 min。

1.4　自动测定

1.4.1　空白测定

自动测定样品时，通常先测定空白样品，取空白值（V_0），输入空白参数后，再测定样品，步骤如下：仪器在显示"R"或"DATA""AUTO"状态时，逐次按"参数设置"键设置参数：标准滴定酸浓度（M）、加碱量（A），样品重量（W）为 0，偏差校正系数（K）的输入数值一般为 1，空白值（V_0）为 0。将安全门上提拉开，放一支空白样品消煮管于消煮管托盘上并检查是否密封，按"自动测定"键，显示序号"1"，下拉安全门，测定空白样品，得到滴定酸体积 V 作为空白值（V_0）。上提安全门，显示下一序号、循环按"参数设置"键设置参数、放另一支空白样品消煮管于消煮管托盘上并检查是否密封，下拉安全门，测定另一个空白样品，得到另一个 V_0，通常测定两个空白样，取其平均值。

1.4.2　样品测定

将安全门上提拉开，显示下一序号，逐次按"参数设置"键设置参数：样品编号（N）、滴定酸浓度（M）、样品重量（W）、加碱量（A）、空白值（V_0），粗蛋白转换系数（C）为 0、偏差较正系数（K）为 1。换样品消煮管并检查是否密封，下拉安全门开始样品的测定。

附录2 UV-120-02紫外-可见分光光度计操作说明

2.1 仪器工作原理

朗伯-比耳定律是各类分光光度法测定的基础，其物理意义为当一束平行的单色光通过一均匀的、非散射的吸光物质溶液时，其吸光度与溶液层厚度和浓度的乘积成正比。其数学表达式为

$$A = \log \frac{I_0}{I} = abc$$

式中：A——吸光度，量纲为1；

$\quad\quad I_0$——入射光强度；

$\quad\quad I$——透射光强度；

$\quad\quad a$——比例常数，与吸光物质性质、入射光波长及温度等因素有关，称为吸光系数；

$\quad\quad b$——液层厚度（cm）；

$\quad\quad c$——质量浓度。

若 c 以 $g \cdot L^{-1}$ 为单位，则 a 以 $L \cdot cm^{-1} \cdot g^{-1}$ 为单位；若 c 以 $mol \cdot L^{-1}$ 为单位，此时的吸光系数称为摩尔吸光系数，用 k 表示，它的单位为 $L \cdot cm^{-1} \cdot mol^{-1} \cdot L$。上式可改为 $A = kbc$，k 为各种吸光物质在特定波长和溶剂条件下的一个特征常数，数值等于在 1 cm 的溶液中吸光物质为 $1 \, mol \cdot L^{-1}$ 时的吸光度，它是吸光物质的吸光能力的量度。k 越大，表示该吸光物质对某一波长光的吸收能力越强，则测定方法的灵敏度越高。

UV-120-02紫外-可见分光光度计的基本组成如附图2-1所示。

2.2 操作说明

（1）打开电源。

（2）打开钨灯开关。

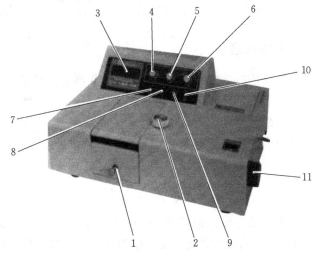

附图 2-1　UV-120-02紫外-可见分光光度计

1. 比色室　2.100％T/0A按钮　3. 数字化读数显示器　4.0％T调零按钮

5. 曲线校正按钮　6. 测量选择按钮　7. 电源开关　8. 钨灯开关

9. D2开关　10. 灵敏度开关　11. 波长选择按钮

（3）用波长选择按钮选择波长。

（4）预热 10 min。

（5）仪器调零：将测量挡推到 100％T，打开比色室盖子，用 0％T调零按钮调零。

（6）100％光通过调整：将测量选择按钮推到 ABS0-2，在比色杯中装入标准曲线的空白溶液，盖上盖子，用 100％T/0A 按钮调零。

（7）标准曲线测定：依次放入标准系列溶液进行吸光度（A）的测定并绘制标准曲线。

（8）样品测定：将空白溶液放入比色杯，用 0％T 按钮调零，再依次放入其他样品测定吸光度（A），由标准曲线查得样品的浓度。

附录3　AA7001原子吸收光谱仪操作说明

3.1　工作原理

将被分析物质以适当的方式变为溶液，并将溶液以雾状引入火焰中，在一定条件下原子化为自由态（基态）原子，当特征波长的光通过火焰中的基态原子时，光能被基态原子吸收而减弱，在一定条件下，其减弱的程度（吸光度）与基态原子的数目（元素浓度）之间的关系遵守朗伯-比耳定律。其数学表达式为

$$A = \log \frac{I_0}{I} = KN_0L$$

式中：A为吸光度，量纲为1；I_0为入射特征谱线辐射光强度；I为透射特征谱线辐射光强度；K为在一定实验条件下的特征常数；N_0为单位体积原子蒸气中吸收辐射的基态原子数目（即基态原子浓度）；L为辐射透过的光程。

在一定实验条件下，基态原子浓度正比于待测元素的总原子浓度，而待测元素的总原子浓度与样品中待测元素的浓度C成正比，因此，通过测定吸光度便可求出待测元素的浓度（$A = KC$），这是原子吸收分光光度分析的基础。

3.2　AA7001原子吸收光谱仪的结构

AA7001原子吸收光谱仪由光源系统、原子化系统、分光系统、检测系统和信号输出系统五部分组成，如附图3-1所示。

附图3-1　AA7001原子吸收光谱仪的组成

3.3　准备分析——以Cu为例

3.3.1　元素选择

（1）接通主机电源，接通计算机电源，按提示按键盘数字键

1，也可以按回车键，进入 AA7001 软件的主页面。

（2）用鼠标左键点击元素周期表中的 Cu，Cu 所在位置的颜色变为白色，在下面的参数框内立即显示 Cu 的波长、狭缝等参数值。按波长、狭缝数值将主要的波长及狭缝放在规定的数值上。但灯电流建议用 2 mA（仪器旋钮为 1.00），电压为 150 V（仪器旋钮为 1.50）。进入"AA7001 分析参数"页面。按下列建议值设置各项参数：

时间常数：2。

延迟时间：0.000 0。

积分时间：2.000 0。

终止时间：9 999.00。

稀释倍数：1.000 0。

测量单位：$mg \cdot L^{-1}$。

工作模式：校准。

计算方式：峰高。

统计方式：平均值、SD、RSD。

单击"确认"。

注意：每输入一个数值后都应按回车键。

3.3.2　点火

注意：点火前应启动排风扇向外排风、用普通水将仪器背部的水封管灌满、严格检查乙炔管道有无漏气。

（1）启动空气压缩机，调节空气压力为 0.3 MPa（3 kg · cm^{-2}），会立即听到空气进入雾化器的声音。此时仪器右面板上应指示 0.2 MPa 的空气压力（工作压力），若不是，应拉出气路部件，调节空气定值器旋钮，使工作压力为 0.2 MPa。空气流量应有 5～6 L · min^{-1} 的流量。

（2）打开乙炔钢瓶主开关，顺时针方向拧动乙炔压力表旋钮，使乙炔表输出压力为 0.05～0.08 MPa（0.5～0.8 kg · cm^{-2}）。

（3）压下面板上的乙炔电磁阀（红色），逆时针旋动乙炔流量计下方的旋钮，使乙炔流量为 1.2 L · min^{-1}。

（4）立即用点火枪在燃烧器上方 2 cm 处点火，点燃后的空气-乙炔火焰应是淡蓝色透明火焰。若火焰发黄且冒黑烟，说明乙炔流量过大，应减小流量。

（5）吸入去离子水。

3.3.3 调正光能量

单击主菜单采样分析，进入"采样分析"页面。

调节仪器灯室内的高压旋钮，将红色通道（元素灯能量）的红色能量棒调至 100%。

注意：如果需要扣除背景（背景校正），则应先在"分析参数"页面上选取"背景扣除"，然后点燃氘灯（将灯室"工作方式"转至"石墨炉"档）调节氘灯电流 $6.0 \times 20 = 120$ mA 旋钮使绿色通道（氘灯能量）的绿色能量棒调至 100%（此时红色能量棒也应为 100%）（执行此操作时应压下半透半反镜）。

3.4 测量操作

3.4.1 制作校准曲线

（1）单击主菜单"校正曲线"，进入"AA7001 校准曲线"页面。按由低到高的浓度顺序用键盘输入浓度值。用鼠标双击"注"纵行内标志，使"×"变为"√"，表示认可此项设置。凡输入标准溶液的每一项都应将"×"变为"√"，将每项输入后均应按回车键认可。单击鼠标右键退出"AA7000 校准曲线"页面返回主菜单。

（2）进入"采样分析"页面单击右下方的"启动"。按压键盘 B 键，基线上出现两条白线后，依次吸入空白溶液、标准溶液。每种溶液吸入时均应改变样品号，读数时按压空格键，吸入至少 3 次（即连续读 3 次）。溶液吸入时在火焰中建立平衡需要一定时间，在按压空格键读数时，一定要在信号稳定区内读数。待标准溶液全部吸入测量完成后，单击"结束"会立即显示"AA7001 分析报告"字样。

（3）利用"编辑报告"功能删除个别错误数据，如果没有什么可编辑的内容，或对测试数据满意，则校准报告完成。

（4）进入"AA7001 校准曲线"页面，进行校准曲线的选择、重绘，进行曲线的拟合，直至所有校准点和所选曲线相符（相关系数至少为0.99）。单击右键退回主菜单。若多次拟合终不满意，则应考虑重新配制标准溶液并重绘标准曲线。

3.4.2　样品测定

从主菜单进入"分析参数"页面，将工作模式内的"校准"换成"分析"，单击浓度直读后的小方框使之显示"×"。然后单击确认，再单击主菜单的"采样分析"，进入"采样分析"页面，同"校准分析"操作一样开始样品分析。分析结果将以设定的浓度单位呈现。

3.5　熄灭火焰

（1）暂时熄灭火焰，可以二次压下面板上的乙炔电磁阀开关（红色灯灭）。

（2）工作结束时应先关闭乙炔主阀，待火焰自行熄灭后，放开乙炔电磁阀按钮（红色灯灭）即可。然后给空气压缩机放水，再关闭空气压缩机。

3.6　关机

将所有旋钮、开关（特别是灯电流和高压旋钮）旋至零位后方可关机。计算机应退回DOS后关机。

附录4　附　表

附表4-1至附表4-4列举了土壤环境指标测定及分析的相关内容。

附表4-1　国际原子量表（1979年）

元素		原子量	元素		原子量	元素		原子量
Ac	锕	227.00	Gd	钆	157.30	Pm	钷	144.90
Ag	银	107.90	Ge	锗	72.64	Po	钋	210.00
Al	铝	26.98	H	氢	1.00	Pt	铂	195.09

（续）

元素		原子量	元素		原子量	元素		原子量
[243]Am	镅	243.10	He	氦	4.00	[239]Pu	钚	239.10
Ar	氩	39.95	Hf	铪	178.50	Ra	镭	226.00
As	砷	74.92	Hg	汞	200.60	Rb	铷	85.47
At	砹	210.00	Ho	钬	164.90	Re	铼	186.20
Au	金	197.00	I	碘	126.90	Rh	铑	102.90
B	硼	10.81	Ir	铱	192.20	Rn	氡	222.00
Ba	钡	137.33	In	铟	114.82	Ru	钌	101.07
Be	铍	9.012	K	钾	39.10	S	硫	32.06
Bi	铋	209.00	Kr	氪	83.80	Sb	锑	121.80
[247]Bk	锫	247.10	La	镧	138.90	Sc	钪	44.96
Br	溴	79.90	Li	锂	6.941	Se	硒	78.96
C	碳	12.01	Lr	铹	260.10	Si	硅	28.09
Ca	钙	40.08	Lu	镥	175.00	Sm	钐	150.40
Cd	镉	112.41	Md	钔	256.10	Sn	锡	118.69
Ce	铈	140.12	Mg	镁	24.30	Sr	锶	87.62
Cf	锎	252.10	Mn	锰	54.93	Ta	钽	180.90
Cl	氯	35.45	Mo	钼	95.94	Tb	铽	158.90
[247]Cm	锔	247.10	N	氮	14.00	Tc	锝	98.91
Co	钴	58.93	Na	钠	22.99	Te	碲	127.60
Cr	铬	52.00	Nb	铌	92.91	Th	钍	232.04
Cs	铯	132.90	Nd	钕	144.20	Ti	钛	47.90
Cu	铜	63.55	Ne	氖	20.18	Tl	铊	204.37
Dy	镝	162.50	[59]Ni	镍	58.70	Tm	铥	168.90
Er	铒	167.30	No	锘	259.10	U	铀	238.03
[252]Es	锿	252.10	Np	镎	237.00	V	钒	50.94
Eu	铕	152.00	O	氧	16.00	W	钨	183.85
F	氟	19.00	Os	锇	190.20	Xe	氙	131.29

（续）

元素		原子量	元素		原子量	元素		原子量
Fe	铁	55.85	P	磷	30.97	Y	钇	88.91
Fm	镄	257.10	^{231}Pa	镁	231.00	Yb	镱	173.00
Fr	钫	223.00	Pb	铅	207.20	Zn	锌	65.39
Ga	镓	69.72	Pd	钯	106.40	Zr	锆	91.22

附表 4-2　浓酸碱的浓度（近似值）

名称	比重	质量百分比/%	浓度/($mol \cdot L^{-1}$)	配 1 L 1 mol·L^{-1} 溶液所需体积/(mL)
盐酸（HCl）	1.19	37.0	11.6	86
硝酸（HNO_3）	1.42	70.0	16.0	63
硫酸（H_2SO_4）	1.84	96.0	18.0	56
高氯酸（$HClO_4$）	1.66	70.0	11.6	86
磷酸（H_3PO_4）	1.69	85.0	14.6	69
乙酸（HOAC）	1.05	99.5	17.4	58
氨水（NH_3）	0.90	27.0	14.3	70

附表 4-3　常用基准试剂的处理方法

基准试剂名称	规格	标准溶液	处理方法
硼砂（$Na_2B_4O_7 \cdot H_2O$）	分析纯	标准酸	在盛有蔗糖和食盐的饱和水溶液的干燥器内平衡一周
无水碳酸钠（Na_2CO_3）	（分析纯）	标准碱	180~200 ℃，4~6 h
苯二甲酸氢钾（$KHC_8H_4O_4$）	（分析纯）	标准碱	105~110 ℃，4~6 h
草酸（$H_2C_2O_4 \cdot 2H_2O$）	（分析纯）	标准碱或高锰酸钾	室温
草酸钠（$Na_2C_2O_4$）	（分析纯）	高锰酸钾	150 ℃，2~4 h
重铬酸钾（$K_2Cr_2O_7$）	（分析纯）	硫代硫酸钠等还原剂	130 ℃，3~4 h
氯化钠（NaCl）	（分析纯）	银盐	105 ℃，4~6 h
金属锌（Zn）	（分析纯）	EDTA	在干燥器中干燥 4~6 h
金属镁（Mg）	（分析纯）	EDTA	100 ℃，1 h
碳酸钙（$CaCO_3$）	（分析纯）	EDTA	105 ℃，2~4 h

附表 4-4　化验室的临时急救措施

种类		急救措施
灼伤	火灼	①一度烫伤（发红）：把棉花用酒精［无水或 φ（H_3CH_2OH）＝90％～96％］浸湿，盖于伤处或用麻油浸过的纱布盖敷。 ②二度烫伤（起泡）：用上述处理也可，或用 $30\sim50\ g\cdot L^{-1}$ 高锰酸钾或 $50\ g\cdot L^{-1}$ 现制丹宁酸溶液如上法处理。 ③三度烫伤：用消毒棉包扎，请医生诊治
	酸灼	①若强酸溅洒在皮肤或衣服上，用大量水冲洗，然后用 $50\ g\cdot L^{-1}$ 碳酸氢钠洗伤处（或用1∶9氢氧化铵洗之）。 ②若为氢氟酸灼伤，用水洗伤口至苍白，用新鲜配制的 $20\ g\cdot L^{-1}$ 氧化镁甘油悬液涂之。 ③眼睛酸伤，先用水冲洗，然后再用 $30\ g\cdot L^{-1}$ 碳酸氢钠洗眼，严重者请医生医治
	碱灼	①强碱溅洒在皮肤或衣服上，用大量水冲洗，可用 $20\ g\cdot L^{-1}$ 硼酸或 $20\ g\cdot L^{-1}$ 醋酸洗之。 ②眼睛碱伤先用水冲洗，并用 $20\ g\cdot L^{-1}$ 硼酸洗之
创伤		若伤口不大，出血不多，可用3％过氧化氢将伤口周围擦净，涂上汞溴红或碘酒，必要时撒上一些磺胺消炎粉。严重者须先涂上紫药水，然后撒上消炎粉，用纱布按压伤口，立即就医缝治
中毒		①一氧化碳、乙炔、稀氨水及灯用煤气中毒时，应将中毒者移至空气新鲜流通处（勿使身体着凉），进行人工呼吸，输氧或二氧化碳混合气。 ②生物碱中毒，用活性炭水烛液灌入，引起呕吐。 ③汞化物中毒，误入口者，应吃生鸡蛋或牛奶（约1 L）引起呕吐。 ④苯中毒，误入口者，应服腹泻剂，引起呕吐；吸入者进行人工呼吸，输氧。 ⑤苯酚（石炭酸）中毒，大量饮水、石灰水或石灰粉水，引起呕吐。 ⑥氨气中毒，应饮带有醋或柠檬汁的水，或服用植物油、牛奶、蛋白质引起呕吐。 ⑦酸中毒，饮入苏打水（$NaHCO_3$）和水，吃氧化镁，引起呕吐。 ⑧氟化物中毒，应饮 $20\ g\cdot L^{-1}$ 氯化钙，引起呕吐。 ⑨氰化物中毒，饮、蛋白、牛奶等，引起呕吐。 ⑩高锰酸盐中毒，饮、蛋白、牛奶等，引起呕吐。

（续）

种类	急救措施
其他	①各种药品失火：如果电失火，应先切断电源，用二氧化碳或四氯化碳等灭火，油或其他可燃液体着火时，除以上方法外，应用沙土或浸湿衣物等扑灭。 ②如果是工作人员触电，不能直接用手拖拉，离电源近的应切断电源，如果离电源远，应用木棒把触电者拨离电线，然后把触电者放在阴凉处，进行人工呼吸，输氧

附录 5　本书的术语和代号说明

5.1　试剂级别

除非特别说明，一般试剂溶液系指化学纯（CP）试剂配制，标定剂和标准溶液则用分析纯（AR）或优级纯（GR）试剂配制。

5.2　定容

一定量的溶质溶解后，或取一整份溶液，在精密量器（容量瓶或比色管等）中准确稀释到一定的体积（刻度），塞紧，并充分摇匀，整个操作过程称为"定容"。因此"定容"不仅指准确稀释，还包括充分混匀的意思。

5.3　养分的表示方法

除化肥成分用 K_2O、P_2O_5 外，其他一切土壤、植物的养分均用元素表示。

5.4　质量浓度的表示方法

计算结果中用％表示的，为某物质的质量分数；以 mg、kg、μg 等表示的，为某物质的质量或含量。

5.5　量和单位

根据 1984 年公布的《中华人民共和国法定计量单位》及有关

量和单位的国家标准，土壤理化分析方法中常用法定计量单位与废止计量单位之间的转换关系见附表 5-1。

附表 5-1　常用法定计量单位与废止计量单位之间的转换关系

量的单位	非法定计量单位表达式	法定计量单位表达式	由非法定计量单位换成法定计量单位的乘数
物质 B 的浓度 $(c_B = n_B \cdot V^{-1})$	1 N HCl	c (HCl) $=1$ mol $\cdot$ L^{-1}	1
	1 N H$_2$SO$_4$	c (1/2H$_2$SO$_4$) $=1$ mol $\cdot$ L^{-1}	1
	1 N H$_2$SO$_4$	c (H$_2$SO$_4$) $=1/2$ mol $\cdot$ L^{-1}	1/2
	1 N K$_2$Cr$_2$O$_7$	c (1/6 K$_2$Cr$_2$O$_7$) $=1$ mol $\cdot$ L^{-1}	1
	1 N K$_2$Cr$_2$O$_7$	c (K$_2$Cr$_2$O$_7$) $= 1/6$ mol $\cdot$ L^{-1}	1/6
	1 N KMnO$_4$	c (1/5 KMnO$_4$) $=1$ mol $\cdot$ L^{-1}	1
	1 N KMnO$_4$	c (KMnO$_4$) $= 1/5$ mol $\cdot$ L^{-1}	1/5
	1M HCl	c (HCl) $=1$ mol $\cdot$ L^{-1}	1
	1M H$_2$SO$_4$	c (H$_2$SO$_4$) $=1$ mol $\cdot$ L^{-1}	1
	1M K$_2$Cr$_2$O$_7$	c (K$_2$Cr$_2$O$_7$) $=1$ mol $\cdot$ L^{-1}	1
	1M KMnO$_4$	c (KMnO$_4$) $=1$ mol $\cdot$ L^{-1}	1
阳离子交换量 (CEC)	meq/100 g	cmol $\cdot$ kg^{-1}	1
物质 B 的质量浓度 $(\rho_B = m_B \cdot V^{-1})$	5% (*W/V*) NaCl	ρ (NaCl) $=50$ g $\cdot$ L^{-1}	10
	5% (*W/V*) HCl	ρ (HCl) $=50$ g $\cdot$ L^{-1}	10
	1ppm　P	ρ (P) $=1$ mg $\cdot$ L^{-1}或 1μg $\cdot$ mL^{-1}	1
	1ppb　Se	ρ (Se) $=1\mu$g $\cdot$ mL^{-1}	1
物质 B 的质量分数 $(\omega_B = m_B \cdot m^{-1})$	5% (*W/W*) NaCl	ω (NaCl) $=0.05=5\%$	1
	1ppm　P	ω (P) $=1\times10^{-6}$ g $\cdot$ kg^{-1} 或 ω (P) $=1$ mg $\cdot$ kg^{-1}	1
	1ppb　Se	ω (Se) $=1\times10^{-9}$ g $\cdot$ kg^{-1} 或 ω (Se) $=1$ μg $\cdot$ kg^{-1}	1

附　录

（续）

量的单位	非法定计量单位表达式	法定计量单位表达式	由非法定计量单位换成法定计量单位的乘数
物质 B 的体积分数 $(\psi_B = V_B \cdot V^{-1})$	5% (V/V) HCl	$\psi(\text{HCl}) = 0.05 = 5\%$	1
	5% (V/V)	$\psi(\text{HCl}) = 50\ \text{mL} \cdot \text{L}^{-1}$	10
体积比 $(V_1 : V_2)$	1+1 HCl	HCl (1∶1)	
	1+1 H_2SO_4	H_2SO_4 (1∶1)	
	3+1 HCl∶HNO_3	HNO_3 (3∶1)	
［旋］转速［度］(n)	rpm	$r \cdot \text{min}^{-1}$ 或 $(1/60)\ \text{s}^{-1}$	1
压力和压强（P）	bar	kPa	10^2
	atm（760 mmHg）	kPa	101.325
	mmH_2O	Pa	9.806 65
面积（A）	市亩	m^2	666.66
	市亩	hm^2	0.066 66